Axel Ziemke
Olaf Breidbach (Hrsg.)

# Repräsentationismus – Was sonst?

# Wissenschaftstheorie
# Wissenschaft und Philosophie

Gegründet von Prof. Dr. Simon Moser, Karlsruhe

Herausgegeben von Prof. Dr. Siegfried J. Schmidt, Siegen

Axel Ziemke
Olaf Breidbach (Hrsg.)

# Repräsentationismus – Was sonst?

Eine kritische Auseinandersetzung mit dem repräsentationistischen Forschungsprogramm in den Neurowissenschaften

Gedruckt auf säurefreiem Papier

ISSN 0939-6268

ISBN 978-3-663-08007-7     ISBN 978-3-663-08006-0 (eBook)
DOI 10.1007/978-3-663-08006-0

# Inhaltsverzeichnis

# VORWORT

Gegenstand dieses Sammelbandes ist – wie der Untertitel sagt – eine Kritik des Repräsentationismus als methodologische und theoretische Grundlage der Neurowissenschaften. Im Titel selbst sollen Motiv und Intention dieser Kritik anklingen: *Repräsentationismus. Was sonst?*

Obgleich ein repräsentationistischer Erklärungsansatz von Kognition in Philosophie, Psychologie und Künstlicher Intelligenz zunehmend fragwürdig geworden ist, spricht man in den Neurowissenschaften zumeist noch völlig bedenkenlos von „Repräsentationen", „Codes", „Symbolen" und „Informationsverarbeitung". Man richtet experimentelle Paradigmen und theoretische Modelle fast durchweg danach aus, die „Wieder-Gegenwärtigung" einer gegebenen Wirklichkeit nachzuvollziehen. Und man glaubt, eine kognitive Leistung genau dann verstanden zu haben, wenn man die Repräsentation des „Gegenstandes" dieser Leistung im untersuchten System nachgewiesen hat.

Wie der Nachsatz *„Was sonst?"* in seinem umgangssprachlichen Sinn nahelegen soll, wird diese Vorentscheidung im allgemeinen keineswegs „reflektiert" vollzogen. Die meisten Neurowissenschaftler leben sich heute in repräsentationistische Sprachgewohnheiten und das damit verbundene begriffliche Handwerkszeug ein, ohne die historischen und systematischen Bedingungen, auf diese Weise Neurowissenschaften zu betreiben, zu hinterfragen.

Dennoch häufen sich sowohl unter philosophisch ambitionierten Neurowissenschaftlern als auch unter Philosophen, die die Neurowissenschaften zu ihrem Gegenstand gemacht haben, die Einwände gegen dieses Forschungsprogramm. Die Unbedenklichkeit des *„Was sonst?"* wird nicht mehr hingenommen, sondern auf seine erkenntnistheoretische, wissenschaftstheoretische und nicht zuletzt empirische Rechtfertigung hin untersucht. Obwohl das repräsentationistische Forschungsprogramm zweifelsohne zu wesentlichen Fortschritten in der Erforschung des Gehirns geführt hat, zeigt diese Untersuchung, daß es für ein Verständnis der Funktion des Gehirns oder gar eine neurowissenschaftliche Erklärung von Kognition nicht hinreichend ist.

Doch reicht es nicht aus, bei dieser Kritik stehen zu bleiben. Möchte man nicht ein schulterzuckendes „So what?" provozieren, muß die Frage *„Was sonst?"* auch in ihrem wörtlichen Sinne beantwortet werden. Es müssen Alternativen zu diesem Programm aufgewiesen werden, die nicht nur philosophisch befriedigend, sondern auch wissenschaftlich „machbar" sind.

Diese in den letzten Abschnitten angesprochenen Intentionen sollen sich im Aufbau des Bandes verwirklichen. In den ersten beiden Beiträgen geht es um eine Darstellung der bisherigen Forschungsergebnisse des repräsentationistischen Forschungsprogramms und die historische Entwicklung dieser repräsentationistischen Orientierung. Die folgenden Beiträge setzen sich aus verschiedenen Blickwinkeln kritisch mit dem Repräsentationismus in den Neurowissenschaften auseinander – nicht ohne bereits Ansätze für Alternativen anzudeuten. Die Beiträge der zweiten Hälfte bemühen sich schwerpunktmäßig um ein alternatives Forschungsprogramm der Kognitiven Neurobiologie – ohne völlig auf eine kritische Begründung verzichten zu können.

Die Darstellung der bisherigen Erfolge des repräsentationistischen Forschungsprogramms am Beispiel der Wahrnehmungsforschung versuchen Axel Ziemke und Simone Cardoso de Oliveira. Olaf Breidbach stellt in seinem Beitrag einige Bemerkungen zur Geschichte der aktuellen Konzepte der theoretischen Neurobiologie vor. Eine Kritik des Repräsentationismus aus linguistischer Sicht unternimmt Wolfgang K. Köck. Vom Standpunkt einer konstruktiven Wissenschaftstheorie setzt sich Michael Weingarten mit den Zweckbestimmungen kognitionswissenschaftlicher Forschung auseinander. Ausgehend vom Konzept finiter Automaten versucht Markus Peschl, das repräsentationistische Forschungsprogramm zu kritisieren und eine alternative Perspektive aufzuweisen. Axel Ziemke versucht zu zeigen, daß ein repräsentationistischer Erklärungsansatz von Kognition grundsätzlich zu einer Elimination der Subjektivität kognitiver Leistungen gezwungen ist, ein Kognitionskonzept in der Tradition der Klassischen Deutschen Philosophie aber sowohl eine Begründung dieser Subjektivität als auch eine Perspektive zu ihrer Erforschung eröffnet. Helmut Schwegler und Gerhard Roth zeigen in ihrem Beitrag, wie die Begriffe „Repräsentation" und „Bedeutung" im Rahmen des nicht-reduktionistischen Physikalismus reinterpretiert werden können. Olaf Breidbach, Klaus Holthausen und Jürgen Jost untersuchen an Hand eines konnektionistischen Modellsystems und einer analytischen Betrachtung, inwiefern ein repräsentationistisches Kognitionsverständnis theoretisch plausibel ist und wie sich die Generierung von Bedeutung anhand interner Bewertungskriterien des Nervengewebes vollziehen könnte. Abschließend versucht Martin Kurthen, die Perspektive eines nicht-repräsentationistischen Ansatzes aus einem vor-repräsentationistischen Verständnis von Sprache und Kognition abzuleiten und – um den Kreis zu den einleitenden Beiträgen zu schließen – Repräsentation als einen abkünftigen Modus des Erkennens bzw. des Erkennens des Erkennens zu verdeutlichen.

Die Herausgeber hoffen, unter Neurowissenschaftlern, Philosophen, Kognitionswissenschaftlern und anderen interessierten Menschen nicht nur eine breite Leserschaft, sondern auch viele Kritiker zu finden. Ihr besonderer Dank gilt dem von der DFG geförderten Graduiertenkolleg „Kognition, Gehirn, Neuronale Netze" (KOGNET) an der Ruhr-Universität Bochum, das auf einem Kolloquium im Frühjahr 1994 die meisten der Autoren zusammengeführt hat.

*Axel Ziemke und Olaf Breidbach*

# Neuronale Repräsentationen

## Zum Repräsentationistischen Forschungsprogramm in der Kognitionsforschung

*Axel Ziemke und Simone Cardoso de Oliveira*

## 1. Kognition als Repräsentation

Die Frage nach der Funktion des Gehirns, nach dem Verständnis der kognitiven Leistungen des Menschen wird heute nicht selten als das letzte große Geheimnis wissenschaftlicher Forschung bezeichnet. Dieses Geheimnis zu lüften, ist seit den 60er Jahren zum Anliegen interdisziplinärer Forschungen unter dem Schlagwort „Kognitionswissenschaft" geworden.

Die Einheit der verschiedenen Forschungsansätze zum Thema Kognition wurde aus einer zentralen Hypothese abgeleitet, die lange Zeit als Grundlage dieser Forschungen verstanden wurde, der Physical Symbol System Hypothesis (PSSH). Simon (1990) formuliert diese Hypothese so: „The Physical Symbol System Hypothesis states that a system will be capable of intelligent behavior if and only if it is a physical symbol system". Von dieser Grundannahme lassen sich zwei empirisch testbare Vorraussagen ableiten und überprüfen: „1. that a computer can be programmed to think, and 2. that the human brain is (at least) a physical symbol system. These hypotheses are tested by programming computers to perform the same tasks that we use to judge how well people are thinking, and then by showing that the processes used by the computer programs are the same as those used by people performing these tasks". Seit den frühen Arbeiten von Newell und Simon (etwa Newell et al. 1958) hat sich aufgrund dieser Hypothese ein besonders mit Ergebnissen experimenteller psychologischer Forschung fundiertes Theoriengebäude entwickelt. Dennoch wurde in den 70er und 80er Jahren nun gerade diese für die Kognitionswissenschaft einheitstiftende Hypothese in Frage gestellt. In der Kognitiven Psychologie waren es insbesondere Experimente zur sogenannten „mentalen Rotation" (Shepard & Metzler 1971), die die Annahme nahelegten, daß selbst zentrale Informationsverarbeitungsprozesse nicht auf propositionaler, sondern bildlicher, „quasi-perzeptiver" Wissensdarstellung beruhen. In der Künstlichen Intelligenz erhoben neokonnektionistische Konzepte den Anspruch, solche auf Grundlage propositionaler Wissensdarstellung nie so recht gelöste Probleme wie Lernen, Muster- und Spracherkennung, assoziative

Gedächtnisleistungen etc. auf eine natürliche und elegante Weise bewältigen zu können und auf diese Weise auch neue Modellvorstellungen für die Kognitive Psychologie zu liefern (Rumelhart et al. 1986, Rumelhart & McClelland 1986, McClelland & Rumelhart 1986, Strube 1990). Fortschritte der theoretischen Neurobiologie (Palm 1982, Palm & Aertsen 1986, Sejnowski et al. 1988) ließen die Hoffnung aufkommen, daß Erklärungen kognitiver Leistungen bereits auf neuronaler und nicht erst auf einer symbolischen Ebene gefunden werden könnten. Begründet wurde diese Hoffnung besonders durch den enormen Erkenntniszuwachs der experimentellen Neurobiologie (Kandel & Schwarz 1993).

Angesichts dieser Diversifizierung der klassischen „funktionalistischen" Ansätze (s.u.) und der zunehmenden Einbeziehung neurowissenschaftlicher Forschung scheint heute als einheitsstiftender Ansatz eines kognitionswissenschaftlichen Forschungsprogrammes nur noch ein Konzept von „Kognition als Repräsentation" in seiner Explikation durch ein informationstheoretisches Kategoriensystem in Frage zu kommen: Kognitive Leistungen werden erforscht, indem theoretisch abgeleitet und experimentell begründet wird, wie der „Gegenstand" dieser Leistung (ein Reizparameter, ein „Muster" solcher Parameter, ein Objekt, eine Szene, ein Zusammenhang) in dem untersuchten System „repräsentiert" wird. Nicht selten wird mit diesem Forschungsprogramm explizit oder implizit ein repräsentationistischer Erklärungsansatz von Kognition verbunden: Eine kognitive Leistung gilt als erklärt, wenn die Repräsentation des „Gegenstands" dieser Leistung im System theoretisch verständlich gemacht und experimentell nachgewiesen werden kann.

Die genannten neuartig orientierten Forschungsansätze seit den 70er Jahren unterscheiden sich von dem „klassischen" kognitivistischen Ansatz nicht hinsichtlich der Erforschung von „Kognition als Repräsentation", sondern lediglich dahingehend, auf welcher „Ebene" des Verständnisses jener Systeme die relevanten Repräsentationen, Codes oder Symbole zu finden seien und welche Organisation die Symbole oder Repräsentationen aufwiesen. Auch von Seiten der in der Diskussion um die Kognitionswissenschaft besonders engagierten „Analytischen Philosophie des Geistes" ist der repräsentationistische Kernansatz nur selten problematisiert worden (etwa von Searle 1987).

In diesem Buch soll es um eine kritische Darstellung und Bewertung des repräsentationistischen Forschungsprogrammes in den Neurowissenschaften gehen. Im Rahmen dieses Forschungsprogrammes werden Repräsentationen von Reizen oder einfachen Objekten auf der neuronalen Ebene untersucht, um durch eine „kognitive Neurobiologie" die kognitiven Leistungen lebender Systeme und/oder durch eine „funktionelle Neuroanatomie" die Struktur des Gehirns zu verstehen. Zumindest im erstgenannten Falle wird der Anspruch erhoben, durch diese Untersuchungen eine Erklärung kognitiver Leistungen zu liefern: Eine kognitive Leistung gilt dann als erklärt, wenn (experimentell und/oder theoretisch) gezeigt werden kann, wie der „Gegenstand" dieser Leistung in Form neuronaler Aktivität „repräsentiert" wird.

Expliziert wird dieser Ansatz im Rahmen eines informationstheoretischen Kategoriensystems. Die neuronale Aktivität wird als ein „neuronaler Code" aufgefaßt, dessen Zeichen ihre Bedeutung durch eine symbolische Entsprechung mit den gegebenen Reizen oder Objekten erhalten. Philosophische Arbeiten, die eine Erklärbarkeit kognitiver Leistungen durch die Erforschung neuronaler Repräsentationen zu begründen versuchen, sind etwa die Konzepte der Churchlands zu einem „eliminativen Materialismus" (P.M.Churchland 1984, P.S.Churchland 1986). Den im Weiteren anzudeutenden „funktionalistischen" und „phänomenologischen" Konzepten, die von einer Irreduzibilität psychologischer Theorien auf neurowissenschaftliche Theorien auf Grundlage der Annahme funktioneller oder mentaler Repräsentationen ausgehen, wird das Festhalten an einer „folk psychology" vorgeworfen, die einem wirklichen, d.h. neurowissenschaftlichen Verständnis von Kognition und Verhalten entgegenstehe.

Die eingangs genannten „funktionalistischen" Erklärungsansätze unterscheiden sich von dem hier zu diskutierenden repräsentationistischen Forschungsprogramm in den Neurowissenschaften durch die Annahme einer von jener neuronalen Ebene unterschiedenen „symbolischen" Ebene, die zumindest implizit mit einer „mentalen" Ebene überhaupt gleichgesetzt und als für die Erklärung von Kognition relevante Ebene betrachtet wird. Kognition könne demzufolge nicht über das Studium „neuronaler Repräsentationen" verstanden werden, sondern nur durch die Untersuchung der „kausalen Rolle" „mentaler" Repräsentationen hinsichtlich der „inputs", „outputs" und der anderen Zustände des Systems. Repräsentationen bzw. ihre Erzeugung und Transformationen werden hier als Symbole bzw. Symbolverarbeitungsprozesse verstanden. Dieses Verständnis bildet in den Arbeiten der Künstlichen Intelligenz sowohl die Grundlage dafür, im Rahmen von Modellen kognitiver Leistungen des Menschen („theorieorientierter Ansatz", „Kognitive Simulation" – Weizenbaum 1977, Schank & Childers 1986) eine Erklärung jener Leistungen zu beanspruchen, als auch dafür, im Falle von nicht am Vorbild menschlicher Problemlösungen orientierten Computerprogammen („produktions-" oder „performanzorientierter Ansatz") von „intelligenten" Leistungen zu sprechen. Das Verständnis von Kognition als Repräsentation und Repräsentation als Symbol bzw. Symbolverarbeitung sollte bereits aus der Charakterisierung der PSSH deutlich geworden sein. Die neokonnektionistischen Konzepte unterscheiden sich von dieser „klassischen" Künstlichen Intelligenz weder hinsichtlich des Verständnisses von Kognition als Symbolverarbeitung noch hinsichtlich der Unterscheidung einer symbolischen (mentalen, repräsentationalen) und einer neuronalen Ebene. Es werden lediglich „komplexe", „syntaktisch strukturierte" Symbole durch „atomare" Symbole und „struktursensitive" Operationen über komplexe Symbole durch Konnektivitäten atomarer Symbole ersetzt (Fodor & Pylyshyn 1988). In der Kognitiven Psychologie dienen diese Architekturen vor allem als Beschreibungssprachen und Modellsysteme zur Entwicklung von Theorien, die den „constraints" experimenteller Forschung unterliegen sollen. Die experimentelle Forschung selbst beruht wesentlich auf der Quantifizierung des Verhaltens, der Messung von Verhaltensparametern der Versuchsperson (Reaktionszeitmessungen, Bestimmung von Diskriminationsleistungen etc.). Die Computerprogrammanalogie diente als ein solcher Beschreibungs- und Modellierungsansatz schon in den frühen 60er Jahren der Entwicklung einiger einflußreicher Konzepte (Neisser 1974). Besonders aber bildete diese Interessengemeinschaft von Kognitiver Psychologie und Künstlicher Intelligenz den „Kern" für die Entwicklung der Kognitionswissenschaft (Newell & Simon 1972, Anderson 1985). In letzter Zeit treten aber auch in vielen kognitionswissenschaftlichen Studien konnektionistische Modelle in den Vordergrund (McClelland & Rumelhart 1986, Strube 1990). Eine Kognitionsleistung gilt also nach all diesen Varianten funktionalistischer Ansätze dann als erklärt, wenn in Übereinstimmung mit kognitionspsychologischen Befunden gezeigt werden kann, wie der „Gegenstand" dieser Leistung in Form symbolischer Strukturen repräsentiert wird, d.h. welche Symbolverarbeitungsprozesse (Programme oder Netzwerke) zur Erzeugung einer angemessenen „Wissensdarstellung" erforderlich sind. Ansätze in der Diskussion der Analytischen Philosophie des Geistes, die eine solche funktionalistische Erklärung von Kognition als Symbolverarbeitung philosophisch zu fundieren versuchen, sind etwa die Arbeiten von Fodor (1981) und Pylyshyn (1984) zu einer „language of thought". Den Neurowissenschaften kommt im Rahmen der Kognitionswissenschaft nach diesem Konzept lediglich die Funktion zu, die Prinzipien der „Implementierung" dieser Sprache auf der neuronalen Ebene zu studieren („Implementationalismus"). Ein Verständnis von Kognition auf rein neuronaler Ebene sei jedoch schon daher aussichtslos, weil die Implementierung eines bestimmten Programms nicht nur von Mensch zu Computer, sondern auch von Mensch zu Tiermodell und sogar von Mensch zu Mensch eine beträchtliche Variabilität aufweisen könne (Fodor 1979).

Phänomenologische Ansätze in der Diskussion um die Kognitionswissenschaft (Nagel 1974, Jackson 1982, Dreyfus 1985) vertreten die Position, daß nicht nur neuronale, sondern auch funktionelle Repräsentationen kein hinreichendes Konzept zum Verständnis von Kognition sind, da sowohl reduktionistische als auch funktionalistische Ansätze nicht in der Lage sind, die spezifische „Erlebnisdimension" des menschlichen Bewußtseins zu erfassen, die oftmals über den Qualia- oder den Intentionalitätsbegriff verdeutlicht werden soll. Fraglich ist, ob nicht auch in vielen dieser Überlegungen an die Stelle der „neuronalen" oder „funktionellen" Repräsentationen lediglich eine Art irreduzibler „mentaler" Repräsentationen tritt. Gewiß bietet aber die phänomenologische Tradition nicht wenige Ansätze zu einer Kritik des Kognitionsverständnisses des repräsentationistischen Forschungsprogrammes (Dreyfus 1985, Dreyfus & Dreyfus 1987, Varela & Thompson 1992).

Es fehlt natürlich nicht an Versuchen, gerade im Rahmen philosophischer Diskussionen die Kompatibilität dieser Zugangsweisen und somit auch die Kompatibilität der verschiedenen Repräsentationsbegriffe zu zeigen. So werden jene Ebenen etwa in Dennetts „Theorie intentionaler Systeme" (1971,1987) zu Beschreibungsperspektiven kognitiver Systeme, die der Verhaltensvorhersage durch einen (externen) Beob-

achter dienen. Von einem „physical stance" aus beschreiben wir nach dieser Theorie
ein System, wenn sich unsere Aussagen auf seinen tatsächlichen physikalischen Zustand beziehen. Aussagen vom „design stance" aus hingegen betreffen den zweckbezüglichen Begriff der „Funktion". Unabhängig vom physikalischen Zustand des Systems vertrauen wir in solchen Beschreibungen als Verhaltensvoraussagen darauf, daß
das gesamte System oder ein Teilsystem so gebaut ist, daß es jene Funktion erfüllt,
die wir im Sinn haben. Vom „intentional stance" aus sagen wir ein Systemverhalten
hingegen dann voraus, wenn wir voraussetzen, daß das System gewissen Zielen folgt
und über gewisse Informationen (Repräsentationen) verfügt, um diese Ziele zu erreichen, und auf Grundlage dieser Voraussetzung auf das angemessenste und „vernünftigste" Verhalten schließen. Man kann solche Ziele „Wünsche" und solche Informationen „Meinungen" nennen; ob sie es aber wirklich „sind", ist vom Standpunkt dieser
Bestimmung aus irrelevant.

## 2. Das repräsentationistische Forschungsprogramm in der Kognitiven Neurobiologie

Während man etwa im Falle der Psychologie zumindest im englisch-amerikanischen
Raum von einer „Neubegründung" einer „Wissenschaft des Psychischen" durch das
kognitivistische Paradigma nach deren Reduktion auf eine „Verhaltenswissenschaft"
im Rahmen des Behaviorismus sprechen kann, ist das Verhältnis von Neurowissenschaften und Kognitionswissenschaft eher durch eine gegenseitige Annäherung einer
in ihren empirischen und theoretischen Ansätzen traditionsreichen biologischen Disziplin mit einem neuartigen interdisziplinären Forschungsansatz gekennzeichnet. Die
sich in den letzten Jahren entfaltende „Kognitive Neurobiologie" ist dementsprechend
sowohl das Ergebnis der Suche der Kognitionswissenschaft nach einer neurowissenschaflichen Begründung als auch die Folge der Fortschritte der Neurowissenschaften
selbst auf der Suche nach einem Verständnis der Funktion des Gehirns. Die kognitive Leistung, welche aufgrund der vielfältigen empirischen Ergebnisse in erster Linie
zum Gegenstand dieser „Kognitiven Neurobiologie" geworden ist – und daher auch
im Mittelpunkt dieses Aufsatzes stehen soll – ist die Wahrnehmung im Kontext der
entsprechenden Lern- und Gedächtnisleisstungen.

Allerdings erheben nur wenige Neurobiologen ausdrücklich den Anspruch, durch
den Nachweis der Repräsentation von Reizen „Wahrnehmung" im Rahmen einer
„Kognitiven Neurobiologie" erklären zu wollen (wie etwa Barlow 1972, Tanaka 1992,
Zeki 1992). Die meisten experimentell arbeitenden Neurobiologen verfolgen das Programm einer „Funktionellen Neuroanatomie": Mit den fortgeschrittenen neuroanatomischen Techniken werden die Strukturen des Gehirns verschiedener Species auf
verschiedenen Ebenen und in verschiedenen Entwicklungsstadien möglichst detail-

liert beschrieben. Mit den Methoden der Neurophysiologie, besonders der Elektrophysiologie, wird versucht, den so nachgewiesenen Strukturen eine „Funktion" im Rahmen der Transformation neuronaler Aktivität auf den entsprechenden Ebenen zuzuschreiben. Eine Erklärung kognitiver Leistungen wird zunächst noch nicht beansprucht, deren prinzipielle Möglichkeit allerdings auch nur sehr selten bestritten. Man kann aus mindestens drei Gründen unterstellen, daß implizit auch das Programm einer „Funktionellen Neuroanatomie" ein Verständnis von „Kognition als Repräsentation" voraussetzt: Erstens geht es zumindest in den systemorientierten neurophysiologischen Arbeiten fast ausschließlich um eine Suche nach „Reizkorrelaten" in der neuronalen Aktivität und somit gerade nicht um die in der „klassischen" Physiologie thematisierten internen Regulationszusammenhänge der untersuchten Systeme, sondern um die Suche nach Abbild-Beziehungen zwischen „Außen-" und „Innen"welt. Die „Funktionalität" der neuroanatomisch beschriebenen Strukturen wird also zweifelsohne in ihrer „Rezeptivität" vermutet (Ziemke 1994b). Zweitens werden die Ergebnisse dieser Forschung wie im Falle der „Kognitiven Neurobiologie" und der Kognitionswissenschaft überhaupt durch ein informationstheoretisches Kategoriensystem expliziert. Eine Reizkorrelation wird als „Codierung" dieses Reizes in Form neuronaler Aktivität interpretiert. Die semantischen „Implikationen" dieser Sprechweise entsprechen also den „Explikationen" eines repräsentationistischen Erklärungsansatzes von Kognition (Ziemke 1994a). Drittens wird die Erklärung kognitiver Leistungen zumindest als Fernziel verstanden, das sich durchaus aus einer „Iteration" dieses Forschungsprogrammes ergibt. Die Erklärung von Kognition wäre demzufolge keine Frage der begrifflichen Klärung dieses Begriffes, sondern eine theoretische und vor allem empirische Fragestellung, die durch die Fortsetzung der Untersuchung von „Rezeptivität", „Codierung" oder „Informationsverarbeitung" im Gehirn beantwortet werden könne. Während eine Kritik der „Kognitiven Neurobiologie" also die Form einer Argumentation gegen einen explizit vorgetragenen repräsentationistischen Erklärungsanspruch haben kann, wird es in einer Kritik der „Funktionellen Neuroanatomie" der Form nach darum gehen, die Grenzen dieses Forschungsprogrammes für ein Verständnis der Funktion des Gehirns zu verdeutlichen. Inhaltlich werden sich beide Kritikansätze – und somit auch die hier vorzutragende Darstellung der Ergebnisse des repräsentationistischen Forschungsprogrammes in den Neurowissenschaften – nicht unterscheiden müssen.

Die neuronale Realisation einer auf Repräsentationen beruhenden Kognition wird von den experimentellen Neurowissenschaften auf verschiedenen Ebenen untersucht. Zunächst einmal wird nach den genauen Regeln der Abbildungsbeziehung zwischen Reiz und neuronaler Reaktion gefragt , was in der Sprechweise der Informationstheorie der Frage nach dem neuronalen „Code" entspricht. Dies geschieht traditionellerweise durch die Untersuchung der Antworteigenschaften bzw. neuronalen Spezifitäten einzelner neuronaler Einheiten (3.). Darüber hinaus kann man die Organisation von neuronalen Repräsentationen im Gehirn, z.B. deren topographische Lage im Gehirn untersuchen und zueinander in Beziehung setzen, wobei man etwa topisch geordnete Merkmalskarten findet. Über die Genese und die Funktion solcher räumlich angeordneter funktioneller Neuronenverbände existieren bereits umfangreiche theoretische Untersuchungen aus dem Forschungsgebiet der Neuronalen Netze (4.). Um neuronale Repräsentationen zur Erklärung von kognitiven Leistungen unter natürlichen Bedingungen heranziehen zu können, bedarf es jedoch insbesondere der Aufklärung der Relationen zwischen mehreren, verschiedenen Repräsentationen, der Mechanismen der zentralen Weiterverarbeitung und der Frage, wie letztlich aufgrund von neuronalen Repräsentationen die Handlungen eines lebenden Organismus erklärt werden können (5., 6., 7.). Die folgenden Ausführungen werden zeigen, daß zwar bereits eine ganz erhebliche Datenmenge bezüglich der Dokumentation möglicher einzelner neuronaler Repräsentationen, meist anhand der Demonstration von Reizkorrelationen, gewonnen wurde, daß aber von der Klärung der Funktionsweise von Kognition aufgrund des repräsentationistischen Forschungsprogramms bisher noch keine Rede sein kann. Keine andere Wissenschaft verfügt wohl über so eine überwältigende Datenflut, die sich bisher jedoch so schwierig in Theorien über die Funktion des eigentlichen Explandums (in unserem Fall der Kognition) einfügen lassen wie die neurobiologische Kognitionsforschung.

## 3. Neuronaler Code

Die Frage nach dem neuronalen Code bezieht sich auf die Abbildungsregeln, die die Transformation von Reiz zu neuronaler Repräsentation bestimmen (oder, umgekehrt formuliert, „how to recognize the stimulus from the neuronal response"). Diese Frage verlangt zunächst einmal zu untersuchen, welche der strukturellen Eigenschaften der Bestandteile des Gehirns geeignet erscheinen können, funktionell für die Kodierung, die Festlegung der „Bedeutung" eines internen Zustandes ausschlaggebend zu sein. Heute ist man davon überzeugt, daß der entscheidende Parameter in der Funktion des Gehirns die Erzeugung elektrischer Potentiale ist, durch die letztlich alle Muskelaktivität und damit das Verhalten gesteuert werden. Da nur eine Gruppe von zellulären Bestandteilen des Gehirns, nämlich die Neurone, in der Lage sind, schnelle elektrische Potentiale (Aktionspotentiale) auszubilden, geht man davon aus, daß sie das funktionell relevante Substrat für kognitive Leistungen sein müssen. Zwar mehren sich in der letzten Zeit Hinweise, daß einerseits auch andere Zelltypen (z.B. Gliazellen, die klassischerweise lediglich als „Nervenkitt" betrachtet wurden) durchaus an kognitiven Prozessen beteiligt zu sein scheinen (z.B. bei plastischen Prozessen wie dem Lernen) und daß es auch eher humoral modulierte Hirnfunktionen gibt. Jedoch beruht das zweifelsfreie „Herzstück" der neurobiologischen Kognitionsforschung, die Neurophysiologie, nach wie vor im Wesentlichen auf der Grundannahme der schnellen, von Aktionspotentialen und synaptischen Verbindungen getragenen Signaltransduktion.

Der Forschungsschwerpunkt der Neurophysiologie war von Anfang an (neben der Untersuchung der zellulären Mechanismen der Signalerzeugung, -fortleitung und -verarbeitung) die Suche nach Reizkorrelaten in der neuronalen Aktivität. Der klassische Forschungsansatz thematisiert die Antworteigenschaften einzelner neuronaler Einheiten ("single units", d.h. einzelne Nervenzellen oder -Fasern). In den zwanziger Jahren unseres Jahrhunderts wurden effektive Meßverfahren zur Untersuchung der Erregungsleitung in Nervenfasern entwickelt (Adrian 1928) und bereits in den dreißiger Jahren wurden die ersten Ableitungen der Aktivität einzelner Neuronen am lebenden Versuchstier durchgeführt (Hartline 1938, 1940). Man konnte zunächst an somatosensorischen Nervenfasern feststellen, daß bestimmte Nervenzellen spezifisch auf Berührungen bestimmter Körperstellen reagieren, und prägte so den Begriff des "rezeptiven Feldes" (ursprünglich als den räumlichen Bereich der Körperoberfläche, durch dessen Reizung eine bestimmte Zelle zu errregen war). Relativ erfolglos waren jedoch über mehrere Jahrzehnte die Versuche, spezifische Reaktionen von Zellen auf visuelle Reize nachzuweisen. Erst als man begann, bewegte Reize zu verwenden, gelangen die ersten spektakulären Erfolge. Barlow (1953) konnte zeigen, daß bereits Ganglienzellen der Froschretina spezifisch auf kleine schwarze Flecken reagieren, die schnell über das rezeptive Feld jener Zellen bewegt wurden. Maturana et al. (1960) konnten demonstrieren, daß die Aktivität dieser (funktionell als "bug detectors" interpretierten) Zellen weitgehend unabhängig von den Beleuchtungsverhältnissen ist und somit eine Konstanzleistung darstellt. Hubel und Wiesel (1959, 1962, 1968) entdeckten letztlich auch im visuellen Cortex von Katzen und Affen Neurone, deren Aktivität "selektiv" für einfache visuelle Reize wie Lichtbalken mit einer bestimmten Orientierung und/oder Bewegungsrichtung war. Barlow et al. (1967) wiesen die Selektivität von Zellen im Rahmen binokularer Tiefenwahrnehmung nach und DeValois et al. (1967) "farbselektives" Antwortverhalten. Aufgrund der Notwendigkeit zur Vereinbarung der neuronalen Selektivitäten in den verschiedensten sensorischen Hirnbereichen erfuhr der Begriff des rezeptiven Feldes eine Verallgemeinerung, nach der er heute folgendermaßen benutzt wird: Als rezeptives Feld einer neuronalen Einheit bezeichnet man die Summe der Reizparameter, die die neuronale (Aktionspotential-) Aktivität dieser Einheit beeinflußt (damit kann sowohl eine Erhöhung wie auch eine Verminderung der Entladungsrate gemeint sein).

Die Experimente zur Bestimmung dieser Reizparameter folgten damals wie in der Regel noch heute einem (hinsichtlich möglicher Variationen und Alternativen noch zu diskutierenden) "Standard"-Versuchsablauf: Das Versuchstier wird anästhesiert und in eine festgelegte Lage gebracht (stereotaktische Einspannung), die die Lokalisation bestimmter Hirnareale anhand von Atlanten ermöglicht. Um das Tier in dieser standardisierten Lage zu halten, müssen seine Muskeln paralysiert werden. Insbesondere bei der Untersuchung des visuellen Systems würden sonst selbst kleinste, durch eine Einspannung des Tierkopfes nicht zu verhindernde Augenbewegungen die relative Lagebeziehung zwischen Reiz und dem auf der Retina stimulierten Bereich verändern, was eine reproduzierbare Untersuchung unmöglich machen würde. Die Paralyse führt allerdings auch zum Stillstand der Atemtätigkeit und erfordert damit eine künstliche Beatmung des Versuchstieres. Der zu untersuchende Hirnteil wird durch Eröffnung des Schädels zugänglich gemacht und eine Elektrode bis auf die Koordinaten des zu untersuchenden Hirnareals in das Gewebe eingefahren. Die Aktivität der jeweils am nächsten an der Elektrodenspitze liegenden Zellen wird an einem Oszillographen sichtbar und über einen Lautsprecher hörbar gemacht. Das Ziel des Experiments besteht darin, eine signifikante Korrelation zwischen systematisch variierten Reizparametern (seien es nun visuelle, akustische oder taktile Reize) und der Aktivität eines solchen Neurons herzustellen, d.h., es wird versucht, denjenigen Reiz herauszufinden, auf den die Zelle besonders „gut" (d.h. mit einer maximalen Veränderung der Entladungsrate) „antwortet". Dazu wird der Reiz unter Aufzeichnung der neuronalen Entladungsrate mehrfach präsentiert, aus der neuronalen Aktivität ein PSTH (peri- bzw. post-stimulus time histogram) erzeugt und die Signifikanz des Unterschiedes der Entladungsrate während der Reizpräsentation bzw. ohne Reiz statistisch ausgewertet. Liegt ein solcher signifikanter Unterschied vor und hat man den Reiz bestimmt, bei dem er maximal ist, so sagt man, die Zelle sei für diesen Reiz „selektiv" oder „codiere" diesen Reizparameter. Impliziert wird dabei, daß, da eine eindeutige (zunächst einmal rein zeitliche) Beziehung zwischen dem Reiz und der Antwortstärke des Neurons zu finden sei, die Aktivität des Neurons durch das System benutzt werden könne, den vorliegenden Reiz zu erschließen, m.a.W., man schreibt der Aktivität dieses Neurons die funktionelle Rolle eines Informationsträgers zu.

Aufgrund solcher Untersuchungen existiert heute ein recht umfangreiches Wissen über die „Spezifitäten" von Neuronen in verschiedenen Hirnarealen, das oft auch durch entsprechende histologische und anatomische Erkenntnisse gestützt werden kann. Jedoch kommen zunehmend, teils aus theoretischen Überlegungen heraus (s.u.), teils aber auch aufgrund von empirischen Befunden Zweifel auf, ob der neuronale Code tatsächlich oder ausschließlich ein Raten-Code ist, oder ob nicht vielmehr auch die zeitliche (Fein-) Struktur in der neuronalen Aktivität funktionelle Relevanz haben könnte (s.u.).

## 4. Organisation neuronaler Repräsentationen

Neben den Eigenschaften einzelner Neurone ist es natürlich auch interessant, Beziehungen zwischen den Aktivitäten einzelner Neurone festzustellen, z.B. in Bezug auf die Abhängigkeit ihrer Spezifitäten von ihrer Lage im Gehirn. Diese Frage kann zwar ebenso wie die oben geschilderten Experimente anhand der sequentiellen Untersuchung einzelner neuronaler Einheiten geklärt werden, wird jedoch erleichtert durch den Einsatz von Methoden, die die Aktivität mehrerer Neurone oder Gewebeabschnitte, die sich u.U. auch in verschiedenen Hirnaealen befinden, simultan erfassen können. Neben dem schon seit langem bekannte Elektroenzephalogramm (EEG), dessen

Nachteil jedoch eine sehr schlechte räumliche Auflösung ist, wurden in letzter Zeit neue physikalische Verfahren entwickelt, die teilweise nichtinvasiv und mit hoher räumlicher Auflösung neuronale Aktivität messen und darstellen können. Hier wären etwa die Positronen-Emissions-Tomographie, Kernspinresonanzspektroskopie oder auch optische Ableitmethoden zu nennen. Wie bei den oben geschilderten klassischen Experimenten verfährt man meist so, daß die neuronale Aktivität in Beziehung zu einer definierten Reizsituation gesetzt wird; auch hier steht also die Suche nach Reizkorrelationen im Vordergrund.

Bei der Untersuchung der räumlichen Beziehungen zwischen den neuronalen Spezifitäten verschiedener Neurone oder Neuronengruppen haben sich verschiedene topographische Ordnungsprinzipien gezeigt. Außer der schon lange bekannten Gliederung des Gehirns in einzelne Areale, in denen jeweils ähnliche neuronale Antworteigenschaften anzutreffen sind (z.B. jeweils die gleiche Sinnesmodalität), lassen sich auch innerhalb von Bereichen, die die gleiche Modalität „repräsentieren", Spezialisierungen verschiedener Areale auf unterschiedliche Eigenschaften des, z.B. visuellen, Reizes feststellen. So gibt es Areale, die ausschließlich auf farbige, bewegte oder komplexe (z.B. Gesichter-) Reize antworten. Selbst innerhalb einzelner Areale können die Zellen, die denselben Reizparameter (z.B. die Orientierung eines Balkens) „kodieren", in einer bestimmten räumlichen Ordnung angeordnet sein. Man spricht in einem solchen Fall von topisch geordneten Merkmalskarten.

Als wohl am besten untersuchtes System sei hier die Organisation des visuellen Systems resümmiert. Die „Information", die über die Sinneszellen der Retina aufgenommen worden ist, wird von den retinalen Ganglienzellen über den Sehnerv (Nervus opticus) zu verschiedenen subkortikalen Strukturen im Mittel- und Zwischenhirn weitergeleitet. Bei den größten und am besten untersuchtesten Projektionen zum lateralen Kniehöcker (Corpus geniculatum laterale) und zum vorderen Mittelhirndach (Colliculus superior) bleiben die räumlichen Beziehungen zwischen den retinalen Ganglienzellen und den von ihnen angesteuerten Zielzellen strikt erhalten, so daß man von einer retinotopen Ordnung spricht. Der laterale Kniehöcker stellt den Ausgangspunkt der wichtigsten Projektion in die primäre Sehrinde (den primären visuellen Cortex), das wohl am besten untersuchte Areal des visuellen Systems, dar. Die retinotope Projektion von der Retina über den lateralen Kniehöcker zum primären visuellen Cortex hat zur Folge, daß dessen Eingänge ebenfalls in einer „retinotopen Karte" geordnet sind. Benachbarte Strukturen des primären visuellen Cortex erhalten somit ihren „input" von benachbarten Retinaganglienzellen und haben somit benachbarte „rezeptive Felder" in der visuellen Umwelt. Diese „Retinotopie" bleibt zumindest in den nächstfolgenden Arealen erhalten, wenn auch in zunehmend verzerrter Form. Solche topischen Ordnungen von neuronalen Projektionen, bei denen die räumlichen Beziehungen zwischen Sinnes- oder Körperoberflächen in nachgeschalteten flächig organisierten Hirnarealen aufrechterhalten bleiben, kennt man nicht nur für das visuelle System (Abbildung der Fläche der Retina), sondern auch für das somatosensorische System (Abbildung der Körperoberfläche), für das akustische System (Abbildung der Cochlea) und schließlich auch für effektorische Systeme, z.B. im primären Moto-Cortex[1]. Weitere Befunde sprechen dafür, daß mit solchen räumlichen Ordnungsprinzipien, die topologischen Karten erzeugen, auch andere (selbst nicht-räumliche) Stimulus-Parameter kodiert werden könnten. So sind regelmäßige Anordnungen von Zellen, die eine bestimmte Orientierung bevorzugen, beschrieben worden, wobei bei benachbarten Zellen jeweils ähnliche Reiz-Orientierungen bevorzugt (mit maximaler Entladungsrate) beantwortet werden und sich diese Vorzugs-Orientierungen in stetiger und kontinuierlicher Weise über die Cortex-Oberfläche hinweg ändern.

Durch die Überlagerung mehrerer solcher topographischer Karten in einem (in erster Näherung) zweidimensionalen Substrat wie es der flächig organisierte Cortex darstellt, kann es durch stückweise Aufspaltung zu Anordnungen in Streifen kommen, die abwechselnd jeweils der einen bzw. der anderen Karte zugehören, wie z.B. im Fall der okulären Dominanz-Kolumnen im primären visuellen Cortex. Es ist anzunehmen, daß mit einer erhöhten Anzahl der zu kodierenden Stimulus-Parameter die Fläche zunehmen muß, auf der die verschiedenen Karten repräsentiert sind, bzw. daß das „Exportieren" von bestimmten Reizparametern in andere Hirnareale sinnvoll sein kann. Eine solche Aufspaltung könnte der Grund für die Ausbildung mehrer visueller cortikaler Areale sein, die jeweils bestimmte Reizqualitäten detaillierter „repräsentieren". So sind im visuell beeinflussbaren Teil des Cortex eine Vielzahl von verschiedenen Arealen bestimmt worden, in denen sich die Antworteigenschaften der Zellen deutlich unterscheiden, in denen also unterschiedliche funktionale Spezialisationen stattgefunden haben könnten.

Dabei sind die verschiedenen Areale jedoch aufs engste untereinander verknüpft. In der Hirnrinde selbst steht der primäre visuelle Cortex (beim Affen V1) in engen rückkoppelnden und vielfach parallelen Wechselbeziehungen mit dem sekundären und tertiären visuellen Cortex (V2, V3+VP) sowie dem ventral-anterioren (V4 oder VA), dem inferior-temporalen (IT), dem medial-temporalen (V5 oder MT) und dem medial-superior-temporalen (MST) Areal. Die kortikalen Areale projizieren ihrerseits auch wieder zurück in subkortikale Areale und erhalten zumindest teilweise auch noch weitere subkortikale Eingänge. Einige Antworteigenschaften, die in den genannten kortikalen Arealen in Experimenten der o.g. Form bestimmt wurden, zeigt die Tafel 1.

---

1 An diesem Prinzip wird wiederum deutlich, wie naheliegend eine repräsentationistische Auffassung des Gehirns scheinen muß, wenn z.B. visuelle Bilder im Gehirn Aktivitätsverteilungen hervorrufen, die in ihrer Topographie, ähnlich wie in einer Kamera durch eine Lochblende, sehr stark dem „Originalbild", dem visuellen Reiz, entsprechen.

| Areal | Korrelierte Reizeigenschaften |
|---|---|
| V1 | Orientierung, Disparität, Farb- und Helligkeitskontraste, (langsame) Bewegung |
| V2 | Orientierung, Disparität, Farb- und Helligkeitskontraste, (schnellere) Bewegung, „virtuelle" Konturen |
| V3+VP | Orientierung, Disparität, Form, Tiefe |
| V4 (VA) | Farbkonstanz, Orientierung, hohe räumliche Auflösung |
| V5 (MT) | Bewegungsrichtung, Unterscheidung Eigen-/Fremdbewegung |
| MST | „Komplexe" Bewegungen: Expansion, Kontraktion, Rotation |
| IT | „Komplexe" Objekte: Gesichter, Hände, Nahrungsmittel |

Tafel 1: Korrelierte Reizeigenschaften von Neuronen in verschiedenen visuellen Arealen des Affencortex (zusammengestellt nach Roth 1992)

Auf Grund jenes physiologischen Wissens und histologisch-neuroanatomischer Merkmale unterscheiden viele Neurowissenschaftler drei parallele visuelle Verarbeitungssysteme, nämlich das „Magnozellular-System", das „Parvozellular-Interblob-System" und das „Parvo-Magno-Blob-System". Der primäre und sekundäre visuelle Cortex sind mit ihren anatomisch unterscheidbaren Strukturen quasi als „Verteilungsstationen" an jedem dieser Systeme beteiligt (Hubel & Livingstone 1987; Shipp & Zeki 1985; DeYoe & Van Essen 1985). Dem Magnozellular-System, zu dem weiterhin MT und MST gehören, schreibt man Bewegungswahrnehmung bzw. Objekterkennung auf Grundlage von Bewegungskriterien zu (vgl. Zeki 1974). Das Parvozellular-Interblob-System, zu dem man V3 rechnet und das wahrscheinlich zu IT projiziert, dient auf Grund seiner hohen räumlichen Auflösungsfähigkeit der Figur- und Formwahrnehmung (vgl. Zeki 1978; Zeki & Shipp 1988). Das Parvo-Magno-Blob-System projiziert über V4 nach IT und wird für Farbwahrnehmung und Formwahrnehmung auf Grund farblicher Differenzierung verantwortlich gemacht (vgl. Desimone & Schein 1987; Schein & Desimone 1990, Zeki 1973, 1993). Anderen Konzepten zufolge lassen sich zwei „funktionale Ströme" unterscheiden, von denen der eine mit der „Bedeutung" von Objekten befaßt ist und so die Frage „Was?" zu beantworten scheint (temporaler Pfad), während der andere Strom mit Ort und Bewegung des Objekts zu tun hat und somit eine Antwort auf das „Wo?" geben könnte (parietaler Pfad, Van Essen et al. 1992, Van Essen & Maunsell 1983). Allerdings lassen neuere neuroanatomische und neurophysiologische Arbeiten zunehmend Zweifel aufkommen, ob eine so strikte Trennung verschiedener Verarbeitungströme möglich ist.

Die „höheren", mit der Integration der verschiedenen Sinnesmodalitäten verbundenen Wahrnehmungsleistungen im Anschluß an jene „unimodalen" Areale schreibt man den „multimodalen" Anteilen des Assoziationscortex im Occipital-, Parietal- und

Temporallappen zu (Van Hoesen 1993), die „Umsetzung" der Wahrnehmung in die Handlung hingegen dem Frontalcortex (Fuster 1993).

Über mögliche Mechanismen zur Generierung von neuronalen Spezifitäten und Merkmalskarten in neuronalen Netzen gibt es bereits umfangreiche theoretische Modellstudien an sog. neuronalen Netzen, die in vom Gehirn inspirierten Rechnerarchitekturen Prinzipien der Selbstorganisation untersuchen. Historisch gehen diese Ansätze auf die Arbeiten von McCulloch & Pitts (1943), besonders aber Hebb (1949) zurück. Nach Hebbs Auffassung führt die Stimulation von Rezeptoren zur Aktivierung von Einheiten der neuronalen Struktur, die so etwas wie „semantische Atome" darstellen, indem sie bestimmte Reizparameter repräsentieren. Die Koaktivierung solcher Einheiten wird zu jenem Prinzip, das die von Hebb betonte „Allgemeinheit der Wahrnehmung" („perceptual generalization") gewährleistet. Jene Koaktivierung führt zur Herausbildung von „Cell Assemblies" als funktionelle Verknüpfung jener Einheiten. Auf struktureller Ebene beruht die Etablierung jener Assemblies auf einer „Lernregel", die bis heute als „Hebbsche Regel" zu den grundlegenden Postulaten der Neurobiologie gehört: „When an axon of cell A is near enough to excite cell B and repeatedly or persistently takes part in firing it, some growth process or metabolic change takes place in one or both cells such that A's efficiency, as one of the cells firing B, is increased" (Hebb 1949)[2]. Jene über die Hebbsche Regel veränderten „Wichtungen" der Synapsen liefern bis heute die Grundlage zur neuronalen Erklärung von „Gedächtnis", der Prozeß der Veränderung selbst von „Lernen". Die anfänglichen Erfolge der Arbeiten von Hubel und Wiesel drängten jene frühen Arbeiten allerdings aus dem Mittelpunkt des Interesses. Zudem zeigten sich bereits in jenen frühen Arbeiten (etwa zum „Perceptron" als Modellsystem – Rosenblatt 1961) wichtige Grenzen dieses Ansatzes. Nichtsdestoweniger traten neuronale Netzwerkmodelle im Allgemeinen und Konzepte des „assoziativen Gedächtnisses" im Besonderen in den 70er und 80er Jahren wieder in den Mittelpunkt der Forschungen (Kohonen 1977, 1988, Palm 1982).

Heute versteht man unter solchen neuronalen Netzwerkmodellen mathematische Algorithmen, die in hochvernetzter hardware, zumeist aber „pseudoparallel" programmierten konventionellen Computern technisch implementiert werden können. Ein solches Netzwerk besteht aus einer endlichen Anzahl von Einheiten $e_1, ..., e_n$, die über eine Konnektivitätsmatrix $C = (c_{ij})$ verknüpft sind. Die Zahl $c_{ij}$ drückt dabei die Verbindungsstärke von Element $e_i$ zu Element $e_j$ aus ($i, j$ Element von $\{1, ..., n\}$). Zunächst ist für ein solches Netzwerk die Übertragung von Aktivität als Transformation eines Aktivitätsvektors $a = (a_1,...,a_n)$, der die Aktivität der Elemente zu einem bestimmten Zeitpunkt erfaßt, in einen Aktivitätsvektor $b = (b_1,...,b_n)$ definiert, der die

---

2 Der experimentelle Nachweis von synaptischen Veränderungen, die der Hebbschen Regel folgen, ist allerdings erst in den letzten Jahren an Hippocampus-Kulturen ansatzweise gelungen (Kelso et al. 1986, Bonhoeffer et al. 1989).

Aktivität der Elemente einen Zeitschritt später bestimmt. Die Aktivität einer Einheit zu einem bestimmten Zeitpunkt ist die mit den Verknüpfungsstärken gewichtete Summe über die Aktivitäten aller Einheiten einen Zeitschritt vorher plus die Inputaktivität dieser Einheit. Die Verbindungsstärke zweier Elemente wird gemäß einer Hebbähnlichen Lernregel nach jedem Schritt so aktualisiert, daß sie in Abhängigkeit von der Aktivitäts-Korrelation zwischen den betreffenden Einheiten erhöht oder vermindert wird. Der „Merkmalsraum" des Inputs wird im Ergebnis dieser Aktualisierung so auf das Netzwerk projiziert, daß nach Vollzug des Lernens jeder Input eine lokalisierte Aktivität hervorruft, die die wichtigsten Reizparameter „repräsentiert". Die wesentlichen Leistungen dieser Modelle sind Musterkartierung (pattern mapping) und Mustervervollständigung (pattern completion, Palm 1986).

Solche Netzwerke kann man sich nun in mehreren Schichten angeordnet vorstellen, die untereinander rückgekoppelt oder, wie es meist angenommen wird, ausschließlich durch „feed forward"-Verbindungen verknüpft sind. Die Aktivität der Inputschichten würden dann sensorischen oder subkortikalen Eingängen entsprechen, während die Aktivität der Outputschichten unter bestimmten Bedingungen nach langen Lernprozessen „Merkmalskarten" jenes Inputs „erlernen" würden. Auf dieser Grundlage wurden eine Reihe von Modellen entwickelt, die die Erzeugung topographischer Karten (Willshaw & v.d.Malsburg 1976, Kohonen 1982a,b, Linsker 1986a), von Okularitätsdominanz (v.d.Malsburg 1979, Bienstock et al. 1982, Linsker 1986c), Richtungsselektivität (Marr & Ullmann 1981) oder von Orientierungsselektivität (v.d.Malsburg 1973, v.d.Malsburg & Cowan 1982, Bienstock et al. 1982, Linsker 1986b) erklären[3].

Als Beispiel soll v.d.Malsburgs (1973) Modell der Selbstorganisation orientierungsselektiver Zellen vorgestellt werden. Wir wählen gerade jenes Modell, weil es einerseits diese herausragende Stellung als eines der ersten Selbstorganisationsmodelle des Gehirns verdient und andererseits gegenüber den späteren Modellen relativ einfach strukturiert ist. Das Modell besteht aus einer zweidimensionalen „Retina" von 19 hexagonal angeordneten Einheiten und einem zweidimensionalen „Cortex" aus jeweils einer Schicht von 169 exitatorischen und 169 inhibitorischen Einheiten, die ebenfalls hexagonal angeordnet sind. Jede Einheit i der Retina ist mit jeder exzitatorischen Einheit k des „Cortex" über eine modifizierbare Wichtung sik verknüpft, die Einheiten des „Cortex" untereinander hingegen über konstant festgelegte Wichtungen pik. Die festgelegten Wichtungen folgen dem „Prinzip der kurzreichweitigen Aktivierung und langreichweitigen Inhibierung" in Form einer Glockenfunktion.

Die exzitatorischen und inhibitorischen Eingänge einer Einheit werden linear aufsummiert. Den „Stimulus" bildet ein „orientierter Balken", der in der Aktivierung von Einheiten der „Retina" besteht. Der „Stimulus" wird solange „angeschaltet", bis sich

---

3 Ein Überblick findet sich in Linsker (1990).

ein steady state eingestellt hat. Die anfänglichen Wichtungen der „Synapsen" zwischen „Retina" und „Cortex" werden gemäß einer flachen Zufallszahlenverteilung festgelegt. Nach jeder Stimuluspräsentation erfolgt die Modifikation der Wichtungen einer Hebbregel entsprechend und eine Renormalisierung unter Konstanthaltung der Summe der Wichtungen der Eingänge einer Einheit. Bereits vor der ersten Lernphase ergibt sich auf Grund der „intrakortikalen" Verknüpfungen eine gewisse Tendenz der Einheiten, in „clusters" zusammen zu feuern, und bereits etwa die Hälfte der Einheiten zeigen eine schwache Orientierungsselektivität. Nach etwa 20 Lernphasen hat sich ein stabiles clustering herausgebildet und nach 100 Schritten zeigen fast alle Einheiten deutliche Orientierungsselektivität. Das Modell könnte somit die Herausbildung von (den Clusters entsprechenden) „Kolumnen" merkmalselektiver Zellen in A17/V1 erklären. Wie im primären visuellen Cortex sind auch in v.d. Malsburgs Modell benachbarte Einheiten für gleiche oder „benachbarte" Orientierungswinkel sensitiv. Sie reagieren nach den Lernphasen nicht mehr oder weniger auf „unspezifische" Stimuli, die in der Lernphase nicht dargeboten wurden und sie sind in dem Sinne störungsresistent, daß sie etwa die willkürliche Verdreifachung der Wichtungen einiger „Synapsen" durch die Redundanz der Informationsverarbeitung ausgleichen.

Die Selbstorganisationsmodelle der Spezifität neuronaler Verknüpfungen bilden eine Alternative zu Modellen der expliziten Spezifikation synaptischer Kontakte aufgrund eines genetisch festgelegten Systems chemischer Marker, von denen das prominenteste die Spezifikationstheorie von Sperry (1963) ist. Solch eine genetisch festgelegten Spezifikation kann für die Erklärung von neurophysiologischer Entwicklung aufgrund von kognitiven Prozessen allerdings nicht hinreichend sein, da sie aufgrund einer angeborenen „Information" funktioniert und nicht der kognitiven Auseinandersetzung des Organismus mit der Umwelt bedarf. Empirische Ergebnisse aus der experimentellen Neurobiologie liefern eine große Anzahl von Belegen für die hochgradig selbstorganisierende Dynamik der Ontogenese neuronaler Strukturen in Abhängigkeit von den Erfahrungen des Individuums. So werden etwa synaptische Kontakte in der frühen Ontogenese in großem Umfang „probeweise" gebildet und wieder abgebaut und auch ein großer Anteil von Neuronen zeitweise „überproduziert" (Kolb 1989). Neuronale Wachstumsfaktoren scheinen nur grundlegende Wachstumsrichtungen und die quantitative Dynamik der Verknüpfung und Lösung synaptischer Kontakte festzulegen (Szentagothai 1985). Die Rolle des Lernens durch Konfrontation mit einem sensorischen Input kann experimentell durch die Hemmbarkeit der Differenzierungsprozesse im visuellen Cortex durch Aufziehen von Versuchstieren im Dunkeln oder Blockade der Aktionspotentiale durch Tetrodoxin nachgewiesen werden (Kalil 1989, Singer 1986). Wie aufgrund der Selbstorganisationsmodelle vorhersagbar, führt der Ausfall spezifischer Reizparameter in der Ontogenese zum Ausfall der diese Parameter betreffenden Differenzierungsprozesse. So zeigen etwa anatomische Studien, daß bei Katzen, die mit einseitigem Lidverschluß aufgezogen worden sind, die dem verschlossenen Auge entsprechenden Okularitätsdominanzkolumnen unterrepräsentiert sind (Kalil 1989). In Verhaltensstudien läßt sich zeigen, daß junge Katzen, die in einer Umgebung mit ausschließlich vertikalen oder horizontalen Streifen aufgewachsen sind, für die jeweils andere Orientierung blind sind (Blakemore & Cooper 1970). Der mögliche Einwand, daß ein großer Teil der Merkmalselektivitäten schon bei der Geburt des Tieres vorhanden sei, läßt sich durch die bereits embryonal hochgradig organisierte Spontanaktivität der Retina erklären (v.d.Malsburg & Singer 1988). Selbst nach der „sensiblen Phase" in der frühen Ontogenese bleiben plastische Reorganisations-Kapazitäten offenbar bis ins adulte Stadium erhalten (Gilbert & Wiesel 1992, Pons et al. 1991). Detailliertere Untersuchungen zeigen etwa trainingsspezifische Veränderungen der kortikalen „Merkmalskarten". So vergrößert sich bei Experimenten, in denen das wache Versuchstier auf die Unterscheidung akustischer Reize einer bestimmten Frequenz trainiert wurde, das Gebiet im primären auditorischen Cortex, das den umgebenden Frequenzbereich „codiert", und geht auf die ursprüngliche Größe zurück, wenn das Tier auf weit entfernte Frequenzen „umtrainiert" wird (Recanzone et al. 1993). Ähnliche Effekte lassen sich für den primären somatosensorischen Cortex (Recanzone et al. 1992) und für die inferiotemporalen visuellen Areale (bislang also nicht für die primären) zeigen (Sakai & Miyashita 1991; Eskandar et al. 1992). Ergebnisse aus Stimulationsexperimenten legen nahe, daß diese Plastizität tatsächlich auf „Hebbian Learning" in weit verteilten neuronalen Assemblies beruhen könnte (Fregnac et al. 1992; Schulz & Fregnac 1992; Ahissar et al. 1992).

## 5. Theorien zu neuronalen Verarbeitungsmechanismen und ihre experimentelle Fundierung

Bezeichnenderweise gibt es trotz aller Erkenntnisfortschritte, was neurophysiologisches und anatomisches Detailwissen über das neuronale Substrat des Gehirns angeht, noch keine wirklich überzeugenden Ansätze für etwas, was man im klassischen Sinne als eine aus der Verallgemeinerung dieser Befunde gewonnene und durch diese Befunde belegte oder gar „verifizierte" neurobiologische Theorie der Wahrnehmung bezeichnen könnte. Die frühen Erfolge der Suche nach Reizkorrelaten in der neuronalen Aktivität gaben Forschern wie Hubel und Wiesel Anlaß zur Entwicklung „hierarchischer Verarbeitungsmodelle" der visuellen Information. Entsprechend der zunehmenden Komplexität der durch die Aktivität „codierten" Reizmerkmale hätte man gemäß dieser Vorstellungen eine Konvergenz der Erregung „einfacher" Zellen auf „komplexe" und weiter auf „hyperkomplexe" Zellen zu erwarten, die letztlich zur Erregung von Zellen führen würde, denen man die Repräsentationen von Objekten oder Situationen zuschreiben könnte. Zum Schlagwort für diese Superzellen ist die wohl auf Lettvin zurückgehende Bezeichnung „Großmutter-Zellen" geworden. Eine solche Zelle würde also dann und nur dann feuern, wenn die Großmutter zugegen ist (oder als mentaler Inhalt nur vorgestellt wird). Daß man tatsächlich glaubte, über die Untersuchung einzelner Neurone zu einem Verständnis der Funktion des Gehirns zu gelangen, wird etwa aus dem vielzitierten Dogma von Barlow (1972) deutlich: „A description of the activity of a single nerve cell which is transmitted to and influences other nerve cells, and of a nerve cell's response to such influences from other cells, is a complete enough description for functional understanding of the nervous system".

Gegen dieses Konzept gibt es aber eine erdrückende Last von sowohl funktionalistischen als auch strukturalistischen Gegenargumenten. Von einem funktionalistischen Standpunkt aus gesehen scheint es unmöglich, daß im Gehirn für alle möglichen Objekte, die uns in unserem Leben so begegnen, eine spezifische Zelle vorhanden sein könnte. Zudem begegnen uns jene Objekte in immer anderen Formen und Gestaltungen, so daß für jedes Objekt noch eine ganze Reihe von Varianten „codiert" sein müßten. Manche dieser Zellen müßten über Wochen, Monate oder Jahre „schweigen", obwohl es Grund zu der Annahme gibt, daß bereits sehr viel kürzere aktivitätsfreie Zeiträume die Struktur der synaptischen Verbindungen und somit die Antworteigenschaften der Zelle grundsätzlich verändern würden. Solche hierarchischen Verarbeitungsprozesse würden weiterhin unrealistisch viel Zeit beanspruchen. Das System wäre zudem ungemein störungsabhängig, indem der Ausfall einzelner Zellen gleich zum Ausfall ganzer Objektrepräsentationen führen würde. Insbesondere aber wäre es im Rahmen eines solchen Modells unmöglich, die Lernfähigkeit des Systems ohne höchst artifizielle Zusatzannahmen zu erklären. Strukturell spricht gegen dieses Konzept auch das bereits referierte neuere Wissen über die hochgradige Parallelität und Rekursivität der visuellen Verarbeitungskanäle. Zudem resultiert schon aus dem einfachen Vergleich der geschätzten Anzahl von Sinneszellen und Zellen in den sensorischen Arealen eine Divergenz der Verbindungen von mehreren Größenordnungen. Als einer der wenigen Befunde, die das hierarchische Verarbeitungsmodell stützen könnten, wird die Entdeckung „gesichtsselektiver" und anderer „objektselektiver" Zellen im inferiotemporalen Cortex von Affen (Gross et al. 1972) gesehen. Doch einerseits sind diese Zellen keinesfalls spezifisch für bestimmte Gesichter, also bestimmte Gesichtsausdrücke, Individuen, Geschlechter oder Arten (Desimone 1991; Gross & Sergent 1992) und andererseits reagieren „objektspezifische" Zellen in IT ebenso auf Stimuli, die ihrer Komplexität gegenüber diesen Objekten stark reduziert sind (Tanaka et al. 1991; Tanaka 1992). Hubel und Wiesel (1986), die Väter des Hierachiekonzepts stellen letztlich selbst fest: „Nur spekulieren kann man derzeit über die Frage, wie die visuelle Information im Anschluß an das primäre Sehfeld weiter verarbeitet wird. Wird man vielleicht eines Tages Zellen finden, von denen jede auf eine bestimmte Reizkonfiguration spezialisiert ist? Wir glauben nicht, daß es solche Zellen gibt, haben aber auch keine Alternative anzubieten". Ein beliebter Ausweg aus diesem Problem ist die Annahme, daß die Koaktivierung zumindest einiger Zellen notwendig ist, um ein bestimmtes Objekt zu repräsentieren (Tanaka 1992). Man spricht hier gerne von „Population Coding": Die „Codierung" von Objekten oder komplexen Merkmalen erfolgt nicht in Form der Aktivität einer einzelnen Zelle, sondern der integrierten Aktivität von ganzen Zellpopulationen. Gestützt wird diese Annahme durch empirische Belege für theoretische Modelle, die die „Codierung" von Bewegungen im motorischen Cortex sehr elegant erklären können und auch eine Übertragung auf den sensorischen Cortex nahelegen. Es ist jedoch einsichtig, daß nur ein kleiner Teil der o.g. Probleme auf diese Weise gelöst werden kann, solange nicht Beziehungen zwischen jenen Populationen aufgedeckt werden, die eine Alternative zum  Hierarchiekonzept darstellen.

Eine Reihe von Konzepten, die sich die Überwindung dieser Probleme zum Ziel gemacht haben, werden in den letzten Jahren unter dem Schlagwort „Computational Neurosciences" diskutiert.

Sejnowski, Koch und Churchland (1988) leiten einen Übersichtsartikel zu diesem Forschungsgebiet mit den Worten ein: „The ultimate aim of computational neuroscience is to explain how electrical and chemical signals are used in the brain to represent and process information". Anders als im Falle des metaphorischen Gebrauchs des Informationsbegriffes in der experimentellen Neurobiologie soll Informationsverarbeitung hier einen wohldefinierten begrifflichen Sinn erhalten. Der Sinn der Anwendung des Informationsbegriffs liegt in einer von der experimentellen Neurobiologie abweichenden Form der Erklärung, der „Information" als semantischer Gehalt neuronaler „Repräsentationen" zugrundeliegt: „Mechanical and causal explanations of chemical and electrical signals in the brain are different from computational explanations. The chief difference is that a computational explanation refers to the information content of physical signals and how they are used to accomplish a task" (1988, 1300). Die Ergebnisse der experimentellen Neurobiologie werden so zu „constraints" von Informationsverarbeitungsmodellen, die bestimmte Berechnungsprobleme zu lösen in der Lage sind und in Computermodellen explizit programmiert (Marr 1982) oder in letzter Zeit besonders auf lernfähigen Backpropagation-Netzwerk-Architekturen implementiert werden (Hurlbert & Poggio 1988  oder Lehky & Sejnowski 1988).

Eine frühe, sehr einleuchtende und heute schon „klassisch" zu nennende Charakterisierung eines solchen informationstheoretischen Erklärungsansatzes im Rahmen der Wahrnehmungsforschung liefert Marr (1982), indem er insbesondere die Dualität von Informationsverarbeitung und Repräsentation thematisiert: „Vision is [...], first and foremost, an information-processing task, but we cannot think of it just as a process. For if we are capable of knowing what is where in the world, our brains must somehow be capable of representing this information [...] This duality – the representation and the processing of information – lies at the heart of most information-processing tasks and will profoundly shape our investigation of the particular problems posed by vision" (1982,3). Jedes System, das ein „information-processing task" löst, muß nach Marr (1982,25) unter drei Fragestellungen verstanden werden:

(1)  Computational theory: „What is the goal of the computation, why is it appro-
     priate, and what is the logic of the strategy by which it can be carried out?"
(2)  Representation and algorithm: „How can this computational theory be imple-
     mented? In particular, what is the algorithm for the transformation?"
(3)  Hardware implementation: „How can the representation and algorithm be
     realized physically?"

Die erste Ebene ist dabei von der zweiten, die zweite von der dritten in weiten Grenzen unabhängig. Die „computational theory" befaßt sich mit der Lösung eines „information processing task" ganz unabhängig davon, wie die Lösung implementiert werden könnte. Ein bestimmter Algorithmus, der zur Implementierung dieser Theorie
dient, muß zwar gewissen Beschränkungen der Hardware genügen, kann aber in ganz
verschiedener Hardware implementiert werden.

Repräsentationen sind nun bei Marr als Beschreibungen bestimmt, die gewisse
Anteile „der Information" „explizieren": „A representation is a formal system for
making explicit certain entities or types of information, together with a specification
of how the system does this. And I shall call the result of using a representation to
describe a given entity a description of the entity in that representation" (1982,20).
Das „processing of information" als andere Seite der o.g. Dualität hat also die Aufgabe, (wie auch immer) bestimmte Aspekte jener Information zu explizieren. Zwar
ist zunächst alle Information im Input des Systems gegeben, doch sind in jener Information die für das System relevanten Anteile nur „implizit" vorhanden und müssen
daher durch Berechnung erst „explizit" gemacht werden[4].

Andere theoretische Ansätze, die in letzter Zeit breit diskutiert werden, gehen von
einer Kritik des „klassischen" Assembly-Konzeptes aus, um zu Einsichten zur neu-
ronalen Aktualgenese kognitiver Leistungen vorzudringen. So verweist etwa von der
Malsburg auf das Problem, daß verschiedene Gegenstände oder auch Figur und
Grund, die gleichzeitig Einheiten des Assembly aktivieren, nicht hinsichtlich ihrer
Merkmalszuordnungen unterschieden werden können. V.d. Malsburg spricht hier von
einem „Binding-Problem", das auf Grund jener fehlenden Strukturierung durch die
Herausbildung „illusorischer Konjunktionen" zur „Superpositionskatastrophe" führt.
Dieses Problem wurde bereits von Rosenblatt (1961) und später von Minsky und
Papert (1974) im Rahmen ihrer Arbeiten zu den sogenannten „Perceptrons" diskutiert
(vgl. v.d. Malsburg 1986). Solche „Perceptrons" bestehen aus mehreren Schichten von
„Neuronen", die innerhalb und zwischen diesen Schichten „synaptisch" verknüpft
sind. Den Input bildet eine Schicht von „sensorischen" Einheiten (S-cells), den out-
put eine Schicht von „Wiedererkennungseinheiten" („recognition units", R-cells).

---

4   Marr erläutert dies an folgendem Beispiel: Natürliche Zahlen können in Binär- und Dezimal-
    darstellung „repräsentiert" werden. Diese Darstellung enthält etwa „Information" über die mög-
    liche Dezimalzerlegung dieser Zahlen. Während diese aber in der Dezimalzerlegung „explizit"
    ist, ist sie es in der Binärdarstellung nur „implizit".

Verbunden sind diese Schichten durch eine oder zwei Schichten von „assoziativen" Einheiten (A-cells). In den vierschichtigen Modellen lassen sich nun in der zweiten assoziativen Schicht Zellen identifizieren, die ortsinvariant auf bestimmte Inputmuster antworten. Es wird so eine „perceptual generalization" oder eben „invariance" erklärt, die für das Verständnis von Wahrnehmung essentiell ist und durchaus den Begriff von so etwas wie einer (komplexen?) merkmalselektiven Zelle liefern könnte. Man stelle sich nun vier „Zellen" vor, die für die Merkmale „oben" (auf der „Retina"), „unten", „quadratisch" und „dreieckig" ortsinvariant selektiv sind. Ein isoliertes Quadrat in der oberen Hälfte der „Retina" würde also zwei „merkmalselektive" Elemente aktivieren, von denen je eines „oben" und „quadratisch" codiert. Ein isoliertes Dreieck in der unteren Hälfte der Retina würde entsprechend jene „Zellen" aktivieren, die die Merkmale „unten" und „dreieckig" „repräsentieren". Besteht der Input nun aber sowohl aus einem Quadrat in der oberen als auch einem Dreieck in der unteren Hälfte der „Retina", so feuern die Zellen, die „oben", „unten", „dreieckig" und „quadratisch" codieren simultan. Welche Eigenschaften gehören aber zusammen? Welche Zuordnung von Merkmalen entspricht einem „Objekt" auf der „Retina"? Das Gehirn scheint tatsächlich mit einem ähnlichen Konflikt konfrontiert zu sein. Dies wird nicht nur durch die funktionalistische Forderung nach einer „perceptual generalization" nahegelegt, sondern auch durch unser strukturelles Wissen über die hochgradige Spezialisierung der sensorischen Verarbeitung hinsichtlich der als relevant erachteten Reizparameter. Verschiedene Zellen „antworten" auf verschiedene Reizparameter, verschiedene Merkmalsklassen (Form, Farbe, Bewegung) werden zumindest teilweise in verschiedenen Arealen verarbeitet, die Fragen „was" und „wo" werden in topologisch weit voneinander entfernten „funktionalen Strömen" beantwortet (s.o.). Zumindest die „komplexen" und „hyperkomplexen" Merkmale werden dabei auf Grund ihrer relativ großen rezeptiven Felder in bestimmtem Umfang „ortsinvariant" kodiert.

Einen möglichen Ansatz zur Lösung des Prädikations- oder Bindungsproblems schlägt v.d.Malsburg (1981,1986,1987) mit seiner „Korrelationstheorie der Hirnfunktion" vor. Die Grundidee jenes Ansatzes ist recht einfach. In den gängigsten Experimenten zur Ermittlung von neuronalen Selektivitäten werden, wie wir gesehen haben, die Reizparameter mit der über einen bestimmten Zeitraum und über mehrere Versuche gemittelten Entladungsrate korreliert. Durch diese Mittelung, so v.d. Malsburg (1981), geht eben jene Information verloren, die „in" der Zeitstruktur der neuronalen Aktivität der Zelle „steckt". Ist es vielleicht jene Zeitstruktur, über die die Bindung jener Merkmale zu einer Objektrepräsentation bewerkstelligt wird? Man könnte sich etwa vorstellen, daß die Auftrittswahrscheinlichkeit eines Aktionspotentials in einer Zelle A dann besonders hoch ist, wenn ein Aktionspotential in einer Zelle B auftritt, die ein Merkmal desselben Objektes „codiert", daß diese bedingte Wahrscheinlichkeit aber gering ist, wenn beide Zellen Merkmale verschiedener Objekte „codieren". Die Zeitstrukturen der Aktivitäten von Zellen, die Merkmale desselben Objekts kodieren, würden dann miteinander korreliert sein, die Zeitstrukturen der Aktivitäten von Zellen, die Merkmale verschiedener Objekte repräsentieren, müßte demzufolge dekorreliert sein. Die Möglichkeit der Erzeugung jener Korrelationen erklärt v.d. Malsbug durch die Einführung einer neuen Form dynamischer Kontrolle, die er als „synaptische Modulation" bezeichnet: Während sich im Hebbschen Konzept die Wichtung der Synapsen zwischen Neuronen bzw. Neuronengruppen nach dem Prinzip ihrer Koaktivierung (wiederum gemessen an über die Zeit gemittelten Entladungsraten) nur über sehr lange Zeiträume verändert, beruht die synaptische Modulation auf einem „Umschalten" der Synapsen zwischen einem leitenden und einem nicht-leitenden Zustand in sehr kurzen Zeiträumen, das jene Hebbsche Plastizität überlagert. Die Hebbsche Plastizität legt nun lediglich einen Ruhewert der Wichtungen fest, der bei Aktivierung der verknüpften Elemente moduliert wird. Werden verschiedene Einheiten, die für die Merkmale eines bestimmten Objekts stehen, aktiviert, so kommt es zur Korrelation der Zeitstruktur der Entladungen dieser Einheiten. Diese Korrelation ist wiederum der Parameter, der die Wichtungen der Synapsen zwischen diesen Elementen vergrößert. Die Aktivität der Einheiten wird nun noch stärker korreliert sein. Es kommt zu einer positiven Rückkopplung, die zur Ausbildung einer Verbundstruktur führt, der nur jene Elemente angehören, die für Merkmale desselben Objekts stehen. V.d. Malsburg bezeichnet diese Verbundstrukturen als „Korrelate". Werden Einheiten koaktiviert, die Merkmale verschiedener Objekte „codieren", so kommt es zur Dekorrelation ihrer Zeitstruktur. Diese Dekorrelation verringert über die synaptische Modulation die Wichtungen der Synapsen zwischen diesen Einheiten. Auch diese Selbstverstärkung hebt das thematisierte Korrelat von seinem „Hintergrund" ab. Die von dem jeweiligen Korrelat abgegrenzten Einheiten können nun wiederum untereinander ihre Aktivität korrelieren, um ein weiteres Korrelat zu bilden, das den Hintergrund oder ein weiteres Objekt „repräsentiert". Die „Bahnung" dieser synaptischen Modulation, die einem Kurzzeitgedächtnis entsprechen würde, könnte dementsprechend durch ihre Wechselwirkung mit einer Hebbschen Plastizität erfolgen, die ihrerseits das Langzeitgedächtnis bilden würde. Im Ergebnis würden also diejenigen Zellen, die Merkmale desselben Objekts „codieren", zu einem Korrelat gebunden und diejenigen Zellen, die Merkmale eines anderen Objekts oder des Hintergrunds „codieren" aus diesem Korrelat ausgeschlossen. In einer Modellstudie von v.d. Malsburg & Schneider (1986) wird die Effizienz dieses Prinzips bei der Bewältigung des „Cocktail Party Effects" gezeigt, d.h. bei der uns ohne weiteres möglichen Separation einer bestimmten Stimme (d.h. der Bindung aller ihrer Merkmale) aus einem Hintergrund einer Vielfalt von Geräuschen (andere Stimmen, Gläserklirren, Tellerscheppern).

## 6. Wege zu einer experimentbezogenen Hirntheorie

Das zentrale Problem der im letzten Abschnitt genannten theoretischen Alternativen zum Kardinalzellkonzept liegt zweifelsohne in ihrer empirischen Begründbarkeit. So legen die Ansätze der „Computational Neuroscience" zwar großen Wert auf die Berücksichtigung der „constraints" der experimentellen Neurobiologie, doch sind diese empirischen Anhaltspunkte in der Regel zu „weich", um zwischen konkurrierenden Berechnungstheorien oder gar Algorithmen effizient unterscheiden zu können. Die Frage, ob die „Korrelationstheorie der Hirnfunktion" ein Kandidat für eine neurobiologische Wahrnehmungstheorie sein könnte, läßt sich bisher ebensowenig entscheiden. Wegen der zu geringen zeitlichen Auflösung der meisten bisher etablierten Methoden, hauptsächlich aber auch wegen der praktischen Unmöglichkeit, einzelne Synapsenstärken unter definierten, nachvollziehbaren Bedingungen zu messen, war es bisher nicht möglich, jene von v.d. Malsburg geforderte schnelle Dynamik zu untersuchen, die entscheidend für einen empirischen Nachweis seines Konzepts der „synaptischen Modulation" ist. Die Hirnforschung ist heute durch eine gigantische Lücke zwischen Theorie und Empirie gekennzeichnet, für die sich in anderen Wissenschaften wohl nur selten Vergleiche finden lassen (Cardoso de Oliveira & Ziemke 1992). Theoretiker denken auf manchmal recht „spekulativer" Basis über die Dynamik großer Neuronenverbände nach. Experimentatoren hingegen hingegen befassen sich, sofern sie sich überhaupt einem „systemischen" Ansatz zuwenden, mit den Reizkorrelaten in der Aktivität einzelner Neurone. Der Ausweg aus diesem Dilemma kann nur in einer „experimentbezogenen Hirntheorie" gefunden werden.

Auf dem Weg zu einer empirischen Untersuchung der theoretisch motivierten Fragen müßten zunächst einmal experimentelle Methoden und mathematische Analyseverfahren entwickelt werden, die die parallele Messung der Aktivitäten vieler Neurone bei hinreichender räumlicher und zeitlicher Auflösung leisten würden[5]. Die Suche nach solchen Methoden hat daher gerade in den letzten Jahren einen zunehmenden Anteil an der neurowissenschaftlichen Forschung gefunden (etwa Abeles 1982, Palm & Aertsen (ed.) 1986, Eckhorn et al. 1988, Gray et al. 1989, Eggermont 1990, Krueger (ed.) 1991, Aertsen/Braitenberg (ed.) 1992).

Ein Beispiel für solche neuen Methoden stellt die Multi-Unit Analysis dar. Mit einer Mikroelektrode wird die Gesamtaktivität mehrerer Nervenzellen gemessen, die relativ nahe an der Elektrodenspitze liegen. Mit einem Musterdetektor kann diese Gesamtaktivität dann in die Aktivitäten der einzelnen Neurone zerlegt werden. Die Interaktionen dieser Neurone untereinander können über Kreuzkorrelogramme der Zeitstruktur ihrer Entladungen (die „cross renewal density") untersucht werden. Auf

---

5   Es sollte hier betont werden, daß experimentelle Neurobiologen die Begrenztheit von Einzelelektrodenableitungen natürlich durchaus sehen. Doch sind Multielektrodenableitungen nicht nur methodisch schwierig, sondern auch technisch und damit finanziell aufwendig.

Grund solcher Messungen und ihrer Auswertung konnte zunächst gezeigt werden, daß die Interaktionen zweier bestimmter Zellen zwar zumeist auf einem gemeinsamen Eingang („common input") beruhen, daß dieser Input aber fast nie für zwei verschiedene Paarungen von Zellen derselbe ist und daß im Gegenteil selbst in kleinen Neuronengruppen bis zu 10 unterscheidbare Eingänge festgestellt werden konnten. Um komplexere Interaktionen der Aktivitäten von Nervenzellen untersuchen zu können, wurden die Korrelationen von drei Zellen untereinander bestimmt (die „three cell renewal density" in Form eines dreidimensionalen Graphen). Die Zeitverschiebungen dieser Korrelationen bewegen sich in der Größenordnung von zehn bis hunderten von Milliskunden, ein Zeitraum, der eine relativ große Anzahl von Synapsen zwischen jenen beiden Zellen erforderlich macht. Wie kann aber die Erregung der einen Zelle fast fehlerlos über viele Interneurone weitergegeben werden? Eine so strikte Kopplung zwischen jeweils zwei Neuronen würde den bisher bekannten experimentellen Befunden widersprechen. Als Erklärung schlägt Moshe Abeles (1982, 1991) das Konzept der „synfire chains" vor. Statt das einzelne Neuron gemäß der klassischen Sichtweise als „Integrator" der Entladungsrate seiner Eingänge zu betrachten, schlägt Abeles eher eine Beachtung seiner Eigenschaften als „Koinzidenzdetektor" vor. Das dominante Funktionsprinzip wäre dann nicht die Entladung des Neurons auf Grund der überschwelligen Integration einer großen Anzahl (asynchroner) exzitatorischer Eingänge, sondern auf Grund der Aktivierung durch synchrone Aktivität, die bereits für einige wenige Eingänge überschwellig werden könnte. Eine „synfire chain" würde dann aus Sets von einigen korreliert feuernden Neuronen bestehen, die ein weiteres Set von einigen wenigen Neuronen aktivieren, deren korrelierte Aktivität wiederum ... etc. Wichtig ist dabei, daß eine bestimmte Zelle von Zeit zu Zeit zu verschiedenen „synfire chains" gehören kann, je nach dem, innerhalb welcher Sets ihre Aktivität korreliert ist.

Der direkte Nachweis der Koordination neuronaler Aktivität über große Entfernungen innerhalb des Gehirns, wie zwischen verschiedenen kortikalen Arealen oder „funktionalen Strömen" kann allerdings auf Grund von Versuchen mit einzelnen Elektroden nicht geführt werden, sondern bedarf des Einsatzes von Mulit-Elektroden-Experimenten. Dabei wird über mehrere Mikroelektroden simultan die Aktivität von jeweils einem oder mehreren Neuronen gemessen. Neben der Schaffung der aufwendigen apparativen Voraussetzungen gelten die Bemühungen der Forscher besonders der Entwicklung leistungsfähigerer Verfahren zur Analyse der anfallenden Daten. Dabei stellt nicht nur die exponentiell wachsende Datenmenge eine Begrenzung der im letzten Abschnitt genannten Kreuzkorrelationen dar[6], sondern vor allem deren geringe Sensitivität gegen schnelle dynamische Veränderungen dieser Interaktionen,

---

6 Statt für jedes Paar von Neuronen ein Kreuzkorrelogramm auswerten zu müssen, kann man sich solcher in letzter Zeit entwickelter Verfahren wie dem „gravitational clustering" bedienen, das eine globalere Analyse der Daten vornimmt (Aertsen et al. 1987, Aertsen et al. 1991).

wie sie auf Grund solcher funktional notwendigen Prinzipien wie der „synaptischen Modulation" zu erwarten wären. Ein Auswertungsverfahren, das eine solche schnelle Dynamik zu erfassen in der Lage wäre, ist das „Joint-PSTH" (Aertsen et al. 1989, Aertsen et al. 1991, Gerstein et al. 1989). Die PSTH von zwei Zellen werden auf der x- bzw. y-Achse eines Diagramms aufgetragen und für jeden einzelnen Durchlauf die Koinzidenzen aller Entladungen der einen Zelle mit allen Entladungen der anderen Zelle so in das Diagramm eingetragen, daß die Koordinaten von den Zeitabschnitten der beiden Entladungen bestimmt werden. In der Diagonale des Diagramms, die vom Koordinatenursprung ausgeht, werden somit die Koinzidenzen ohne Zeitverzögerung gezählt, mit wachsendem Abstand von dieser Diagonale hingegen zeitverschobene Korrelationen. Die Anzahl der Koinzidenzen pro Zeiteinheit ist nun einerseits von den Interaktionen (der Konnektivität) der beiden Neurone abhängig, andererseits aber auch von den Entladungsraten der einzelnen Neurone. Um ein Maß für die „effektive Konnektivität" der beiden Neurone unabhängig von ihren Entladungsraten zu erhalten, wird eine Normalisierung vorgenommen: Die auf Grund der Entladungsraten vorauszusagenden Koinzidenzen („Rate Coherence") werden vom Joint-PSTH subtrahiert und der Quotient dieser Differenz mit der vorausgesagten Standardabweichung gebildet („Event Coherence"). Man erhält das „normalisierte Joint-PSTH", auf Grund dessen sich Rate Coherence und Event Coherence unterscheiden lassen. Das wichtigste Ergebnis der bislang auf Grundlage dieser Methodik durchgeführten Experimente ist, daß sich die effektive Konnektivität zwischen jeweils zwei Neuronen in Abhängigkeit von Stimulus, Stimuluskontext oder Verhaltensstatus sehr schnell (im Bereich von wenigen Zehnern bis Hunderten von Millisekunden) drastisch ändern kann.

Die Unterscheidung von „Rate Coherence" und „Event Coherence" liefert nun eine experimentell-operationale Grundlage für die Unterscheidung von zwei verschiedenen neuronalen „Codes" in Modellen der sensorischen „Informationsverarbeitung" (Neven & Aertsen 1992). Die Kohärenz der Entladungsraten merkmalselektiver Einheiten führt (gemäß der „klassischen" Netzwerkmodelle) zur Koaktivierung all jener Einheiten, die Merkmale von Objekten im sensorischen Input „codieren", diese Koaktivierung ihrerseits gemäß der Hebbschen Plastizität zur translationsinvarianten und assoziativen Repräsentation jener Merkmalskonjunktionen. Die Kohärenz der Zeitstrukturen hingegen liefert ein Maß für die Bindung der Merkmale an ein bestimmtes Objekt unter mehreren als Input gegebenen und führt somit zur Szenensegmentation. Strukturalistisch gesehen bedeutet das: „Rate coherence recruits new neurons into an already active group, event coherence organizes the active group into internally coherent, mutually incoherent subgroups" (Neven & Aertsen 1992). Anders als v.d. Malsburg voraussetzt, legt das von Neven & Aertsen vorgeschlagene Modell nahe, daß für die „Event Coherence", die jene nach v.d. Malsburg als „Korrelate" zu bezeichnenden „subgroups" etabliert, keine spezifische Form „dynamischer Kontrolle" wie die „synaptische Modulation" erforderlich ist. Während nämlich die effektive Übertragung der Entladungsrate im Sinne der „Rate Coherence" verhältnismäßig starke Kopplungen zwischen den Einheiten erforderlich macht, könnten schwache (laterale) Kopplungen gerade der Synchronisation der Aktivität im Sinne einer „Event Coherence" dienen.

Die bislang jedoch wohl aufsehenerregendsten Ergebnisse gelangen den Arbeitsgruppen um Singer (Gray et al. 1989, Engel et al. 1990, 1991a,b,c; ein Überblick findet sich in Engel et al. 1992) und Eckhorn (1988). Anders als in den bislang beschriebenen Experimenten wurde an einem oder mehreren eng beieinander liegenden Ableitorten die gesamten aufsummierten Entladungen einer ganzen Population benachbarter Neurone (multi-unit-activity) gemessen. Auf diese Weise werden in der statistischen Auswertung signifikante Ergebnisse bereits in einem Versuch (etwa dem einmaligen Überstreichen des rezeptiven Feldes durch einen Lichtbalken) möglich. In jener Aktivität konnten bereits in früheren Untersuchungen im Autokorrelogramm[7] Oszillationen nachgewiesen werden, die hinsichtlich ihres Frequenzbereiches mit EEG-Messungen stimulusabhängiger Oszillationen in olfaktorischen Zentren des Kaninchens übereinstimmen (Freeman 1975). Für die Bestimmung dieser Oszillationen ist die o.g. experimentelle Methode daher erforderlich, weil eine Aufsummierung mehrerer Versuche zur Ausmittelung der Oszillationen führen würde. Statt über mehrere Versuche wird also über eine größere Zellpopulation gemittelt. Nun wurde an der Katze die Aktivität zweier solcher Nervenzellenpopulationen in verschiedenen Kolumnen gemessen, die selektiv für bewegte Lichtbalken gleicher Orientierung an verschiedenen Stellen eines Bildschirmes waren. Bewegten sich nun diese beiden Lichtbalken in verschiedener Richtung, waren die Oszillationen beider Zellen völlig unabhängig voneinander. Bewegten sie sich mit gleicher Richtung und Geschwindigkeit in einer Linie, so kam es zur Synchronisation dieser Oszillationen untereinander. Am stärksten war die Synchronisation aber dann, wenn nur ein Balken beide Stellen des Schirmes überstrich (also beide Balken miteinander verknüpft waren). Die Synchronisation der Oszillationen würde also einer „globalen Stimuluseigenschaft" oder aber der Vereinigung der beiden Merkmale zu einem primitiven „Objekt" entsprechen. Der Nachweis solcher Synchronisationen gelang nicht nur zwischen verschiedenen Kolumnen, sondern auch zwischen verschiedenen visuellen Arealen (Engel et al. 1991a,b; Eckhorn et al. 1988) und sogar zwischen den beiden Hirnhemisphären (Engel et al.1991c). Umstritten ist bislang der Nachweis oszillierender Aktivität und stimulusabhängiger Synchronisation von Oszillationen am Affen. Kreiter & Singer (1991) konnten die Ergebnisse an der Katze bestätigen, fanden jedoch weniger signifikante und zeitlich wesentlich kürzer anhaltende Oszillationen. Andere Studien konnten überhaupt keine Oszillationen nachweisen (Young et al. 1992; Tovee & Rolls 1992).

---

7  Das Autokorrelogramm unterscheidet sich von dem Kreuzkorrelogramm lediglich dahingehend, daß nicht die Entladungsraten einer Zelle relativ zu allen Entladungen einer anderen Zelle bestimmt werden, sondern relativ zu den Entladungen dieser Zelle selbst.

Die Synchronisation von Oszillationen könnte also das Prinzip sein, nach dem das Gehirn die Korrelation der Aktivitäten merkmalselektiver Einheiten über kurze (innerhalb einer Kolumne), aber auch weite Entfernungen (zwischen verschiedenen Arealen und den beiden Hemisphären) erzeugt. In zahlreichen Modellstudien[8] konnte gezeigt werden, daß diese stimulusabhängige Synchronisation tatsächlich ein effektiver Mechanismus für die Bindung und Segmentation der oszillierenden Aktivität vieler Einheiten ist (Schillen & König 1990, König & Schillen 1990, 1991, Baldi & Meir 1990, Kammen et al. 1990, Sompolinski et al. 1990, Eckhorn et al. 1990, Horn et al. 1991, Neven & Aertsen 1992).

Selbst bei den Vorschlägen zur Lösung des binding-problems durch eine (wie auch immer geartete) Korrelation der Zeitstruktur der Aktivitäten verschiedener Neurone bleibt jedoch nach wie vor das Problem erhalten, wie diese Korrelation durch nachgeschaltete operationale Einheiten nicht nur festgestellt, sondern auch zum tatsächlichen „Verständnis", z.B. der zu analysierenden Szene, genutzt werden kann, ohne wiederum Objekt-orientierte semantische Einheiten postulieren zu müssen. Erst recht bleibt nach wie vor unerklärt, wie z.B. bloße Objekterkennung in eine Organisation von Handlungen umgesetzt werden kann.

## 7. Repräsentation, Handlung und Verhalten

Diese Unfähigkeit, den Schritt „von der Wahrnehmung zum Verhalten" tatsächlich aufgrund von neurowissenschaftlicher Erkenntnis nachvollziehbar zu machen, ist zu einem großen Teil schon durch die angewandten Methoden zu erklären. Hier sind es schon die intutuitiv leicht nachvollziehbaren Defizite an „ökologischer Validität" des beschriebenen „Versuchsaufbaus", die zum Anlaß für Kritik geworden sind. Das anästhesierte, paralysierte, künstlich beatmete und warmgehaltene Versuchstier scheint so ungefähr das ganze Gegenteil unserer Vorstellungen von Wachheit, Aktivität und Aufmerksamkeit der Wahrnehmung zu sein, die wir aus unserer Selbstbeobachtung oder der Beobachtung des gleichen Tieres in seiner „natürlichen" Umwelt gewinnen. Genau betrachtet, scheint es sogar gar nicht sinnvoll zu sein, die Wahrnehmung als einen der Handlung vorgeschalteten, unabhängigen Prozeß zu sehen und zu untersuchen. Es mehren sich vielmehr auch empirischen Hinweise, daß Wahrnehmung und Handlung aufs Engste miteinander verknüpft, ja geradezu notwendig verschränkt sind. Dieser „Handlungscharakter" der Wahrnehmung wird nicht nur durch die fließenden Übergänge zwischen Erkundungsverhalten und Wahrnehmung oder die Abhängigkeit dessen, was wir überhaupt wahrnehmen, von unserem Handlungskontext deutlich, sondern auch aus dem (lückenhaften) empirischen Wissen der Neurobiologie selbst über den Anteil effektorischer Leistungen an der Wahrnehmung. So sind die Leistun-

---

8   Ein Überblick findet sich in Koch (1993).

gen der Okulomotorik eine Grundbedingung für unsere visuelle Wahrnehmung. Sofort einsichtig ist dies im Falle der „Sakkaden", jener schnellen „Sprünge", die wir mit unseren Augen vollziehen, um ein uns interessierendes Objekt zu betrachten, oder der „glatten Augenfolgebewegungen", mit denen wir bewegte Objekte verfolgen. Doch selbst das scheinbar ruhende Auge vollzieht noch Mikrosakkaden und Tremorbewegungen, deren Lähmung in wenigen Sekunden zum Zusammenbruch der Wahrnehmung führt. Auch die Tastwahrnehmung basiert ganz wesentlich auf dem Muskeltremor und selbst unser Ohr nimmt nicht nur Schallwellen auf, sondern erzeugt sie auch. Neben den fast auschließlich sensorisch innervierten „inneren Haarsinneszellen" gibt es in der Cochlea auch noch die vorwiegend effektorisch innervierten „äußeren Haarsinneszellen", die spontan oder reizinduziert durch ihre Bewegungen Schallschwingungen erzeugen. Der Ausfall der Beweglichkeit dieser Zellen führt zu einer beträchtlichen Abnahme der Sensitivität und Selektivität der auditorischen Wahrnehmung. Aber auch der Einfluß „zentraler Prozesse", besonders der Aufmerksamkeitssteuerung im Ergebnis höherer kognitiver Leistungen des Versuchstieres spielen sicher eine wesentliche Rolle in der Wahrnehmung des Tieres, werden aber zweifellos durch die Anästhesie völlig ausgeblendet.

Aus diesen Gründen wird in letzter Zeit immer mehr an wachen und in bestimmtem Umfang bewegungsfähigen Versuchstieren gearbeitet. Das Tier, zumeist ein Affe, wird in einen „Primatenstuhl" gesetzt, in dem der Kopf des Tieres fixiert ist und die Ableitung durchgeführt werden kann. Die Augenbewegungen werden durch am Auge implantierte Spulen gemessen, die sich in einem Magnetfeld bewegen. Der Affe wird trainiert, auf bestimmte Signale bestimmte (ruhende oder bewegte) Punkte auf dem Schirm zu fixieren oder zu verfolgen und/oder auf bestimmte Signale innerhalb einfacher Diskriminierungsaufgaben mit bestimmten Bewegungen (etwa die Berührung eines „touch bars") zu reagieren. Allerdings sollte man von dem einfachen Sachverhalt, daß das Tier nun wach ist, noch nicht die Lösung aller genannten Schwierigkeiten erwarten. Zumeist dient nämlich das Training vor allem dem Zweck, die Bewegungen des Tieres, besonders seiner Augen, zu kontrollieren, um somit wieder größtmögliche Annäherung an das einleitend diskutierte „Standardexperiment" Reizkorrelate in der neuronalen Aktivität untersuchen zu können. Nichtsdestoweniger ergeben sich aber aus solchen Experimenten interessante Ergebnisse, die den Handlungsbezug der Wahrnehmung illustrieren. So haben Duhamel et al. (1992, Goldberg & Colby 1992) etwa gezeigt, wie während der Sakkade ein „updating" dessen erfolgt, was sie eine (retinotope) „Repräsentation des visuellen Raumes" nennen. Es lassen sich nämlich am parietalen Rand des inferotemporalen Sulcus (PIT) Zellen finden, die jene Reize gewissermaßen „vorraussehen", die nach einer geplanten Sakkade in ihr rezeptives Feld fallen werden: Ein Affe wird trainiert, von einem Lichtpunkt zu einem zweiten eine Sakkade auszuführen. Für eine Nervenzelle in jenem Areal wird das rezeptive Feld während der Fixation des zweiten Lichtpunktes (außerhalb dieses Feldes) bestimmt. Unmittelbar vor Ausführung der Sakkade vom ersten zum zweiten Lichtpunkt blitzt in jenem rezeptiven Feld ein dritter Lichtpunkt kurz auf, der aber verlischt, bevor die Sakkade ausgeführt wurde. Trotzdem, d.h., obwohl bei der Fixation des zweiten Lichtpunktes überhaupt kein Reiz im rezeptiven Feld dieses Neurons erscheint, feuert die Zelle kurzzeitig mit nahezu der gleichen Intensität wie bei Anwesenheit des Reizes. Auch hier sind die Sakkaden des Affen nach Zeitpunkt und Richtung durch den Experimentator bestimmt. Die in diesem Experiment gemessene Aktivität „repräsentiert" aber strenggenommen nichts, d.h., es wird nichts „Gegebenes" „abgebildet", sondern das System bezieht sich streng auf sich selbst: „The results suggest that the saccadic system can analyze visual space without ever forming a representation of absolute target position. Instead, it needs only a representation of the retina and of the previous saccade" (Goldberg & Colby 1992).

Besonders interessante Ergebnisse lassen sich in der Zukunft sicher durch die Kombination der beiden diskutierten Varianten des „klassischen" Paradigmas neurophysiologischer Experimente erwarten – durch Multielektrodenableitungen am „sich verhaltenden" Versuchstier. Erste Untersuchungen zeigen hier, daß sich die Konnektivität mehrerer auf diese Weise abgeleiteter Zellen nicht nur in Abhängigkeit vom Reizangebot, sondern auch in Abhängigkeit vom Verhaltensstatus des Tieres in sehr kurzen Zeiträumen (Bruchteilen von Sekunden) drastisch ändern kann (Aertsen et al. 1991). Besonders wichtig sind solche Experimente deshalb, weil in vielen Kritikansätzen des repräsentationistischen Forschungsprogrammes gerade die Handlungsbestimmtheit von Kognition thematisiert wird, die auf diese Weise zum Gegenstand experimenteller Forschung werden könnte.


**Danksagung:**

Diese Arbeit wurde unterstützt durch die DFG (Graduiertenkolleg KOGNET an der Ruhr-Universität Bochum).


**Literatur**

Abeles,M., Local Cortical Circuits, Berlin, Heidelberg: Springer 1982.
Abeles,M., Corticonics. Neural circuits in the cerebral cortex, Cambridge: University Press 1991
Adrian,E.D., The Basis of Sensation, London: Christophers 1928
Aertsen,A./G.L.Gerstein/M.K.Harbib/G.Palm, Dynamics of neural firing correlation: modulation of 'effective connectivity', J.Neurophysiol. 61,900-917 (1989)
Aertsen,A./E.Vaadia/M.Abeles, Neural interactions in the frontal cortex of a behaving monkey: signs of dependence on stimulus context and behavioral state, J.Hirnforsch. 32,735-743 (1991)
Aertsen,A./V.Braitenberg (eds.), Information Processing in the Cortex. Experiments and Theory, Berlin, Heidelberg: Springer 1992

Ahissar,E./E.Vaadia/M.Ahissar/H.Bergman/A.Arieli/M.Abeles, Dependence of Cortical Plasticity on Correlated Activity of Single Neurons and on Behavioral Context, Science 257, 1412-1415 (1992)

Anderson,J.R., Cognitive Psychology and Its Implications, New York: Freeman 1985

Baldi,P./R.Meir, Computing with Arrays of Coupled Oscillators: an Application to Preattentive Texture Discrimination, Neural Comp. 2,458-471 (1990)

Barlow,H.B., Summation and inhibition in the frog's retina, J.Physiol. 119,69-88 (1953)

Barlow,H.B./C.Blakemore/J.D.Pettigrew, The neural mechanism of binocular depth discrimination, J.Physiol. 193,327-342 (1967)

Barlow,H.B., Single units and sensation: a neuron doctrine for perceptual psychology? Perception 1,371-394 (1972)

Bienstock,E.L/L.N.Cooper/P.W.Munro, Theory for the development of neuron selectivity: Orientation specifity and binocular interaction in visual cortex, J.Neurosci. 2,32-48 (1982)

Blakemoore,C./G.F.Cooper, Development of the brain depends on the visual environment, Nature 228,477-478 (1970)

Bonhoeffer,T./V.Staiger/A.Aertsen, Synaptic Plasticityin rat hippocampal slice cultures: local 'Hebbian' conjunction of pre- and postsynaptic stimulation leads to distributed synaptic enhancement, Proc.Natl.Acad.Sci. 86,8113-8117 (1989)

Cardoso de Oliveira, S./A. Ziemke, Muß das Jahrzehnt des Gehirns vertagt werden? Psychologie heute 7/1992, 42-46

Churchland, P.M., Matter and Consciousness: A contemporary introduction to the philosophy of mind, Cambridge, London: MIT Press 1984

Churchland P.S., Neurophilosophy. Towards a unified science of the mind-brain, Cambridge, London, MIT Press 1986

Dennett,D.C., Intentional Systems, The Journal of Philosophy 68, 87-106 (1971)

Dennett,D.C., The Intentional Stance, Cambridge: MIT Press 1987

Desimone,R./S.J.Schein, Visual Properties of Neurons in Area V4 of the Macaque: Sensitivity to Stimulus Form, J.Neurophysiol. 57, 835-868 (1987)

Desimone,R., Face-selective Cells in the Temporal Cortex of Monkeys, J.Cogn.Neurosci. 3,1-8 (1991)

DeValois,R.L./I.Abramov/G.H.Jacobs, Analysis of response patterns of LGN cells, J.Opt.Soc.Am. 56,966-977 (1967)

DeYoe,E.A./D.C.Van Essen, Segregation of Efferent Connections and Receptive Field Properties in Visual Area V2 of the Macaque, Nature 317,58-61 (1985)

Dreyfus, H.L., Die Grenzen der Künstlichen Intelligenz. Was Computer nicht können, Königstein: 1985

Dreyfus,H.L./S.E. Dreyfus, Künstliche Intelligenz. Von den Grenzen der Denkmaschine und dem Wert der Intuition, Reinbek: Rowohlt 1987

Duhamel,J.R./C.L.Colby/M.E.Goldberg, The updating of the representation of visual space in parietal cortex by intended eye movements, Science 255, 90-92 (1992)

Eckhorn,R./R.Bauer/W.Jordan/M.Brosch/W.Kruse/M.Munk/H.J.Reitboeck, Coherent oscillations: A mechanism of feature linking in the visual cortex? Multiple electrode and correlation analyses in the cat, Biol.Cybernetics 60,121-130 (1988)

Eckhorn,R./H.J.Reitboeck/M.Arndt/P.Dicke, Feature Linking via Synchronization among Distributed Assemblies: Simulation of Results from Cat Visual Cortex, Neural Comp. 2,293-307 (1990)

Eggermont,J.J., The correlative brain. Theory and experiment in neural interaction, Berlin, Heidelberg: Springer 1990

Engel,A.K./P.König/C.M.Gray/W.Singer, Stimulus-dependent neuronal oscillations in cat visual cortex: Inter-columnar interaction as determined by cross-correlation analysis. Eur.J.Neurosci. 2,588-606 (1990)

Engel,A.K./A.K.Kreiter/P.König/W.Singer, Synchronization of oscillatory neuronal responses between striate and extrastriate visual cortical areas of the cat, Proc.Natl.Acad.Sci.USA 88,6048-6052 (1991a)

Engel,A.K./P.König/W.Singer, Direct physiological evidence for scene segmentation by temporal coding, Proc.Natl.Acad.Sci.USA 88,9136-9140 (1991b)

Engel,A.K./P.König/A.K.Kreiter/W.Singer, Interhemispheric synchronization of oscillatory neuronal responses in cat visual cortex, Science 252,1177-1179 (1991c)

Engel,A.K./P.König/A.K.Kreiter/T.B.Schillen/W.Singer, Temporal Coding in the visual cortex: new vistas on integration in the nervous system, Trends Neurosci. 15,6,218-226 (1992)

Eskandar,E.N./B.J.Richmond/L.M.Optican, Role of Inferior Temporal Neurons in Visual Memory. I. Temporal Encoding of Information about Visual Images, Recalled Images, and Behavioral Context, J.Neurophysiol. 68,1277-1295 (1992)

Fodor,J.A., The language of thought, Cambridge: Harvard Univ. Press 1979

Fodor,J.A., Representations, Cambridge: MIT Press 1981

Fodor,J.A./Z.W. Pylyshyn, Connectionism and cognitive architecture: A critical analysis, Cognition 28,3-71 (1988)

Freeman,W.J., Mass Action in the Nervous System, New York: Academic Press 1975

Fregnac,Y./D.Shulz/S.Thorpe/E.Bienstock, Cellular Analogs of Visual Cortical Epigenesis. I.Plasticity of Orientation Selectivity, J.Neurosci. 12,1280-1300 (1992)

Fuster,J.M., Frontal Lobes, Curr.Opin.Neurobiol. 3,160-165 (1993)

Gerstein,G.L./P.Bedenbaugh/A.M.H.J.Aertsen, Neuronal Assemblies, IEEE Transact. Biomed. Engin. 36, 1, 4-14 (1989)

Gilbert,C.D./T.N.Wiesel, Receptive Field Dynamics in Adult Primary Visual Cortex, Nature 356, 150-152 (1992)

Goldberg,M.E./C.L.Colby, Oculomotor Control and spatial processing, Curr.Opin.Neurobiol. 2,198-202 (1992)

Gray,C.M./P.König/A.K.Engel/W.Singer, Oscillatory responses in cat visual cortex exhibit inter-columnar synchronization which reflects global stimulus properties, Nature 338,334-337 (1989)

Gross,C.G./C.E.Rocha-Miranda/D.B.Bender, Visual Properties of Neurons in Inferotemporal Cortex of the Macaque Monkey, J.Neurophysiol. 66,170-189 (1972)

Gross,C.G./J.Sergent, Face recognition, Curr.Opin.Neurobiol. 2, 156-161 (1992)

Hartline,H.K., The response of single optic nerve fibers of the vertebrate eye to illumination of the retina, Am.J.Physiol. 121, 400-415 (1938)

Hartline,H.K., The receptive fields of optic nerve fibers, Am.J.Physiol. 130, 690-699 (1940)

Hebb,D.O., The organization of behavior, New York: Wiley 1949

Horn,D./D.Sagi/M.Usher, Segmentation, Binding and Illusory Conjunctions, Neural Comp. 3,510-525 (1991)

Hubel,D.H./T.N.Wiesel, Receptive fields of single neurons in the cat's striate cortex, J.Physiol. 148, 574-591 (1959)

Hubel,D.H./T.N.Wiesel, Receptive fields, binocular interaction and functional architecture in the cat's visual cortex, J.Physiol. 160, 106-154 (1962)

Hubel,D.H./T.N.Wiesel, Receptive fields and functional architecture of monkey striate cortex, J.Physiol. 195, 215-243 (1968)

Hubel,D.H./T.N.Wiesel (1986), Die Verarbeitung visueller Information. Spektrum der Wissenschaft: Wahrnehmung und visuelles System, Heidelberg 1986

Hubel,D.H./M.S.Livingstone, Segregation of Form, Color and Stereopsis in a Subregion of Primate Area 18, J.Neurosci. 7,3378-3415 (1987)

Hurlbert,A.C./T.A.Poggio, Synthesizing a Color Algorithm from Examples, Science 239, 482-485, 1988

Jackson,F., Epiphenomenal qualia, Philosophical Quarterly 32,127-136 (1982)

Kalil,R.E., Synapse Formation in the Developing Brain, Scientific American 260,12,76-85 (1989)

Kammen,D./P.J.Holmes/C.Koch, Cortical Architecture and Oscillations in Neuronal Networks: Feedback Versus Local Coupling, in: Cotterill,R.M.J. (ed.), Models of Brain Function, Cambridge: University Press 1990, 273-284

Kandel,E.R./J.H.Schwartz, Principles of Neural Science, London, New York: Arnold/Elsevier 1993

Kelso,S.R./A.H.Ganong/T.H.Brown, Hebbian synapses in hippocampus, Proc.Natl.Acad.Sci. 83,5326-5330 (1986)

Koch,C., Computational approaches to cognition: the bottom-up view, Curr.Opin.Neurobiol. 3,203-208 (1993)

König,P./T.B.Schillen,Segregation of Oscillatory Responses by Conflicting Stimuli, in: Eckmiller et al. (ed.), Parallel Processing in Neural Systems and Computers, New York, Oxford: Elsevier/ North Holland 1990

König,P./T.B.Schillen, Stimulus-dependent assembly formation of oscillatory responses, Neural Computation 3,155-166 (1991)

Kohonen,T., Self-organization and associative memory, Berlin, Heidelberg: Springer 1977

Kohonen,T., Self-organized formation of topologically correct feature maps, Biol.Cybern. 43,59-69 (1982a)

Kohonen,T., Analysis of a simple self-organizing process, Biol.Cybern. 44,135-140 (1982b)

Kohonen,T., Self-Organization and Associative Memory, Berlin, Heidelberg: Springer 1988

Kolb,B., Development, Plasticity, and Behavior, American Psychologist 44,1203-1212 (1989)

Kreiter,A.K./W.Singer, Oscillatory neuronal responses in the visual cortex of the awake macaque monkey, Eur.J.Neurosci. 4,369-375 (1992)

Krüger,J. (ed.), Neuronal Cooperativity, Berlin, Heidelberg: Springer 1991

Lehky,S.R./T.J.Sejnowski, Network model of shape from shading: neural function arises from both receptive and projective fields, Nature 333, 452-455 (1988)

Linsker,R., From basic network principles to neural architecture: Emergence of spatial-opponent cells, Proc.Natl.Acad.Sci.USA 83,7508-7512 (1986a)

Linsker,R., From basic network principles to neural architecture: Emergence of orientation selective cells, Proc.Natl.Acad.Sci.USA 83,8390-8394 (1986b)

Linsker,R., From basic network principles to neural architeture: Emergence of orientation columns, Proc.Natl.Acad.Sci.USA 83,8779-8783 (1986c)

Linsker,R., Perceptual neural organization: Some approaches based on network models and information theory, Annu.Rev.Neurosci. 13,257-281 (1990)

Marr,D./S.Ullmann, Directional selectivity and its use in early visual processing, Proc.R.Soc.London Ser.B 211,151-180 (1981)

Marr,D., Vision, New York: Freeman 1982

Maturana,H.R./J.Y.Lettvin/W.S.McCulloch/W.H.Pitts, Anatomy and physiology of vision in the frog (Rana pipiens), J.Gen.Physiology 43, 129-175 (1960)

McClelland,J.L./D.E.Rumelhart, Parallel Distributed Processing: Explorations in the microstructure of cognition, Vol.2: Applications, Cambridge: MIT Press, 1986

McCulloch, W.S./W.H.Pitts, A logical calculus of the ideas immanent in nervous activity, J.Math.Biophys. 5,115-133 (1943)

Metzger,W., Gesetze des Sehens, Frankfurt am Main: Kramer 1953

Minsky,M./P.Papert, Perceptrons, Cambridge: M.I.T. Press 1974

Nagel,T., What is it like to be a bat? The Philosophical Review 83,435-450 (1974)

Neven,H./A.Aertsen, Rate coherence and event coherence in the visual cortex: a neuronal model of object recognition, Biol.Cybern. 67, 309-322 (1992)

Newell,A./H.A. Simon, Human Problem Solving, Englewood Cliffs: Prentice Hall 1972

Newell,A./H.A. Simon/J.C. Shaw, Elements of a Theory of Human Problem Solving, Psychol. Rev. 65,151-166 (1958)

Palm,G., Neural Assemblies, Berlin, Heidelberg: Springer 1982

Palm,G., Associative Networks and Cell Assemblies, in: Palm,G. & A.Aertsen (eds.), Brain Theory, Berlin, Heidelberg: Springer 1986, 211-228

Palm,G./A.Aertsen (eds.), Brain Theory, Berlin, Heidelberg: Springer 1986

Pellionisz,A./R.Llinas, Tensorial approach to the geometry of brain function: cerebellar coordination via a metric tensor, Neuroscience 5,1125-1136 (1980)

Pellionisz,A./R.Llinas, Tensor network theory of the metaorganization of functional geometries in the central nervous system, Neuroscience 16,245-273 (1985)

Pons,T.P. et al., Massive Cortical Reorganization After Sensory Deafferentation in Adult Macaques, Science 252, 1857-1860 (1991)

Pylyshyn,Z., Computation and Cognition, Cambridge: MIT Press 1984

Recanzone,G.H./W.M.Jenkins/G.H.Hradek/M.M.Merzenich, Progessive Improvement in Discriminative Abilities in Adult Owl Monkeys Peforming a Tactile Frequence Discrimination Task, J.Neurophysiol. 67,1015-1030 (1992)

Recanzone,G.H./M.M.Merzenich/C.E.Schreiner, Changes in the Distibuted Temporal Response Properties of SI Cortical Neurons Reflect Improvements in Performance on a Temporally Based Tactile Discrimination Task, J.Neurophysiol. 67,1071-1091 (1992)

Recanzone,G.H./C.E.Schreiner/M.M.Merzenich, Plasticity in the Frequency Representation of Primary Auditory Cortex Following Discrimination Training in Adult Owl Monkeys, J.Neurosci. 13,87-103 (1993)

Rosenblatt,F., Principles of neurodynamics: Perceptrons and the theory of brain mechanism, Washington: Spartan Books 1961

Roth,G., Das konstruktive Gehirn: Neurobiologische Grundlagen von Wahrnehmung und Erkenntnis, in: Schmidt,S.J. (Hg.), Kognition und Gesellschaft. Der Diskurs des Radikalen Konstruktivismus 2, Frankfurt: Suhrkamp 1992, 277-336

Rumelhart , D.E./D.E. Hinton/R.J. Williams, Learning representations by back-propagating errors, Nature 323, 533-536 (1986)

Rumelhart, D.E./J.L. McClelland, Parallel Distributed Processing: Explorations in the microstructure of cognition, Cambridge: MIT Press 1986

Sakai,K./Y.Miyashita, Neural Organization for the Long-Term Memory of Paired Associates, Nature 354, 152-155 (1991)

Schank,R.C./P.G.Childers, Der kognitive Computer. Die Zukunft der Künstlichen Intelligenz – Chancen und Risiken, Köln 1986

Schein,S.J./R.Desimone, Spectral Properties of V4 Neurons in the Macaque, J.Neurosci. 10,3369-3389 (1990)

Schillen,T.B./P.Koenig, Coherency detection by coupled oscillatory responses – synchronizing connections in neural oscillator layers, in: Eckmiller,R., G.Hartmann & G.Hauske (ed.), Parallel Processing in Neural Systems and Computers, New York, Oxford: Elsevier/North Holland 1990

Schulz,D./Y.Fregnac, Cellular Analogs of Visual Cortical Epigenesis. II. Plasticity of Binocular Integration, J.Neurosci. 12,1301-1318 (1992)

Searle, J.R., Intentionalität, Frankfurt am Main: Suhrkamp 1987

Sejnowski,T.J./C.Koch/P.S.Churchland, Computational Neuroscience, Science 241, 1299-1306 (1988)

Shannon,C.E./W.Weaver, Mathematische Grundlagen der Informationstheorie, München, Wien: Oldenbourg 1976

Shepard,R.N./J. Metzler, Mental Rotation of 3-dimensional objects, Science 171: 701-703 (1971)

Shipp,S./S.Zeki, Segregation of Pathways Leading from Area V2 to Areas V3 and V4 of Macaque Monkey Visual Cortex, Nature 315, 322-325 (1985)

Simon,H.A., Invariants of Human Behavior, Annu. Rev. Psychol. 41, 1-19 (1990)

Singer,W., Hirnentwicklung und Umwelt, Spektrum der Wissenschaft: Wahrnehmung und visuelles System, Heidelberg: 1986, 186-199

Sompolinski,H./D.Golomb/D.Kleinfeld, Global Processing of Visual Stimuli in a Neural Network of Coupled Oscillators, Proc.Natl.Acad.Sci. USA 87,7200-7204 (1990)

Sperry,R.W., Chemoaffinity in the orderly growth of nerve fiber patterns and connections, Proc.Natl.Acad.Sci.USA 50, 703-710 (1963)

Spillmann,L./J.S.Werner, Visual Perception. The Neurophysiological Foundations, San Diego, New York: Academic Press 1990

Strube, G., Neokonnektionismus: Eine neue Basis für die Theorie und Modellierung menschlicher Kognition? Psychol. Rundschau 41, 129-143 (1990)

Szentagothai,J., Theorien zur Organisation und Funktion des Gehirns, Naturwiss. 72, 303-309 (1985)

Tanaka,K./H.Saito/Y.Fukada/M.Moriya, Coding Visual Images of Objects in the Inferotemporal Cortex of the Macaque Monkey, J.Neurophysiol. 66,170-189 (1991)

Tanaka,K., Inferotemporal cortex and higher visual functions, Curr.Opin.Neurobiol. 2,502-505 (1992)

Tovee,J.M./E.T.Rolls, Oscillatory Activity is not Evident in the Primate Temporal Visual Cortex with Static Activity, NeuroReport 3,369-372 (1992)

Van Essen,D.C./J.H.R.Maunsell, Hierarchical Organization and functional streams in the visual cortex, Trends Neurosci. 6, 255-281 (1983)

Van Essen,D.C./C.H.Anderson/D.J.Felleman, Information processing in the Primate Visual System: an Integrated Systems Perspective, Science 255,419-423 (1992)

Van Hoesen,G.W., The modern concept of association cortex, Curr.Opin.Neurobiol. 3,150-154 (1993)

Varela,F./E. Thompson,  Der mittlere Weg der Erkenntnis, Bern, München: Scherz 1992

v.d.Malsburg,C., Self-organization of orientation selective cells in the striate cortex, Kybernetik 14,85-100 (1973)

v.d.Malsburg,C., Development of ocularity domains and growth behavior of axon terminals, Biol.Cybern. 32,49-62 (1979)

v.d.Malsburg,C., The Correlation Theory of Brain Function, Internal Report 81-2, Göttingen: MPI for Biophysical Chemistry 1981

v.d.Malsburg,C./J.D.Cowan, Outline of a theory for the ontogenesis of iso-orientation domains in visual cortex, Biol.Cybern. 45,49-56 (1982)

v.d.Malsburg,C., Am I Thinking Assemblies? in: Palm,G. & A.Aertsen (eds.), Brain Theory, Berlin, Heidelberg: Springer 1986, 161-175

v.d.Malsburg,C./W.Schneider, A Neural Cocktail Party Processor, Biol.Cybern. 54,29-40 (1986)

v.d.Malsburg,C./W.Singer, Principles of cortical network organization, in: Seelen,W.v., G.Shaw & U.M.Leinhos (eds.), Organization of neural networks, Weinheim: Verlag Chemie 1988, 109-126

v.d.Malsburg,C., Synaptic Plasticity as Basis of Brain Organization, in: Changeux, J.P. & M.Konishi (eds.), The Neural and Molecular Bases of Learning, New York: Wiley 1987

Weizenbaum,J., Die Macht der Computer und die Ohnmacht der Vernunft, Farnkfurt a.M. 1977
Willshaw,D.J./C.v.d.Malsburg, How patterned neural connections can be set up by self-organization, Proc.R.Soc.London Ser.B 194,431-445 (1976)
Young,M.P./K.Tanaka/S.Yamane, On Oscillating Neuronal Responses in the Visual Cortex of the Awake Macaque Monkey, J.Neurophysiol. 67,1464-1474 (1992)
Zeki,S.M., Colour Coding in Rhesus Monkey Prestriate Cortex, Brain Res. 53, 422-427 (1973)
Zeki,S.M., Functional Organization of a Visual Area in the Posterior Bank of the Superior Temporal Sulcus of the Rhesus Monkey, J.Physiol. 236, 549-573 (1974)
Zeki,S.M., Functional Specialization in the Visual Cortex of the Rhesus Monkey, Nature 274, 423-428 (1978)
Zeki,S.M./S.Shipp, The Functional Logic of Cortical Connections, Nature 335, 311-317 (1988)
Zeki,S., The Visual Image in Mind and Brain, Scientific American, September 1992
Zeki,S., The visual association cortex, Curr.Opin.Neurobiol. 3,155-159 (1993)
Ziemke,A., Was ist Wahrnehmung? Versuch einer Operationalisierung der Hegelschen „Phänomenologie" für kognitionswissenschaftliche Forschung, Berlin: Duncker & Humblot 1994a
Ziemke,A., Teleologie der Wahrnehmung, Philosophia naturalis 31:263-292 (1994b)

# Vernetzungen und Verortungen – Bemerkungen zur Geschichte des Konzepts neuronaler Repräsentation

*Olaf Breidbach*

## 1. Repräsentation und Wahrnehmung

Wahrnehmung ist physiologisch als eine wie auch immer geartete Abbildung eines Umfeldes im Instrumentarium der Sensorik und der ihrer nachgeordeneten Verrechnungsinstanzen zu verstehen. Im einfachsten Falle wäre eine derartige Wahrnehmung ein Abdruck des Außens in diese inneren Strukturen[1]. Der physikalische Zustand einer erfaßten Welt wäre demnach in eine Zustandsänderung des wahrnehmenden Apparates transformiert. In diesem Vokabular könnten Neurowissenschaftler Wahrnehmung als Transformationsereignis fassen, in dem physikalische Parameter des Außenraumes sich in physikalische Parameter des Innenraumes umschreiben. Wie ist dieser Transfer nun zu beschreiben? Eine derartige Korrelation zweier physikalischer Zustände wäre zwar für eine reflexphysiologische Beschreibung von Reaktionsvernetzungen zwischen Außen und Innen zureichend, in einem entsprechenden Modell würde aber nie die Struktur des übertragenen Reizgefüges erfaßt. Es beschriebe nur die Kopplung zwischen Binnenzuständen (des Gehirns) und dem Ereignisraum einer Welt, vermöchte aber nichts darüber zu sagen, was hier gegebenenfalls von einem Auenraum im Hirn 'abgebildet' wird. Eine entsprechende Theorie könnte nicht über Wahrnehmungen sprechen, da sich in ihr keine Aussagen über die Struktur des Ereignisraumes der Welt finden. Die Welt reduziert sich zu einem Reaktionsort. Die Reaktionen bleiben in sich blind, sie vollziehen sich und konstituieren so einen Aktionsraum, der aber in seiner Quanlität nirgendwo reflektiert ist.

Im Gegensatz zu dieser 'naiven' Abbildtheorie wird das registrierte physiologische Ereignis denn auch in der Interpretation von Physiologen, die an Wahrnehmungsfunktionen interessiert sind, immer als Ereignis innerhalb eines Relationsgefüges verstanden. Das Einzelereignis bildet sich – diesem Verständnis zufolge – in dann physio-

---

1 Vergl. hierzu Métraux, A. (1993) Die Mikrophysik der Wahrnehmung und des Gedächtnisses in der französischen Aufklärung. In: Florey, E. und Breidbach. O. (Hrsg.) Das Gehirn - Organ der Seele? Berlin, S. 129-150.

logisch nachzuzeichnenden Konnotationsbeziehungen ab. Aus dieser Sicht gewannen schon im 19. Jahrhundert Vorstellungen über etwaige physiologische Grundlagen derartiger 'Relata' besondere Bedeutung. Wahrnehmung war demnach ein reizabhängiges physiologisches Ereignis, das im Bezug zu internen Systemzuständen des reizaufnehmenden Apparates gesehen werden konnte. Dieser Bezug ließ sich finden, wenn das induzierte Einzelereignis in einem Kontext geortet werden konnte. Solch ein Kontext, eine Vorstrukturierung, in dem ein physiologisches Einzelereignis auf Vorgaben zu beziehen wäre, fand sich in den ersten Vorstellungen zu den physiologischen Grundlagen des Gedächtnises (Florey 1993). In seiner Zuordnung zu gespeicherten Wahrnehmungen war ein physiologisches Ereignis im Hirngewebe als Informationsträger zu deuten. Eine so gewonnene Aktivierung etwaiger abgespeicherter Wahrnehmungen, die dadurch induzierte Assoziation derartiger Erinnerungsbilder schien etwa für den Anatomen Theodor Meynert (1833-1892) zureichend, um Erregungsfolgen in den Eingangsbereichen nachgeordneter Hirnstrukturen als Korrelate von Wahrnehmungsprozessen zu deuten. Ihre Aktivierung – so Meynert – errege ein ganzes Gefüge abgespeicherter Wahrnehmungserlebnisse. Ein neues Ereignis würde damit immer in den Rahmen vormaliger Erlebnisinhalte eingebunden. Es bände sich so in eine Struktur ein und wäre somit von vorneherein in einem Gefüge von Wahrnehmungsinhalten repräsentiert, und d.h. auch als Repräsentation erfahren.

Insoweit war in dieser von Meynert, aber auch von dem schottischen Psychologen Alexander Bain vertretenen Auffassung ein Raster gefunden, über das die Rezeption eines Ereignisses x als Repräsentation einer Welt, in der x Teilelement ist umdeutbar schien. Die Rezeption des physikalischen Signals wurde genau dann zu einer Repräsentation von Welt, wenn sie derart in einem Relationsgefüge geordnet, einen Informationswert bekam. Genau dann, wenn eine entsprechende Theorie vorliegt, konnte die Rezeption, die Abbildung eines physikalischen Ereignisses der Außenwelt in den Innenraum des Schädels repräsentationistisch verstanden werden. Ähnlich konnte zwar auch der Lokalisationismus ansetzen, der dann einen Ort im Hirn als Repräsentanten eines Reizgefüges der Außenwelt anzusprechen suchte (vergl. Exner 1881), doch fehlte einem derartigen Ansatz ein Verständnis dafür, die Zuordnung von Ähnlichem zu verstehen. Die Neuroanatomie erlaubte es zudem nicht, eine etwaige strukturelle Grundlage für derart portinierte Repräsentationsareale zu benennen (Wernikke 1874; vergl. Breidbach 1996)

Ein eingehenderer Blick auf die Ideengeschichte der Hirnforschung des 19. Jahrhunderts zeigt, daß sie – unter den benannten Prämissen – bis in die letzte Dekade dieses Jahrhunderts hinein Rezeptionismus repräsentationistisch interpretierte (Breidbach 1995a). Der Informationsgehalt einer Rezeption erwächst demnach aus ihrer Einbindung in ein Gefüge von Vorwissen. Dieses Gefüge etabliert sich – den in der zweiten Hälfte des 19. Jahrhunderts favorisierten Theorieentwürfen zufolge – in den parallel geschalteten neuronalen Strukturen des Hirngewebes. Das heißt, daß in dem Moment, wo die neuronale Struktur des Hirngewebes zumindest in ihrem prinzipiellen Aufbau verstanden war, das Rezeptionsereignis repräsentationistisch zu deuten war.

Explizite Darstellungen dieser Auffassung finden sich bei dem Neuroanatomen Meynert, dessen Schüler C. Wernicke, aber auch unabhängig von diesen beiden bei dem schottischen Psychologen A. Bain.

Hierbei weist diese von den Vertretern der Neurobiologie in der zweiten Hälfte des 19. Jahrhunderts weitgehend akzeptierte Vorstellung zur Organisation von Wahrnehmungsereignissen auf eine Konzeption zurück, die unabhängig von dem seinerzeit noch defizitären Kenntnisstand von der funktionalen Organisation des Hirns, in Kompilation der Thesen von J. Locke und Vorstellungen von I. Newton zur Physiologie von Wahrnehmungsereignissen entstanden waren. Diese Kompilation leistete David Hartley (1705-1757) in seinem 1749 erschienen Buch 'Observations on Man, his Frame, his Duty, and his Expectations'. Diese Schrift wurde im 18. Jahrhundert weit rezipiert und führte etwa bei Joseph Priestley zu einem Versuch einer physiologischen Begründung von Hartleys Thesen (1775). In der Zentrierung der Betrachtung der Geschichte des Konzepts der Repräsentation auf die Neurowissenschaften läßt sich demnach schon im Ausgangspunkt dieser Wissenschaften zeigen, daß die Geschichte von Konzepten zur Repräsentation in weiten Teilen als Geschichte der Konzeption der Ensemblewirkung der neuronalen Strukturen, heute würden wir sagen, als Geschichte des Konzeptes neuronaler Netze schreiben läßt.

Hartley zufolge bildete sich ein Außenreiz in einer definierten Zustandsveränderung des Hirngewebes ab. Jeder Außenreiz induziere eine Schwingung im Nervengewebe, die dann ihrerseits nachgeschaltete Gewebebereiche in Oszillation versetze. Hartley ging dabei davon aus, daß die Außenwelt sich hirnintern in sich überlagernden Schwingungen des neuronalen Gewebes manifestiere. Durch deren 'Assoziation' würden – Hartleys Theorie zufolge – die verschiedenen Zustände des Geistes hervorgebracht.

Im Beginn des 19. Jahrhunderts nahm James Mill (1773-1836) die hieraus folgende Idee einer Assoziationspsychologie auf (1829). Die Außenwelt bildete sich auch für ihn nach Maßgabe der Binnenbestimmtheit des Organs des Geistes in diesem ab. Die Abbildungen der Außenzustände – die 'sensations' – überlagerten sich und konnten so – seiner Auffassung nach – in den entstehenden komplexen Aktivierungen differenziertere geistige Zustände, die Ideen, induzieren. Entsprechende Aktivierungen solch 'höherer' Art konnten sich nun ihrerseits überlagern usf. Auf diesem Wege entstand – so James Mill – letztlich auch die Sprache. Die Repräsentation des Außen, der in dieser abzulesende logische Aufbau der Welt, war demnach – schon bei Mill – ein Resultat innerer Verrechnungscharakteristika des neuronalen Gewebes. Zwar wurde – diesem Konzept folgend – in der 'sensation' ein Außenreiz zunächst nur einfach abgebildet, doch war schon im nächsten Verrechnungsschritt, in der Überlagerung verschiedener 'sensations', dieser erste einfache Abbildungscharakter verwischt. Diese Überlagerung vollzieht sich nach Maßgabe der inneren Zustände des neuronalen Systems. Die Darstellung der Welt, das dann im Geist entstehende Bild des Außens, war nach damaliger Auffassung also keine einfache Wiedergabe der physikalischen

Parameter der Außenwelt; sie war vielmehr als Resultat einer subjektiven Gewichtung der durch diese Weltzustände evocierten Reizungen zu verstehen.

Der Psychologe Alexander Bain (1919-1903) nahm dieses Grundkonzept Mills in der Mitte des vorigen Jahrhunderts auf. Bain erweiterte hierbei die Aussagen Mills um ein wesentliches Moment. Bain suchte die Verrechnungseigenheiten des Geistes durch eine funktionsmorphologische Interpretation der neuronalen Textur des Nervengewebes zu deuten (Bain 1868). Ihm zufolge sind die Träger der mentalen Zustände die Aktivierungsmuster der Neuronen. Eine 'sensation' faßt sich demnach als ein definierbares Muster neuronaler Erregungen. Die Verbindungen, mit denen die einzelnen Neuronen in Bezug zu dem sie umgebenden neuronalen Material stehen, bestimmen ihre jeweiligen Verrechungseigenheiten (Bain 1868: 52ff). Die Idee einer Assoziation von Erregungsmomenten, den 'sensations', und den sich daraus bildenden Ideen läßt – dieser Vorstellung zufolge – eine funktionsmorphologische Interpretation der Hirnarchitektur zu. Die neuronalen Verknüpfungen benennen die Regeln, nach denen und über die sich die mentalen Zustände bilden. Repräsentation von Welt ist demnach nicht einfach eine Abbildung eines Außen in das Innere des Kopfes, die Repräsentation der Welt vollzieht sich demnach vielmehr nach den Bedingungen der internen Organisation des Nervengewebes.

Die Erregungseingänge erfahren ihre subjektive Gewichtung und konturieren sich erst daraus zu dem, was dem Subjekt dann als Welt erfahrbar ist. Diese Idee einer komplexen internen Maschinerie, aus deren Analyse sich die Regeln erarbeiten ließen, über die das Erfahren der Welt verständlich zu machen wäre, blieb bis in die letzten Jahrzehnte des 19. Jahrhunderts für die Vorstellungen einer funktionellen Organisation des Nervengewebes leitend. Meynert – und ihm folgend der Philosoph und Psychologe W. Wundt (1832-1920) – bauten auf diesen Vorstellungen ihre funktionsmorphologische Interpretation des Hirngewebes auf. Der Kliniker C. Wernicke (1848-1905) knüpfte an den Vorstellungen von Meynert an und entwickelte hieraus eine Theorie der Gedächtnisfunktion (Wernicke 1874). Flechsigs (1847-1929) Konzept der Assoziationszentren und seine Vorstellung von deren funktionsmorphologischer Organisation spiegelt noch um die Jahrhundertwende diese Vorstellungen wieder (Flechsig 1896, vergl. hierzu Breidbach 1996).


## 2. Der Entwurf Siegmund Exners

Auch der Entwurf des Wiener Physiologen Siegmund Exner (1846-1926) zu einer physiologischen Erklärung der psychischen Erscheinungen von 1874 ist in dieser Tradition zu sehen:

„Ich betrachte es also", schrieb Exner,"als meine Aufgabe, die wichtigsten psychischen Erscheinungen auf die Abstufungen von Erregungszuständen der Nerven und Nervencentren, demnach alles was uns im Bewußtsein als Mannigfaltigkeit erscheint, auf quantitative Verhältnisse und auf die Verschiedenheit der centralen Verbindungen von sonst wesentlich gleichartigen Nerven und Centren zurückzuführen" ( Exner 1894: 3). Das funktionale Grundelement des Zentralnervensystems war für Exner die Nervenzelle, die hochspezifische Kontakte zu einer Vielzahl von näher und weiter entfernt gelagerten Neuronen besitzt. Das Nervengewebe gab so eine Matrize vor, die über die Kontaktstellen zwischen den Neuronen den Erregungsfluß im Gewebe leitete. Informationsverrechnungs-Eigenheiten und auch das Lernen waren demnach als Veränderungen in dieser Neuronenkopplung zu deuten. Allein diese Vorgabe einer neuroanatomischen Schichtung des Nervengebes bestimmte die Verarbeitungsfunktionen des Gehirns:

„Alle Erscheinungen der Qualitäten und Quantitäten von bewußten Empfindungen, Wahrnehmungen und Vorstellungen lassen sich zurückführen auf quantitativ variable Anteile dieser Summen von Bahnen. Zwei Empfindungen sind für das Bewußtsein gleich, wenn durch den Sinnesreiz dieselben Rindenbahnen in demselben Masse in Erregung versetzt werden. Zwei Empfindungen sind ähnlich, wenn wenigstens ein Theil der in beiden Fällen erregten Rindenbahnen identisch sind" (Exner 1894: 225). In dieser komplex vernetzten Architektur neuronaler Kontakte können sich Erregungseingaben überlagern, das heißt, einzelne Reizeingänge konnten durch anderweitige Erregungschübe moduliert werden.

Exner skizzierte en detail die interne Repräsentation von Raumkoordinaten der visuellen Wahrnehmung; er sprach hier von 'Localzeichen' (Exner 1894: 173). Ausgehend von einer detaillierten Beschreibung dieser Wahrnehmungssituation, formalisierte er seine Idee der Überlagerung von Erregungsschüben in einem topologisch strikt definierten Neuronengefüge und gelangte dabei zu Formulierung des Konzeptes eines neuronalen Netzes. Das neuronale Netz war so gestrickt, daß die Topologie der internen Projektionen von den Neuronen der Sehbahn die relativen Distanzen der Sinneszellen in der Netzhaut abbildete. Es ergab sich demnach – seiner Konzeption zufolge – eine Karte von Relationsbezügen der einzelnen sensorischen Neuronen, die sich direkt auf ein Gefüge von motorischen Neuronen übertragen ließ. Damit formulierte Exner die Idee der Transformation von sensorischen zu motorischen Karten, wie sie den modernen Realisationen der visuellen Steuerung von Bewegungselementen in parallelverarbeitenden Computern zugrunde liegt (Exner 1894: 246).

Die in den sensorischen Bahnen gefangenen Erregungen laufen unabhängig voneinander, überdecken sich in Teilbereichen oder überlagern sich. Erregungszyklen können nun weitere Erregungen induzieren, die dann insgesamt eine Kaskade von Nervenbahnen aktivieren. Das hieraus resultierende „Spiel der Vorstellungen wickelt sich also ab, nach den vorhandenen Verwandschaften [zwischen den Nervenbahnen] und nach der Stimmung der Hirnrinde, d.h. nach den von früher her noch bestehenden temporären Bahnungen, so daß wir leicht in die Gedankenreihen der letzten Stunden und Tage verfallen, die auch bei ferneren Verwandtschaften mit anklingen." (Exner 1894: 323).

Diese Skizze der Konzeption Exners zeigt, mit welcher Konsequenz er sein Programm durchführte, die Phänomene des Denkens als Resultat der Aktivierung von Neuronenpopulationen zu begreifen. Exner suchte aus der anatomischen Organisation des Hirngewebes und den seinerzeitigen Daten zur Hirnphysiologe eine Funktionsmorphologie zu entwickeln, die die Verhaltenssteuerungsprozesse als Funktionen der elementaren Einheiten des Nervengewebes, der Neuronen, verständlich macht. Hierbei – und dies ist ein Angelpunkt gerade auch der derzeitigen neokonnektivistischen Vorstellungen (Vergl Ziemke und Cardoso de Oliveira, dieses Buch) – begriff Exner die Verknüpfungen der Neuronen im Hirngewebe als modulationsfähig. Weniger präzise als später D.O. Hebb, doch die gleiche Grundidee explizierend, sprach er von funktionsabhängigen lokalen Veränderung in der Wichtung der Kontakte zwischen einzelnen Nervenzellen. Die Begriffe 'Modulation' und 'Bahnung' benennen bei ihm dies Phänomen. Seiner Idee zufolge kann durch überlagerte Erregungseingabe in eine Nervenbahn, über eine Erregungseinstreuung durch übergeordnete Hirnzentren (Aufmerksamkeit), eine Nervenverbindung 'gebahnt' werden: Die häufige Benutzung einer Bahn verbessert deren Übertragungseigenschaften. Als potentielle Mechanismen dieser Leitfähigkeitsänderung gab Exner Verdickung der Nervenfasern oder auch lokale Vermehrung der interneuronalen Kontakte an. Schaltstelle zwischen den Neuronen ist – seiner Konzeption zufolge – der Kontaktbereich zwischen den Endverzweigungen des vorgelagerten Neurons und der Zellkörper der nachgeordenten Zelle.

Im Ansatz wie auch in der Konsequenz seines Vorgehens nahm Exner somit Grundideen der derzeitigen kognitiven Neurowissenschaften vorweg. Die Konzeption Exners steht allerdings nicht in direkter Linie zu dem Ansatz, der zu den modernen kognitiven Neurowissenschaften hinführt. Die Wissenschaftsgeschichte zeigt einen Bruch des Diskurses. Hebb setzte etwa 50 Jahr später mit einem bis in die Details analogen Konzept noch einmal neu an.


## 3. Lokalisationisten

Zeitlich parallel zur skizzierten, bis ins zweite Drittel des 19. Jahrhunderts dominierenden Darstellung der Funktionsanatomie des Nervensystems, die dieses als ein assoziatives neuronales Netz begriff, entwickelte sich im 19. Jahrhundert eine zweite, lokalisationistische Tradition. Ausgehend von den Versuchen zur Ortung von Teilfunktionen des Seelenorgans, die dann in der Lehre Galls, daß kognitive Funktionen sich in distinkten Arealen der Hirnrinde lokalisieren lassen, ihre erste umfassende Formulierung fand, wurde das Hirn als eine Summe derartiger Teilfunktionen begriffen. Die Verdrahtungen in einem derart als Summe funktioneller Zentren begriffenen Gehirn waren – diesem Ansatz zufolge – als die Relais in einem Schaltkreis begriffen. Nicht die Assoziation, sondern die Hierarchisierung von Teilfunktionen des Hirns erklärte die Funktionalität des Hirnorganes (Young 1970). Das Hirn zerfiel demnach in Orte,

die für bestimmte Funktionen des Wahrnehmens zuständig sind. Die Physiologie identifizierte denn auch Seh-, Hör-, und Geruchszentren; sie registrierte das Resultat von
Läsionen in diesen Bereichen, suchte die physiologischen Antworten dieser Regionen oder auch der diese Regionen konstituierenden Elemente aufzuzeichnen und entwarf so ein Bild der Außenrepräsentation, derzufolge sich im Hirngewebe eine Serie
von Wahrnehmungsarealen mit umschriebenen Funktionen findet (Meyer 1971).

Das Target der Suche nach dem Organ der Seele, die sich im 17. Jahrhundert zunehmend auf den Innenraum des Schädels erstreckt hatte, wurde im 18. Jahrhundert
zusehens konturierter (Neuburger 1897). Zunächst war die Hirnhaut – auf Grund einer Beobachtung, derzufolge dieses Gewebe kontraktionsfähig sei, und es somit verständlich schien, daß es die Mechanik eines Bewegungssteuerungsapparates antreiben könnte – Ziel entsprechender, experimentell gestützter Interpretationsansätze
(Brazier 1984) Es dauerte geraume Zeit, bis das darunter liegende, den damaligen
Präparationsmethoden wenig strukturiert erscheinende Hirngewebe als das Substrat
von Reizverarbeitungs- und Bewegungssteuerungsfunktionen erkannt wurde (vergl.
Bracegirdle 1978). Doch blieb auch hier zunächst die Frage der genaueren Lokalisierung des Hirnorganes offen. Durch den Schädel von Hunden oder Katzen getriebene
Nägel, die dabei das Kleinhirn trafen, führten zum direkten Tode der hilflosen Versuchsobjekte; so lag es zunächst nahe, die Seele dieser Tiere in dieser Hirnstruktur zu
verankern (Neuburger 1897). Erst 'vorsichtigere' Methoden zeigten, daß auch das
Großhirn, und vor allem die Großhirnrinde Sitz von Funktionen ist, die für die Steuerung komplexerer Wahrnehmungs- oder Verhaltensfunktionen notwendig sind (Pourfour Du Petit 1710). Die erste umfassende Analyse der funktionellen Spezifizierungen dieses Organs vollzog dann Franz Joseph Gall (1758-1828).[2] Er ging von
pathologischen und vergleichend anatomischen Untersuchungen aus, in denen er unter
anderem die Verhaltensdiversifizierungen verschiedener Säugetierarten in Bezug zur
Differenzierung ihres Hirnorgans setzte. Seine Resultate führten ihn zu einer ersten
Lokalisationslehre; er sah verschiedene Verhaltensfunktionen an bestimmte Hirnrindenregionen gebunden und entwickelte so ein Konzept der Lokalisierung von Verhaltenssteuerungsfunktionen. Sein derart 'materialistischer' Ansatz wurde seiner akademischen Karriere zum Verhängnis. Wegen areligiösem Tun von der Universität Wien
verwiesen suchte er außerhalb der engeren wissenschaftlichen Sozietät seine Lehre
zu einem auch für die Praxis relevanten Konzept zu erweitern (Mann 1985). Damit
war er schon von seiner soziologischen Position in eine Situation gedrängt, die ihn

---

2  Zu Gall vergl.: Temkin, O.(1947) Gall and the phrenological movement. Bull. Hist. Med. 21:
   275-321; Ackerknecht, E.H. (1958) Contributions of Gall and the phrenologists to knowledge
   of brain function In: Wellcome Foundation (Hrsg.) The History and Philosophy of Knowledge
   of the Brain and Its Functions. Blackwell. Oxford, S. 149-153; Oehler-Klein, S. (1991) Die
   Schädellehre Franz Joseph Galls in Literatur und Kritik des 19. Jahrhunderts. Thieme, Stutgart,
   New York.

gegenüber dem akademischen Gefüge diskreditierte. Seine zunächst im Rahmen ana-
tomisch-klinischer Studien angelegten Hypothesen entwickelten sich so zu einer
Weltanschauung, der auch für einen spekulativ operierenden Philosophen wie Hegel
nurmehr polemisierend zu begegnen war.[3] Ansatz dieser Diskreditierungsmöglichkei-
ten gab eine für sein gesamtes Gedankengebäude folgenschwere Schlußfolgerung:
Gall beschrieb ausführlich, daß er schon an Mitschülern bestimmte Eigenheiten des
Schädelbaus mit bestimmten kognitiven Eigenschaften korreliert sah. Ausgehend von
solchen episodenhaften Beobachtungen zog er die Schlußfolgerung, daß die diesen
Mitmenschen eigenen kognitiven Leistungen eben auch an die entsprechende Bildun-
gen des den Schädel formenden Gehirns gebunden seien (Gall und Spurzheim 1910:
VIff).[4] Aus seiner Untersuchung der verschiedenen Tierformen leitete er ab, daß Schädelform und Hirngestalt in einem Wechselbezug stünden. Ausgehend von diesen Studien setzte er nun kognitive Leistung (Charakterbild), Schädelform und Hirnform
zueinander in Beziehung, und glaubte so eine Methode gefunden zu haben, Lokalitäten im Hirn aufweisen zu können, die für bestimmte Verhaltensausprägungen zuständig sind. Das Abtasten des Schädels ersetzte für ihn eine invasive, mit Läsionen und
Reizungen arbeitende Hirnphysiologie.


## 4. Generalisten

Der französische Physiologe Pierre Flourens (1794-1867) bemühte sich in einem alternativen und auch offensiv gegen Gall propagierten Ansatz, der vornehmlich durch Ab-
tragungsversuche am Gehirn von Taubenvögeln fundiert war, darzulegen, daß für die
operativen Qualitäten des Gehirns allein die Hirnmasse entscheidend sei (Flourens
1824, 1863). Mit diesen Befunden schien zunächst jeder Versuch einer Lokalisierung
von (komplexeren) Hirnfunktionen diskreditiert. Die Thesen von Flourens dominier-
ten die Hirnforschung denn auch bis in das letzte Drittel des 19. Jahrhunderts.
    In den siebziger Jahren des 19. Jahrhunderts entwickelte Friedrich L. Goltz (1834-
1902) die Hirnabtragungstechnik von Flourens derart weiter, daß es ihm gelang, auch
an Hunden entsprechende Experimente auszuführen (Goltz 1881: vergl. Anderson
1953). Seine Innovation bestand in einem Verfahren, Hirnblutungen zu unterbinden;
es erlaubte ihm, auch große Bereiche des Großhirns zu entfernen. Dank sorgfältiger
postoperativer Betreuung seiner Versuchstiere, die dann weitgehend genasen, war es
möglich, das Verhalten entsprechend lädierter Individuuen langfristig zu beobachten.
Bekannt wurde sein 'Hund ohne Großhirn', den Goltz 1881 auf dem internationalen

---

3   Vergl. das Kapitel Schädelleere (sic) in Hegels Phänomenologie des Geistes, in dem Hegel aus-
    führlich zum Konzept der Phrenologie – und der Physiognomie – Stellung nimmt

4   Vergl. Ackerknecht, E.H. und H.V. Vallois (1955) François Joseph Gal et sa collection. Mé-
    moires du Muséum national d'Historie Naturelle A 10: 1-92.

medizinischen Kongreß in London vorführte. Ausgehend von Verhaltensbeobachtungen speziell auch dieses Hundes folgerte er, daß die Hirnrinde weder für die Koordination von Verhaltenäußerungen noch für die Reizaufnahme essentiell sei, wohl aber entsprechende Vorgänge optimiere und speziell auch für Lernprozesse Bedeutung trage.

Eine Lokalisierung einzelner Verhaltensfunktionen in bestimmte Hirnbereiche schloß er von seinem Experimentalansatz aus. „Man wird nun zweifellos nach dem Erscheinen dieser meiner [Goltzs] Abhandlung den offenbaren Schiffbruch der Lehre von den kleinen umschriebenen Centren durch Erfindung von Hilfshypothesen zu verleugnen suchen" (Goltz 1892: 611). In seinem Experimentalansatz interessierte Goltz nicht der zugrundeliegende Mechanismus der Hirnfunktionen. Das Hirn war für ihn eine black box, die weder in ihrer Konnektivität – und damit in der ihr eigenen Strukturierung – untersucht wurde, noch einer detaillierteren physiologischen Untersuchung offen zu sein schien. Entsprechende Experimentalansätze lehnte Goltz ab (Goltz 1892: 611, vergl. Forster 1881).

Mit diesen Aussagen stand Goltz gegen Ende des 19. Jahrhunderts aber isoliert. Die 1870 publizierten Hirnreizversuche von Gustav Theodor Fritsch (1838-1927) und Edouard Hitzig (1838-1907) hatten zu einem Forschungsparadigma geführt, das dem Goltzschen Ansatz entgegenstand. Diesen beiden physiologischen Forschungsansätzen fehlte allerdings ein detaillierter Bezug auf die Neuroanatomie, eine Analyse der Bausteine, welche die Funktionsmorphologie des Hirngewebes konstituieren.


## 5. Hirnreizexperimente

Die Versuche von Fritsch und Hitzig (1870) standen, ebenso wie auch die Experimente von Goltz, unter dem Problem, daß sie mit dem Hirngewebe nach Art einer black box umgingen. Zwar verwandten Fritsch und Hitzig in ihren Hirnreizexperimenten eine wohldefinierte Methode, die – in der von ihnen gegebenen ausführlichen Beschreibung – denn auch in anderen Laboratorien anwendbar war, doch blieb der Mechanismus unbekannt, auf Grund dessen ihre Hirnreizungen zu definierten Verhaltensäußerungen ihrer Versuchstiere führten. Es ist hier nicht der Raum, die konzeptionelle Einbindung des durch Fritsch und Hitzig angestoßenen Experimentalprogramms en detail zu verfolgen. Interessant bleibt aber festzuhalten, daß beide Forscher primär in der Tradition der galvanischen Reizexperimente anzusiedeln sind. Originär ist bei ihnen die Anwendung dieses Denk- und Experimantalansatzes auf das Hirngewebe, die für Hitzig aus klinischen Fragestellungen erwuchs (Hagner 1993).

Der Effekt des von beiden Forschern formulierten Experimentalparadigmas, das erstmals auch physiologisch die Lokalisation einzelner Hirnfunktionen dingfest zu machen erlaubte, war ungemein. Schon drei Jahre nach Publikation der Arbeit von Fritsch und Hitzig legte Ferrier eine umfangreiche und detaillierte Studie zur physio-

logischen Kartierung der Hirnrinde vor (1873). Ferrier stand damit keineswegs allein,
Arbeiten von Burdon-Sanderson, Hermann, Horsley, oder Exner belegen die rasche
Rezeption dieser Technik. (Clarke und Dewhurst 1972; Brazier 1988) – Scarff (1940)
zählte für den Zeitraum von 1874 -1914 alleine 74 Berichte über elektrische Reizungen des motorischen Cortex des menschlichen Hirns. – Allerdings waren die Ergebnisse dieser Hirnreizexperimente nicht eindeutig (Dodds 1878; Glickstein 1988). Das
Problem lag in der mangelnden Standartisierung speziell der Reizstärke. Deshalb
wurden – zumal die verschiedenen Laboratorien auch unterschiedliche Reiztechniken
verwandten – von Labor zu Labor oft recht unterschiedliche Resultate bei einem im
Ansatz gleichartigen Zugang mit gleichartigen Versuchstieren berichtet. Die hiermit
angerichtete Verwirrung in der Interpretation der Experimente war um so größer, als
keine schlüssige Theorie der den Reizungen zugrundliegenden Mechanismen vorlag.
So war es noch keineswegs erwiesen, daß die primären Reizorte, die mit den Reiz-
elektroden angesteuert wurden, tatsächlich in der Hirnrinde zu finden sind (Vergl.
Forster 1881: 537-545).

Dennoch geriet mit diesem Experimentalansatz das Konzept einer neuronalen
Repräsentation, wie es etwa Meynert formuliert hatte, aus dem Blick. In Frage stand
nurmehr eine Ortung etwaiger Hirnfunktionen. Im physiologischen Abtasten des Hirns
gewann man Karten der motorischen und sensorischen Repräsentationsareale. So
konturierte sich die Vorstellung, daß sich im medianen Bereich der Hirnrinde die
Körperoberfläche direkt abbildet (Horsley 1909). Die Analyse des Sehzentrums zeigte
– nach einigen Verirrungen (Glickstein 1985) – eine Projektion der Raumkoordinaten des Blickfeldes in die Raumkoordinaten der Sehrinde (Monakow 1914; Breidbach
1996). Die Außenwelt schien in dem neuronalen Gefüge eingefangen zu sein. Unbekannt blieb zunächst allerdings die zellphysiologische Grundlage entsprechender
Ortungen. Erst mit der Weiterentwicklung der physiologischen Technik wurde hier das
Bild klarer (Bulloch 1959).

Zumindest aber war ein Prinzip benennbar, über das die funktionelle Organisation
des Nervengewebes erschlossen werden konnte. Die einzelnen identifizierten Zentren,
deren Aktivierung mit Notwendigkeit einen Effekt x zur Folge hatten, erschienen
damit als Zentren in einem reflektorisch verschalteten Hirn. Das Hirn wurde als Re-
flexmaschine faßbar.


## 6. Das Synapsenkonzept Sherringtons


Um die Jahrhundertwende formulierte C. Sherrington (1857-1952) eine Vorstellung,
die es erlaubte, die vorliegenden neurophysiologischen Befunde funktionsmorphologisch zu deuten: das Synapsenkonzept (Vergl. Liddel, 1960). Diese Vorstellung blieb
zunächst Postulat, gab allerdings die Möglichkeit, die im Laufe der letzten Dezenni-
en des 19. Jahrhunderts angesammelten Daten zur neuroanatomischen Organisation

des Nervengewebes physiologisch zu interpretieren. Ansatzpunkt Sherringtons war die Analyse von Bewegungssteuerungsprozessen. Ausgehend von Studien der peripheren Organisation von einfachen Verhaltensmustern gewann Sherrington einen Zugang zum Verständnis von Hirnfunktionen. Seinem Bild zufolge war das Hirn analog dem Aufbau des peripheren Nervensystems als Reflexmaschinerie zu deuten (Sherrington 1906). Sherrington studierte Reiz-Reaktionsbeziehungen, grenzte in seinen experimentellen Manipulationen dabei mögliche Bahnen zwischen diesen Eingabe- und Ausgabereaktionen mehr und mehr ein und konnte vor diesem Hintergrund dann Hirnzentren als Relaiseinheiten in der angenommenen reflektorischen Verschaltung des Nervengewebes deuten. Seiner Vorstellung zufolge sind die Erregungsträger, die Neuronen, die er – nach seinen an der Peripherie gewonnenen Befunden zur Leitungscharakterstik von motorischen Nerven – als polarisierte Strukturen, die einen Erregungsfluß nur in einer Richtung zulassen, charakterisiert (Sherrington 1897, 1898). Er postulierte dabei Kontaktregionen zwischen einzelnen Nervenzellen, die analog zu Stecker und Steckdose einen Erregungsfluß passieren lassen, hierbei aber derart gebaut sind, daß ein Erregungsfluß nur in einer definierten Richtung möglich wird.

Dieses Konzept war direkt mit den anatomischen Befunden etwa Ramon y Cajals in Übereinstimmung zu bringen. Hans Held hatte mit seiner Entdeckung der sogenannten Endknöpfchen (Held 1897) – unabhängig von Sherrington – mögliche neuroanatomische Korrelate für Sherringtons Postulat identifiziert. Cajal suchte, ausgehend von diesen Beobachtungen Helds und im Rückgriff auf das physiologische Konzept von Sherrington, eine Funktionsmorphologie des Hirngewebes zu erarbeiten (Cajal 1954). So gab er in seiner Nobel-Lecture nicht nur höchst präzise Darstellungen der von ihm analysierten neuronalen Texturen; die Neurone sind vielmehr direkt funktionsanatomisch als vektoriell gerichtete Übertragungseinheiten gekennzeichnet, deren Erregungsfluß, Kopplung und daheraus resultierende Verrechnungsbahnen durch Pfeile markiert sind (Cajal 1908b). Die entsprechenden Deutungen blieben allerdings Postulat (Bullock 1959).

Sherringtons Vorstellung war in zweierlei Hinsicht fruchtbar: Zum einen deutete sie auf einen einheitlichen Mechanismus aller neuronaler Erregungstransferfunktionen. Zum zweiten band Sherrington damit etwaige Vorstellungen zur Hirnfunktion zurück an die zelluläre Architektur. Seine Vorstellungen waren nun allerdings wiederum nicht soweit präzisiert, daß er sie auf die konkreten Ergebnisse der damaligen Neuroanatomie rückführte. Trotz einer derart abstrakten Bindung an das neuronale Substrat war mit Sherringtons Synapsenkonzept aber ein Programm initiiert, das es erlaubte, die Neuroanatomie funktionsmorphologisch zu deuten.

War dies nun der Weg, der – ausgehend auch von der komplexen Darstellung der Neuroanatomen – zu einem diversifizierteren Verständnis von Hirnfunktionen führte?

Die nähere historische Analyse zeigt, daß das Konzept der synaptischen Organisation des Nervensystems die unklare Situation der Neuroanatomie nach 1900 nicht lösen konnte. Die diesem Konzept folgend angenommenen neuronalen Funktionskreise blieben Postulat. Die Elektrophysiologen hatten erst einzeln Neurone 'auf die Nadel' zu nehmen, d.h. deren Antwortverhalten auf der zellulären Ebene zu studieren, ehe sich die mit dem Konzept der Synapse verbundenen Vorstellungen zur funktionellen Charakteristik neuronaler Verrechnungsprozesse letztlich durchzusetzen vermochten (Kuffler 1960). Experimentell geschah dies – ausgehend von den Experimenten von Hodgkin und Huxley (1939) – durch den Sherrington-Schüler Sir John Eccles (Eccles und Sherrington 1930; Eccles 1964), der den Mechanismus der synaptischen Kopplung nachwies und damit in den 60iger Jahren unseres Jahrhunderts eine Funktionscharaktersitik eines Hirnorganes in den Termini der funktionellen Verknüpfungen der diesem Hirngewebe eigenen Elemente zeichnen konnte (Eccles et al. 1967)

## 7. Die Entwürfe der Physiologen nach 1900

Die schon mit dem Ende des 19. Jahrhunderts vorliegenden Entwürfe der Physiologen zielten zunächst auf eine immer stärkere Eingrenzung von funktionellen Spezifizierungen des Hirnorganes. Resultat dieses Bemühens waren Hirnkarten, die es wie im Extrem etwa bei S. Exner (1881) zu erlauben schienen, auch für eng umschriebene Verhaltensfunktionen strikt definierte Lokalitäten in der Hirnrinde aufzuweisen. Spätestens mit den sowohl neuroanatomische wie physiologische Daten integrierenden Versuchen des Ehepaars Vogt mußte ein entsprechender Versuch allerdings als naiv erscheinen (Vogt und Vogt 1903, 1919, 1926).

Deren an den Arbeiten Meynerts und Flechsigs anknüpfende anatomische Analyse demonstrierte eine im wesentlichen stereotype, repetitive zelluläre Architektur des Hirngewebes (Vogt 1906: 283). Schon Betz (1874) und Hammarberg (1895) hatten nach Variationen im Bau einzelner Zellgruppierungen dieser stereotypen Gewebetexturen gesucht. Neben Unterschieden in der Histotypik, die Brodmann (1909) für die verschiedenen Hirnrindenregionen aufwies, zeigten sich aber für die Vogts wenig Hinweise für eine auf der Ebene einzelner Zellen anzusetzende funktionelle Spezialisierung des Hirns.

Die Erfahrungen mit Hirnverletzten, die in Folge der sich gegen Ende des 19. Jahrhunderts häufenden kriegerischen Konflikte in immer stärkerem Maße in das Interesse der Kliniken gerückt wurden, wiesen in eine andere Richtung (Glickstein 1988). Es zeigte sich eine zumindest begrenzte Plastizität in der funktionellen Organisation der Hirnrinde, der zufolge auch durch umfassendere Läsionen bedingte Verhaltensausfälle über längere Zeiträume zumindest in Teilen regeneriert werden konnten. Es ergab sich somit ein Schema von möglichen Funktionsüberlagerungen, das zeigte, daß die Hirnfunktion mit einer festen funktionellen Rasterung nur unzureichend erklärt werden konnte.

## 8. Funktionsmorphologische Hirninterpretationen

Die auf den neuroanatomischen Arbeiten Meynerts aufbauenden Darstellungen zur
Funktionsanatomie hatten vor 1900 noch erlaubt, aus einer Analyse der Architektur
der Neuronen die Verarbeitungscharakteristika des Nervengewebes zu erschließen und
damit eine Art neuronaler Logik aufzuweisen, die den Schlüssel zur Analyse der Hirnfunktionen darzubieten schien (Vergl. Breidbach 1994, 1995b). Ramon y Cajal (1852-
1934) setzte – in dieser Tradition – knapp vor 1900 mit einer umfassenden Darstellung der Histotypik des Nervengewebes an. Sein erklärtes Ziel war es, über diese
Analyse der Funktionscharakteristik des Hirns auf die Sprünge zu kommen. Sein
Ansatz war damit kontrovers zu den gleichzeitigen Versuchen einer physiologischen
Lokalisierung, die von den lokalen Verküpfungen der einzelnen, von Cajal dargestellten Neuronen absahen. Cajals Versuch wurde – nicht zuletzt auch auf Grund einer
unklaren Bestimmung der Grundstruktur des Nervengewebes (zellulär oder syncytial),
was eine sichere Fundierung für eine funktionsanatomische Charaktersiserung des
Nervengewebes ausschloß – von den Neurophysiologen zunächst nicht aufgenommen.

Cajal suchte aus der Analyse der Zell-Verknüpfungen Aussagen über die Verrechungseigenschaften des Hirngewebes abzuleiten (Cajal 1908a). Exemplarisch ist
hier seine zusammen mit Sanchez geschriebene Monographie über das visuelle System der Fliege, in der die einzelnen Neuronen als Funktionsträger begriffen wurden,
die in ihrer parakristallinen repetitiven Struktur – modern gesprochen – eine Verrech-
nungsmatrix konstituieren, in der jedem einzelnen Element eine definierte Formulie-
rungseigenschaft zukommt (1915). Cajal und Sanchez verzichteten noch auf eine
analytische Darstellung dieser Konnektivität und blieben bei der Anschauung; die
einzelnen Neurone wurden aber als Bausteine gezeichnet, die in ihrer Funktion ad-
ditiv zu verstehen waren. Die Autoren begriffen die Funktion des Hirngewebes aus
dieser, von ihnen ausgewiesenen Komplexität eines Nebeneinander von Teilfunktionen, eine Auffassung, die Cajal schon früher in seiner Schrift zu les Nouvelles idées
sur la structure du Système Nerveux chez l'Homme et chez les Vertébrés (1895) angelegt, und in seiner Arbeit von 1908a deutlich ausgeführt hatte. In der Arbeit von
1908 beschrieb er ein hochvernetztes Verrechnungsgefüge von Neuronen und diskutiert die funktionellen Konsequenzen einer derartigen Ver'drahtung'.

Die etwa durch Brodmann (1909) repräsentierten, klinisch orientierten Neuroanatomen der ersten Dekaden unseres Jahrhunderts hatten derartige Konzepte nicht
aufgenommen. Die Diskussion um die zelluläre Struktur des Nervengewebe hatte
entsprechende Ansätze diskreditiert (Breidbach 1993). Selbst Cajal blieb ja noch bis
in seine letzte, ursprünglich 1933 erschiene Schrift, die unter dem Titel 'Neuron Theory or Reticular Theory' 1954 noch einmal aufgelegt wurde, in der Diskussion mit
Bethe und Held, die eine zelluläre Organisation des Nervengewebes ablehnten, be-
fangen (vergl. auch Cajal 1903). Seine Darstellung der Verknüpfungen im Nervengewebe, der Nachweis der Feinarchitektur des Hirngewebes diente Cajal in dieser Dis-

kussion nurmehr zum Beweis der zellulären Natur des Hirngewebes. Die Darstellung der Neuronen, der Aufweis von Verbindungen blieb in dieser Perspektive nur der Versuch einer umfassenden Typologie des Neuronalen, die derart – im Aufweis der Uniformität etwaiger anatomisch zu identifizierender Bauelemente – die diskrete und damit zelluläre Textur des Hirngewebes demonstrieren sollte. Die hier ansetzende Diskussion ging weitgehend um die Adäquatheit der verwandten Mittel. Die Darstellungen, die Protagonisten der einen Theorie (der syncytialen Konstitution des Nervengewebes) oder der anderen Auffassung (der einer zellulär-diskreten Organisation dieses Gewebes) vertraten, waren nicht etwa nur in der Interpretation eines von beiden akzeptierten Datenmaterials in Dissens gekommen; die Situation war verworrener. Die Vertreter der einen Auffassung basierten ihre Aussagen auf Präparaten, die mit einer Technik gewonnen wurden, die die Gegenseite als unzureichend diskreditierte, und vice versa (Breidbach 1993). Insofern machte sich in dieser Diskussion die Neuroanatomie jeweils ihr eigenes Datenmaterial strittig. Für Außenstehende schien sie demnach keineswegs den Boden für gesicherte Argumentation zu bereiten.

Entsprechend strebte die Fachdiskussion der Neurobiologen denn auch weg von einer sich derart ihrer eigenen Datenbasis beraubenden Neuroanatomie. Der Schlag durch den gordischen Knoten, den Brodmann vorschlug, nämlich die Neuroanatomie fest an die Physiologie zu binden, hatte nun aber insgesamt Konsequenzen (Brodmann 1909). Brodmann folgend interessierte die Hirnforscher zunächst nicht die Analyse der neuronalen Textur und darauf aufbauend eine funktionsmorphologische Untersuchung der Hirnstruktur. Leitend für diese Forschung wurden vielmehr die black box Studien der Physiologen. Damit blieb das interne Verrechnungsprogramm zunächst ohne größeres Interesse für die Hirnforschung. In den Wahrnehmungsprozeß eingebundene Funktionsareale wurden nurmehr geortet, aber nicht in ihrer jeweiligen Binnenbestimmtheit analysiert.

In dem Labor, das Cecile (1875-1962) und Oskar Vogt (1870-1959) in Berlin aufgebaut hatten, wurde erstmals konsequent die elektrophysiologische Kartierung des Hirngebewes mit einer neuroanatomischen Bestandaufnahme der Hirnrindenorganisation verknüpft. Zielsetzung war es, dergestalt den bisher verworrenen und durch den Gebrauch einer Vielzahl unterschiedlicher Versuchstierarten ziemlich ungeordneten Datenbestand zur Regionalisierung des Hirns auf eine solide Basis zu stellen. Die entsprechend detaillierte neuroanatomische Darstellung sollte eine Landkarte des Hirns an die Hand geben, die – unabhängig von den jeweiligen elektrophysiologischen Kartierungsversuchen – eine genaue neuroanatomische Ortung von Hirnregionen ermöglichen sollte. Ein vom Elektrophysiologen applizierter Reiz definierte – der Forschungstradition zufolge – ja nicht nur einen speziellen 'Punkt' auf der Hirnoberfläche eines bestimmten Tieres, er kennzeichnete vielmehr ein Areal, das demnach auch in anderen Individuen der Art und auch bei verwandten Arten angenommen wurde. Die Region, die durch ein etwaiges Reizexperiment in ihrer Funktion definiert war, wurde durch Hirnabtragungsexperimente eingegrenzt. Auch Fritsch und Hitzig, Ferrier oder Munk hatten mit Hirnläsionen gearbeitet, um in der Kombination von entsprechenden Ausfallstudien mit den Reizungsexperimenten Aussagen über die funktionelle Organisation der Hirnrinde gewinnen zu können (vergl. Brazier 1988). Es galt also, beide Experimentalansätze aufeinander zu beziehen. Strittig war hierbei allerdings – wie es etwa im Fall der Rekonstruktion der Diskussion um die Abtragungsexperimente des primären visuellen Areals offensichtlich ist (Glickstein 1986; Glickstein und Whitteridge 1987; Glickstein 1988) – inwieweit solch ein Bezug vorzunehmen ist. In ihren Sektionen des visuellen Areals hatten etwa Ferrier und Munk unterschiedlich große Hirnbereiche weggeschnitten, entsprechend erhielten sie unterschiedliche Resultate (Ferrier 1876; Munk 1877, 1890). Es galt, hier anatomische, von den physiologischen Daten unabhängige Kriterien zu finden, die eine entsprechende Eingrenzung der Hirnrindenbereiche erlaubten. Bedeutsam war eine entsprechend detaillierte, nicht physiologische Darstellung der Hirnregionen noch aus einem weiteren Grund:

Experimentelle Hirnmanipulationen am Menschen waren suspekt. Ferrier, Munk oder auch Sherrington erarbeiteten ihrer Befunde an höheren, aber eben nicht humanen Säugern. David Ferrier (1843-1928) ging in der Diskussion seiner Ergebnisse davon aus, von den studierten Regionen im Affenhirn auf eine entsprechende Position der im menschlichen Hirn liegenden Region schließen zu können. So zeichnete Ferrier die Plazierungen seiner Elektroden, mit der er am Affenhirn Reizexperimente durchgeführt hatte, in eine Skizze des menschlichen Hirns ein (Ferrier 1876: 304; vergl. Ferrier 1890: 28). Um einen derartigen Transfer von an der Art x gewonnenen Daten auf eine Art y argumentativ zu sichern, galt es Kriterien, 'Marker', dingfest zu machen, die etwaige Schwankungen in der Zuordnung und der relativen Größe von Hirnrindenregionen bei verschiedenen Arten auszuweisen erlaubten und damit die Identifizierung der jeweiligen, sich entsprechenden Regionen ermöglichten.

Das Credo einer in dieser Problemstellung ansetzenden Neuroanatomie richtete sich demnach aber nur auf die Exaktheit einer Histographie, das Bestreben, möglichst exakte Ordnungsmuster an die Hand zu geben, nach denen Neurophysiologen ihre Elektroden zu plazieren vermochten (Brodmann 1909: 266-294). Die Anatomie zeigte, so gesehen, eben nicht die funktionelle Organisation des Hirngewebes, sondern sie demonstriere allein regionale Spezifizierungen, die es zu analysieren galt, um Neuropathologen oder Neurochirurgen in ihrer Arbeit – der Identifizierung und klaren Abgrenzung von Funktionsarealen in der Hirnrinde – zu unterstützen. Überlegungen, wie sie Cajal in seinem Epoche machenden Werk 'Histologie du Système Nerveux de l'homme et des vertébrés' (1952) formulierte, in dem er die Strukturbeschreibung als Funktionsbeschreibung deutete (Cajal 1908a), wurden in die Argumentation Brodmanns (1909) ebensowenig eingebunden wie das Programm einer Neuroanatomie, das die von Van Gehuchten herausgegebene Zeitschrift 'la Cellule' formulierte. Es war suspekt, aus der Analyse der Feinstruktur der neuronalen Verknüpfungen die Funktionsprinzipien des Nervengewebes zu erschließen. In diesem Denkansatz blieb Cajals Werk von seinem Ansatz her bis in die sechziger Jahre ohne eine tiefere Rezeption.

## 9. Das Konzept des identifizierten Neurons

Erst mit dem Konzept des identifizierten Neurons, das Wiersma in den fünfziger Jahren voran trieb (Wiersma 1952), wurde das Nervengewebe auch wieder in seiner neuronalen Struktur interessant. Das Nervengewebe war – diesem Konzept folgend – wieder als Verschaltung einer Folge von Zellen begriffen. Diese Bausteine des Nervengewebes ließen sich mit dem modernen Instrumentarium der Physiologen nun auch auf der Ebene einzelner Zellen studieren; eine Anatomie, die nur Hirnregionen benannte, war zu großräumig um hier noch detailliertere, für die Wegfindung des Physiologen nutzbare Aussagen zu bringen. Entsprechend gewannen denn auch besser studierbare, kleinere Nervengewebe, die eine Identifizierung einzelner Neuronen zuließen, wieder verstärktes Interesse unter den Neurobiologen. Bullock und Horridge trugen mit ihrem 1965 erschienenen Lehrbuch zur Neurobiologie der Wirbellosen diesem neuen Interesse Rechnung.[5]

Gewann die Neurobiologie durch die erneut auf die zellulären Elemente zielenden Analyse aber nun wirklich neue Perspektiven? Die Diskussion um die neuronalen Grundlagen des Verhaltens, die ausgehend von Wiersma einsetzte, blieb auf den Spuren Sherringtons. Es galt ihr, die Verknüpfungen im Hirngewebe nun auf der zellulären Ebene aufzulösen, die einzelnen 'Reflex'bahnen darzustellen, in denen sich die Verrechnungscharakteristika des Cortex rekonstruieren ließen. Die Physiologie identifizierte Schaltkreise, die Relais-Stationen und die neuronalen Filtereinheiten im Hirngewebe. Sie definierte damit die Etappen in einer Verrechnungsbahn, die dann endlich in hochkomplexen Identifikationseinheiten mündete (Ewert 1976). Am pointiertsten zeigte sich dieser Erklärungszugang im Konzept des sogenanten 'Großmutterneurons', demzufolge das Hirngewebe als eine Art Reizfilter zu verstehen ist, durch den bestimmte, komplexe 'features' isoliert und in der Aktivierung definierter Neuronen, gegebenenfalls eines einzelnen commander neurons, kodiert werden (Barlow 1972; vergl.: Kupfermann and Weiss 1978). Ziel der modernen Analyse war es, die Zellensembles, die Zelle und zuletzt auch die einzelne Synapse zu identifizieren, die für ein 'An' oder 'Aus' einer bestimmten Verhaltensfunktion entscheidend waren. Das reizverarbeitende Gewebe war demnach als eine Kaskade von Selektionseinheiten begriffen. Die derart hintereinander geschichteten Neuronen wirkten – der Konzeption zufolge – als eine Filtersequenz, die bei bestimmten Reizsituationen eine definierte Antwort des Systems bewirkte. Diese Konzeption einer Verschaltung von sensorischen Eingaben zu definierten Ausgabeelementen kam ohne eine Repräsentationsinstanz innerhalb der Nervenbahnen aus. Selektiert in einem entsprechenden System wurde nur die Art der Kopplung von Reiz und Verhaltensausgabe.

---

5   Die dort vorgestellte Neuroanatomie dieser Organismengruppen, die sie den modernen Erkenntnissen zur physiologischen Organisation dieser Organismen gegenüberstellten, war hierbei größtenteils aus dem 19. Jahrhundert zusammengetragen

Die Ideen, die Hebb 1949 formulierte, die Einsicht, die schon die Neuroanatomen um 1900 gewonnen hatten, daß sich das Hirngewebe durch seine hochgradige Vernetzung auszeichnete, blieb solch einer, den Relaisstationen der neuronalen Verschaltung nachspürenden Analyse allerdings zunächst fremd.


## 10. Telegraphennetze und Nervengewebe

Wie war aber nun die Funktion des Nervengewebes zu verstehen? Wie schon mehrfach erwähnt, entzogen sich die – zunächst postulierten – Bausteine dieses Systems einer direkten physiologischen Charakterisierung. Der Ansatz Sherringtons gab nur eine Denkrichtung frei, erlaubte das in der Analyse von Reflexen erprobte Muster von Reizgebung, Reizbahn und Effektor auch auf das zentrale Hirngewebe zu übertragen. Wie war daaus eine Verhaltenssteuerung zu begreifen? Die Physiologie des endenden 19. Jahrhunderts fand in der Technik Anschauungshilfen und Analogien, die ihr einen Vorstellungshorizont erschlossen. Die gegen Ende des 19. Jahrhunderts fertiggestellten großen Telegraphennetze schienen ein derartiges Ansschauungsmoment zu bieten. Und in der Tat konnte die junge Neurophysiologie in diesen – auch nach elektrischen Prinzipien betriebenen – Technologien Parallelen entdecken, die ihr die Funktion des Nervensystems verständlich machten (Carpenter 1874). Dieser seinerzeit gängigen Vorstellung zufolge gab es im Nervensystem hierarchisch geordnete Schaltelemente, die durch Leitungen verbunden waren; ihr Funktionsschema: Sender koppelt sich an Empfänger, ein Signal x induziert gemäß der Verknüpfungscharakteristika des Leitungssystems im vorgegebenen Empfänger eine standardisierte Reaktion, ein 'Verhalten'. 1893 (S. 55) warnte W. His (1834-1904) vor entsprechenden, seiner Sicht nach grob vereinfachenden Vorstellungen zur funktionellen Organisation des Hirngewebes.

Das Telegraphensystem prägte schon für Carpenter (1874) das Bild, von dem her die vom Physiologen studierten Reiz-Reaktionsbeziehungen als Effekt einer neuroanatomischen Strukturierung des Hirngewebes deutbar wurden. Damit wurde aber nun auch das Vokabular der technischen Beschreibung für eine Darstellung der neurophysiologischen Funktionscharakteristika genutzt. Entsprechend der technischen Terminologie 'verschiffte' sich zwischen Sender und Empfänger nun allerdings keine undefinierte Erregung, sondern eine präzise faßbare Nachricht. Solch eine Nachricht hat einen Informationsgehalt (vergl. Ashby 1952, Shannon und Weaver 1976, sowie die Arbeit Breidbach et al. in diesem Band). Zielsetzung der Telegraphentechnologie war es, eine Nachricht möglichst rasch und unter Bewahrung ihres Informationsgehalts zu übermitteln (Vergl. Neumann 1958). Die Technik mußte sich demnach mit Störungen in dem Übertragungssystem beschäftigen. Ihre Effektivität maß sie daran, ob und wie sich während einer Übertragung der Informationsgehalt einer Nachricht veränderte (Kerridge 1961). Zur Optimierung des Signaltransfers mußte die Information kodiert werden, um sie dann in der Empfängerregion wieder dekodieren zu können. Mikrophon und Lautsprecher eines Telephons sind gute Beispiele für Chiffrier- und Dechiffrierfunktionen eines derartigen Information übermittelnden Systems.

Entsprechende Vorstellungen wurden ans Hirngewebe angelegt. Dies erschien nun als ein System, das analog zum Telegraphen als ein informationsverarbeitendes System arbeitete (Velickovskij 1988). Kodierung der Signaleingänge war Sache der Sinnesorgane, 'dekodiert' wurde Information in der Region, die Eingangserregungen in Ausgangserregungen umsetzt. Demnach wurde der Informationsbegriff leitend für die Vorstellung der Organisation im Nervengewebe. Information war demnach die von der Sensorik transformierte Erregungseingabe einer Außenwelt. Das System 'Hirn' konnte man also informationstheoretisch beschreiben. Die bisher in der offenen Form der Beschreibung so kritisch gesehene black-box-Analyse des Hirngewebes erhielt damit ein methodologisches Korsett. Die Analyse von Reiz-Reaktionsbeziehungen ist, dem skizzierten Denkansatz folgend, eine Untersuchung der logischen Verdrahtungen im Hirngewebe, die nun nach Art des Telegraphensystems als ein Information leitendes und verarbeitendes System betrachtet wurde (Ash 1967). Der Physiologe, der in seinen Reizexperimenten wenn- dann-Beziehungen zwischen Reizeingabe und Verhaltensreaktionen nachwies, rekonstruierte also die Schaltpläne dieses Information übermittelnden Systems.


## 11. Informationsverarbeitung und neuronale Logik

Was ist an dieser Vorstellung problematisch? Wir haben gesehen, daß der Neurowissenschaft selbst durch den Streit der Neuroanatomen um die Bausteine des Hirns keine gültigen Antworten über die funktionelle Organisation des Hirngewebes vorlagen. Erste Konzepte wie das von His (1893), der Entwurf eines neuronalen Netzes durch Exner (1894) oder auch die detaillierten Vorstellungen Ramon y Cajals waren demnach nicht auf eine innerwissenschaftlich zu sichernde Basis geführt. Es blieb allein, das Hirn aus seiner Funktion heraus zu begreifen. Der Versuch, diese Funktion zu schematisieren, erlaubte ein Reglement zu erschließen, mit dem die Logizität der Hirnfunktionen dargestellt werden und damit ein die Gewebe kennzeichnender Ordnungszusammenhang beschrieben werden konnte. Dieses Vorgehen stand in der Tradition der klinischen Phänomenologie (Vergl. Foucault 1988). Deren Tradition – aus der Korrelation von Symptomen und Therapieerfolgen Richtlinien für die Behandlung und Schlußfolgerungen über die Ursachen einer Erkrankung zu erarbeiten – entspricht genau dem hier beschriebenen offenen Vorgehen einer Forschung, die sich ihres Objektes nicht letztlich sicher ist.

Für die Neurowissenschaften bedeutete dies allerdings zunächst, daß sie in ihren Vorstellungen von Hirngewebefunktionen durch ein ihr von der Technik vorgegebenes Bild dominiert wurde. Diesem Bild folgend entsteht für die Neurowissenschaft eine

Vorstellung vom Gehirn, das in der Logik seiner Vernetzungen zu studieren ist. Die Hirnforschung übernimmt das Vokabular, mit dem das bis in seine Einzelheiten bekannte technische 'System' des Telegraphen beschrieben werden konnte, und formiert so – qua der ihr eigenen Methode – die Vorstellung vom 'Information' verarbeitenden Hirn. Damit kennzeichnet sie aber noch nicht den Mechanismus der Hirnfunktionen, sondern erstellt allein eine Theorie über die Funktionalität eines etwaigen Mechanismus. Sherringtons Konzept der Synapse schlug hier die Brücke zwischen der physiologischen Phänomenlogie und den Befunden zur anatomischen Organisation des Gewebes. Die These, das Hirn sei eine logisch operierende Maschinerie, entstand aus der Abbildung des vom Telegraphen übernommenen logischen Schematismus in die neuroanatomisch zu zeichnenden Strukturen. Die Physiologie offerierte demnach eine Deutung, ein Schema – nach dem die Daten der Anatomen zu strukturieren waren. Insoweit gab dieses Bild des informationsverarbeitenden Hirns eine Zielvorgabe für die experimentelle Wissenschaft. Problematisch jedoch war, daß die Anatomen ihrerseits keinen Schematismus anbieten können, der zumindest ein Vokabular enthielte, mit der eine Beschreibung der anatomischen Strukturen auch außerhalb der dargestellten 'technisierten' Sprachführungen der Physiologen möglich wäre. Da bei der unklaren Situation dieser Disziplin ein zumindest für die Anatomie verbindliches Vokabular fehlt, offeriert der Interpretationsansatz der Physiologen zugleich auch die Sprache, mit der die nun vorliegende Struktur zu beschreiben ist. Begriffe wie 'Information', 'Kopplung' und 'Verarbeitung', welche die Physiologie von der Technik entlehnt hat, wurden bindende Momente zur Beschreibung der neuroanatomischen Organisation, zugleich aber im Interpretationsansatz der Physiologie zementiert. Damit formierte sich ein zirkuläres Begründungsverhältnis: Das Hirn ist als eine informationsverarbeitende Maschine begriffen, da es in den Termini einer entsprechenden Theorie beschrieben wird. Diese Vorstellung wurde von Außen ans Nerven- 'system' angelegt; die postulierten Eigenschaften des Systems wurden erst durch diese Beschreibungsschablone konstituiert.

## 12. Hebbs Theorie der neuronalen Funktionen

Erst 1949 setzte D.O. Hebb mit seinem Konzept des neuronalen Netzes wieder direkt und explizit an der Cajalschen Konzeption an. Hebb steht hiermit in den gleichen Rezeptionslinien wie – über 50 Jahre vor ihm – schon Siegmund Exner. Auch Exner bezog sich explizit auf Ramon y Cajal und beide, Exner wie Hebb stehen in der Rezeptionslinie der Assoziationspsychologie, die gegen Ende des 19. Jahrhunderts innerhalb der experimentellen Neurowissenschaften allerdings zunächst an Bedeutung verloren hatte. Zentral für Hebb waren zwei sich einander zunächst widersprechende Beobachtungen: Einzelfunktionen des Nervengewebes waren lokalisierbar, das Nervengewebe zeigte sich aber plastisch. Komplexe kognitive Funktionen waren an be-

stimmte Hirnregionen gebunden, denn deren Schädigung führte zu Verhaltensaus-
fällen bei entsprechenden Patienten. War aber damit nicht die Konzeption des Lokalisationismus bestätigt?

„The only barrier to assuming that a structural change in specific neural cells is
the basis of memory lies in the generalization of the perception of patterns" (Hebb
1949:14) „The result is an awkward dilemma for theory, since, as we have seen, it is
hard to reconcile an unlocalized afferent process with a structural (and hence loca-
lized) mnemonic trace „(Hebb 1949: 15). Ausgehend von einer eingehenden Analyse des ihm vorliegenden Datenbestandes zur Wahrnehmung, gab es für Hebb hierauf
nur eine Lösungsmöglichkeit: Im Bereich des assoziativen Cortex, der nicht mehr
direkt an eine Reizeingangsregion gekoppelt ist, fand er ein Feld gleichartig strukturierter Zellen. Diese Landschaft repetitiv gesetzter Neuronen lieferte ihm das Äqui-
valent zur 'equipotentiality' im Wahrnehmungsraum der Gestaltpsychologen. Hier
schien Hebb eine Übersetzung der psychologischen in eine der experimentellen Neurophysiologie zugänglichen Sprache möglich. Die Relationsbestimmungen des Wahr-
nehmungsfeldes waren in Relationsbestimmungen der neuronalen Figurationen um-
zusetzen. Das Schema der Objektbeziehungen im Wahrnehmungsraum wird denn
auch direkt in ein Schema von Relationsbeziehungen im neuronalen Raum übersetzt.[6]

Hebbs Vorschlag zur Erklärung der dynamischen Beziehungen im Raum des Hirnrindengewebes ging dabei zunächst allein von Daten zur anatomischen Organisation
des Cortex, von Grundvorstellungen zur Verrechnungsfunktion eines Einzelneurons
und von Befunden zur zeitlichen Organisation der neuronalen Verrechnungsprozesse
aus. Daraus erstellte er sein Konzept: Wiederholte Stimulationen des Gefüges uniform
strukturierter Nervenzellen können zu einer Erregungskopplung von jeweils durch
diese Eingabesituation stimulierten Zellen führen, die strukturelle Veränderungen der
Kopplungscharakteristika dieser Gruppierung von Zellen bedingen kann. In dieser
Assoziation bindet sich ein Wahrnehmungsereignis ins neuronale Gefüge ein. Die
Verknüpfungen der Nervenzellen bewerten einen Reizeingang. Die in solche Verknüp-
fungsmatrizen einpassenden 'Erregungseingänge' werden im Cortex als gleichartige
Signalkonfigurationen 'bewertet': Jeder – auch ein gegenüber der Ausgangserregung

---

6   Entsprechende, die philosophische Dimension dieses Ansatzes reflektierende korrespon-
    denztheoretische Überlegungen finden sich etwa bei: D.C. Dennett und P.M. Churchland; vergl.
    etwa C.D. Dennett (1978) Brainstorms: Philosphical Essays on Mind and Psychology. MIT
    Press, Cambridge Mass..: D.C. Dennett (1984) Elbow Room: The Varieties of Free Will Worth
    Wanting. MIT Press, Cambridge, Mass.; P.M. Churchland (1984) Matter and Consciousness:
    A Contemporary Introduction to the Philosophy of Mind. MIT Press, Cambridge, Mass.. P.M.
    Churchland (1985) Reduction, qualia, and the direct introspection of brain states. J. Philoso-
    phy 82: 8-28; vergl aber auch: Rescher, N. (1970) Scientific Explanation. Free Press, New York
    und Searle, J.R. (1983) Intentionality: An essay in the philosophy of mind. Cambridge Univ.
    Press, Cambridge.

variierender – Reizeingang, der solch ein etwaiges Assembly 'anspringen' läßt[7], führt zu einer analogen Rekrutierung nachgeordneter Erregungsbahnen und kann somit im Hirngewebe gleichartige Ausgangsfunktionen auslösen.

Der postulierte Mechanismus der Wahrnehmung ist demnach nicht an bestimmte, strikt lokalisierte Zellfraktionen gebunden, vielmehr rekrutiert sich eine entsprechende strukturelle Bindung der Reizverarbeitungsmechanismen erst sekundär durch die Umsetzung einer reizinduzierten Erregung in Veränderungen der neuronalen Verknüpfungen. Hebb band seine Theorie damit an einen spezifischen Mechanismus, doch begründete er sein Konzept nicht durch eine detaillierte physiologische Charakteristik dieses Teilmechanismus. Vielmehr hat er nurmehr der Semantik entsprechender Kopplungsvorgänge nachgespürt, um an ihnen die Logizität des so gefundenen innerneuronalen Sprachkodes zu demonstrieren und damit eine Rückübersetzung von der – hypothetischen – neurophysiologischen Ebene in die Ebene der psychologischen Phänomenologie zu finden. Die Sprachform der entsprechenden Darlegung ist denn auch diagrammatisch: Die in der vorhandenen Sprache der Assemblies zu fassenden 'Aktivierungen' bilden Mengen, die in Bezug zueinander zu setzen sind, und die in der Rekonstruktion dieser ihrer Verhältnisse den Transformationskode liefern, der eine psychologische Theorie – zumindest hypothetisch –neurophysiologisch verankert.

Nicht nur in seinem Postulat sondern vor allem in dieser Art der Argumentation wurde Hebb für die weitere, im Vorfeld der Etablierung eines Bereichs der Kognitionswissenschaften ansetzende Diskussion um die Verrechnungsfunktionen des Gehirns programmatisch (vergl.Shaw 1986). Die gewonnene Sprachform eines logischen Schematismus explizierte die Funktionalität des Hirngewebes in einer abstrakten Ebene, in der die spezifischen Funktionsträger der jeweiligen Relationenbestimmung auch durch anders geartete Hardewarestrukturen ersetzt werden können, solange diese in ihrem Gefüge die Regel explizieren, die Hebb als Grundmuster für seine neurophysiologische Theorie annahm. Es ist denn auch nur ein kleiner Schritt, die neuronalen Komplexe A und B, die Hebb in seinen Diagrammen darstellte (Hebb 1949:131), durch logische Elemente zu ersetzen, und so das Strickmuster des Nervensystems in einem artifiziellen System zu realisieren. Solange dieses artifizielle System den aufgezeigten Regeln folgte, erlaubte es, die benannten Phänomene der Generaliserung, den Aufbau von memory traces (Rahmann 1989) in etwaigen artifiziellen Systemen zu realisieren. Damit konturierte sich auch schon in Hebbs Programm die weiterfüh-

---

7   Zum Begriff des Assembly vergl.: Braitenberg, V. (1977) Cell assemblies in the cerebral cortex. In: Hein, R. and G. Palm (Hrsg.) Theoretical Approaches to Complex Systems-Lecture Notes in Biomathematics 21: Springer, Berlin, New York, S. 171-188: Palm, G. (1982) Neural assemblies. An Alternative Approach in Artificial Intelligence. Springer, Berlin, New York.; Aertsen, A., Gerstein, G und P. Johannesma (1986) From Neuron to Assembly: Neuronal organization and stimulus reperesentation. In: Palm, G. und A. Aertsen (Hrsg.) Brain Theory. Springer, Berlin, New York, S. 7-24

rende Diskussion um derartige Systeme. Es wird auch deutlich, daß eine auf derart abstraktem Niveau ansetzende Diskussion keineswegs direkt in eine im strikten Sinne neurophysiologische Modellvorstellung übersetzt wurde. Faktisch wurde Hebbs Gesamtkonzept in der Neurophysiologie erst rezipiert, als die Performance der nach entsprechenden Kriterien gebauten künstlichen Systeme der Reaktion real-biologischer Systeme nahekam (vergl. Pellionisz 1979; Palm und Aertsen 1986: 229 ff; Cowan und Sharp 1988; Reeke und Edelmann 1988; siehe hierzu: Ziemke und Cardoso de Oliveira, in diesem Band).

Damit stellen sich zwei Fragen, die im weiteren wieder aufzunehmen sind. Wie war eine entsprechende Theorie zu testen? Kriterium der Akzeptanz- auch im Argumentationsgang Hebbs – war die möglichst gute Übersetzbarkeit der von der Psychologie nachgezeichneten Phänomene in die entsprechenden neurophysiologischen Modellvorstellungen. Die Abbildbarkeit des psychologischen Raums in den Raum des neurophysiologisch Greifbaren bildete das erste und für Hebb zwingene Kriterium für die Dignität seines Ansatzes. Das Abbild formierte die Erklärung. Damit – und dies ist wichtig für ein Verständnis der weiteren, teils höchst emotional geladenen Diskussion, die schließlich zur Formierung einer cognitiven Neurowissenschaft führte[8] – verzichtete ein entsprechendes Vorgehen auf den Anspruch, im strikten Sinne zu 'erklären'. Die Compatibilität der Beschreibungsebenen der Neurophysiologie und der Psychologie schien zuzureichen, um die Dignität entsprechender Urteile zu sichern.

Die in der weiteren Theoriediskussion ansetzende Frage nach der Möglichkeit einer Reduktion der psychologischen Ebene auf das Neuronale ist im Konzept der Hebbschen Theorie an sich nicht vorgesehen. Die Simulation, der Nachweis einer umfassenden Deckung zwischen den zwei Beschreibungsebenen, die derzeitige konnektivistische Modelle des visuellen Cortex erlauben, bleibt das Kriterium der Bewertung (Braitenberg 1985). Damit ist eine Emergenzdiskussion, solange sie auf der Ebene dieser Übersetzungsmaschinerie ansetzt, von vorneherein deplaziert (Beckerman et al. 1992) Der hier angelegte Pragmatismus – der genau dem Denken entspricht, aus dem heraus Turing den nach ihm benannten Test entwickelte (Turing 1950, 1956) – wird in einem umfassenderen Konzept der Kognitionswissenschaften dann verwertbar, wenn das Abbilden, das in ihm explizierte Übersetzen, als Interpretieren verstanden wird. Genau diese Argumentation fand in die durch Hebb wesentlich befruchtete Diskussion um die neuronalen Netze Eingang.

---

8   LeDoux, J., Hirst, W. (1986) Mind and Brain: Dialogues in Cognitive Neuroscience. Cambridge Univ. Press., Cambridge; Churchland, P. S., Sejnowski (1988) Perspectives on cognitive neuroscience. Science 242: 741-745; vergl. auch Churchland, P.S. (1986) Neurophilosophy: Toward a Unified Scince of the Mind-Brain. MIT Press, Cambridge Mass.; Kurthen, M (1990) Das Problem des Bewußtsein in der Kognitionswissenschft. Perspektiven einer „Kognitiven Neurowissenschaft". Enke, Stuttgart; Breidbach, O. (1993) Expeditionen ins Innere des Kopfes. Trias, Stuttgart.

## 13. Epilog

Wilder Penfields Arbeiten, die aus der klinischen Situation erwuchsen (1952), vor allem aber auch die dezidiert funktionsanatomischen Studien von Sir J. Eccles et al. (1967) schichteten nach Hebb die Diskussion um ein adaequates Modell der Hirnfunktionen auch innerneurowissenschaftlich noch einmal wesentlich um. Shepherds Buch über 'The Synaptic Organization of the Brain' (1974) markiert auch für die Neuroanatomie hier eine Trendwende. Doch wurde auch von diesen, wieder an der Funktionsanatomie des Hirn interessierten Physiologen das Hebb leitende Konzept, das in seiner Weiterentwicklung derzeit unter dem Begriff der Parallelverarbeitung gefaßt wird, nicht rezipiert (vergl. Kandel 1976). Die Integration des von Hebb exponierten Konzeptes 'lief' für die Neurowissenschaften wieder über zunächst eher 'periphere' Schienen, speziell über die Forschung zur Künstlichen Intelligenz. Hier wurden Modelle kognitiver Funktionen erarbeitet, deren Performance derart überzeugte, daß sie von den Neurowissenschaften als Illustrationen der Grundmechanismen des neuronalen Verrechnungsprogramms akzeptiert wurden. Das Perceptron-Modell (Rosenblatt 1962), die Kohonen-Netze (Kohonen 1984) oder auch der Ansatz von Hopfield (1982) dokumentieren wesentliche Schritte in der Entwicklung dieses Konzeptes[9]. Die benannten Modelle sind hierbei zunächst als nurmehr technische Vorschläge zu begreifen. Eine 'neuronale Qualität' gewannen diese Ansätze erst später (vergl. Gardner 1985; Dreyfus und Dreyfus 1988)

parallelverarbeitende Maschinen und das sich in ihnen konturierende Bild eines neuronalen Netzes lieferten einen Ansatz, die alten funktionsmorphologischen Konzepte des 19. Jahrhunderts wieder neu zu beleben. Die von Meynert lediglich postulierten Assoziationen verschiedener Erregungseingänge lassen sich in Simulationsläufen parallel verarbeitender Systeme durchspielen. Die Theorie gewann so einen Experimentalraum, über den die Funktionsmorphologie nach den konstitutiven Eigenschaften neuronaler Verknüpfungen zu fragen vermag. Das Computermodell erlaubt einen Ansatz zur analytischen Beschreibung von Systemzuständen. Die bei Exner noch spekulativ erscheinenden Ideen erhielten somit eine zumindest virtuelle Realität. Allerdings sind hierbei sowohl für Hopfield-Netze als auch Kohonen-Netze die vorliegenden mathematischen Behandlungen noch unbefriedigend. Diese Dimension der Analysis, die der klassischen Neuroanatomie zunächst fehlte, hebt die Beschreibungen derart assoziativer Systeme auf ein neues Niveau. Das Postulat, daß über eine Darstellung der Assoziation neuronaler Erregungen komplexere Verhaltenszustände eines derartigen Systems erklärbar werden, kann im Rahmen der durch die Modelle geschaffenen künstlichen Realität experimentell überprüft werden. Damit gewinnen die aus dem 19. Jahrhundert überkommenen Denkmuster zur Beschreibung von Wahrnehmungszuständen eine neue Dimension.

---

9   Zur Bewertung vergl. Ziemke und Cardoso de Oliveira, diesen Band

Es müßte allerdings eher skeptisch stimmen, wenn die derzeitige Konzeption neuronaler Netze sich tatsächlich als derart traditionell ausweisen ließe. Exners Konzept entstand vor der modernen Neurophysiologie. Meynerts Konzept wurde formuliert, ohne daß überhaupt eindeutige Aussagen über die Physiologie der Hirnrinde möglich waren. Die Theorie von James Mill wurde zu einer Zeit veröffentlicht, als noch nicht einmal die basale neuroanatomische Struktur des Hirngewebes bekannt war. – Gibt die Möglichkeit der Programmierung, die sich hierin schaffende neue Realität auch inhaltlich eine neue Dimension für derart überkommene Konzepte, oder wäre nicht gerade von der historischen Skizze her zunächst einmal Skepsis gegenüber einer Vorstellung angebracht, die in ihren Kernaussagen von der Entwicklung der Neurophysiologie nach 1900 nicht berührt zu sein scheint? Bei aller Vorsicht läßt sich allerdings feststellen, daß in der modernen Diskussion das alte Konzept einer subjektiven Gewichtung der Repräsentation von Welt in den modernen Zugehensweisen eine analytische Kontur gewinnt. Wahrnehmungsfunktionen erscheinen als Operationen, die sich der Welt durch eine subjektive Wertung von Reizeingangsfunktionen versichern. Die Repräsentation der Welt überführt sich in die inneren Repräsentationen des neuronalen Netzes.


## Literatur

Anderson, E. (1953) Friedrich Leopold Goltz (1834-1902). In: Haymaker, W. (Hrsg.) The Founders of Neurology. Springfield, S. 131-135.
Ash, R. (1967) Information Theory. New York.
Ashby, W.R. (1952) Design for a Brain. London.
Bain, A. (1868) The Senses and the Intellect. 3rd. ed. London.
Barlow, H.B. (1972) Single units and sensation: A neuron doctrine for perceptual psychology? Perception 1: 317-394.
Beckermann, A., Flohr, H. und J. Kim (Hrsg.)(1992) Emergence or Reduction? Essays on the Prospects of Nonreductive Physikalism. Berlin, New York.
Betz, V.A. (1874) Über die feinere Struktur der Großhirnrinde des Menschen. Zbl. Med. Wiss. 19: 209-213.
Bracegirdle, B. (1978) A History of Microtechnique. London.
Braitenberg, V. (1985) Charting the visual cortex. In: Peters, A and E.G. Jones (Hrsg.) Cerebral Cortex, Bd.3. Plenum, New York, S. S. 379-414.
Brazier, M.A.B. (1984) A History of Neurophysiology in the 17th and 18th Centuries. From concept to Experiment. Raven Press, New York.
Brazier, M.A.B. (1988) A History of Neurophysiology in the 19th Century. Raven Press, New York.
Breidbach, O. (1993) Nervenzellen oder Nervennetze? Zur Entstehung des Neuronenkonzeptes. In: Florey, E. und O. Breidbach (Hrsg.) Das Gehirn - Organ der Seele? Zur Ideengeschichte der Neurobiologie. Akademie-Verlag, Berlin, S.81-128.
Breidbach, O. (1994) Lokalisiation und Repräsentation - Zur Geschichte der Hirnforschung im 19. und beginnenden 20. Jahrhundert. Biologisches Zentralblatt: 113: 145-150.

Breidbach, O. (1995a) From associative psychology to neuronal networks - the historical roots of Hebb's concept of the memory trace. In: Elsner, N. and Menzel, R. (Hrsg.) Learning and Memory. Thieme, Stuttgart. A58.

Breidbach, O. (1995b) Understanding the functional architecture of cortical tissue in the 19th century. Clio Med.: In Press.

Breidbach, O. (1996) Die Materialisierung des Ichs. Zur Ideengeschichte der Neurowissenschaften im 19. und 20. Jahrhundert. Suhrkamp, Frankfurt: im Druck.

Brodmann, K. (1909) Vergleichende Lokalisationslehre der Grosshirnrinde in ihren Prinzipien dargestellt auf Grund des Zellenbaues. Leipzig.

Bullock, T.H. (1959) Neuron doctrine and electrophysiology. Science 129: 997-1002.

Bullock, T.H. und G.A. Horridge (1965) Structure and Function in the Nervous Systems of Invertebrates. 2 Bde., San Francisco.

Cajal, S.R. (1895) Les Nouvelles Idées sur la Structure du Système Nerveux chez l'Homme et chez les Vertébrés. Paris.

Cajal, R.S. (1903) Consideraciones criticas sobre la teoria de A. Bethe. Acerca de la estructura y conexiones de las celulas nerviosas. Trabajos del Laboratorio de investigaciones biologicas de la Universidad de Madrid 2: 101-128.

Cajal, R.S. (1908a) Studien über die Hirnrinde des Menschen (Übersetzt von J. Bresler) H.5 - Vergleichende Strukturbeschreibung und Histogenesis der Hirnrinde. Anatomisch-physiologische Betrachtungen über das Gehirn. Struktur der Nervenzellen des Gehirns. Leipzig

Cajal, R.S. (1908b) Structure et connexions des neurones. Les Prix Nobel en 1906. Stockholm, S. 1-25.

Cajal, R.S. (1954) Neuron Theory or Reticular Theory (Übersetzt von U. Purkiss und C.A. Fox) Consejo Superior de Investigaciones Cientificas Instituto „Ramon y Cajal" Madrid.

Cajal, S.R. und D. Sanchez (1915) Contribución al conocimiento de los centros nerviosos de los insectos. Trabajos d. Lab. de investigaciones biológicas de la Universidad de Madrid 13: 1-168.

Carpenter, W.B (1874) Principles of Mental Physiology. New York

Clarke, E. und K. Dewhurst (1972) An Illustrated History of Brain Function. Oxford.

Cowan, J.D. und D.H. Sharp (1988) Neural Nets and Artificial Intelligence. Daedalus 117: 85-122.

Dodds, W.J. (1878) On the localisation of the functions of the brain. J. Anat. and Physiol. 12: 340-363, 454-494, 636-659.

Dreyfus H.L. und S.E. Dreyfus (1988) Makin a mind versus modeling the brain: Artificial intelligence back at a branchpoint. Daedalus 117:15-44.

Eccles, J.C. (1964) The Physiology of Synapses. , Berlin, New York.

Eccles, J.C., Ito, M. und J. Szentágothai (1967) The Cerebellum as a Neuronal Machine. Berlin, New York.

Eccles, J.C. und C.S. Sherrington (1930) Numbers and contraction-values of individual motor-units examined in some muscles of the limb. Proc. R. Soc. Lond. B 106: 326-357.

Ewert, J.-P. (1976) Neuro-Ethologie. Berlin , New York.

Exner, S. (1881) Untersuchungen über Localisation der Functionen in der Grosshirnrinde des Menschen. Wien.

Exner, S. (1894) Entwurf zu einer physiologischen Erklärung der psychischen Erscheinungen. Leipzig und Wien.

Ferrier, D. (1873) Experimental research in cerebral physiology and pathology. West Riding Lunatic Asylum Medical Reports 3: 30-96.

Ferrier, D. (1876) The Functions of the Brain. London.

Ferrier, D. (1890) The Croonian Lectures on Cerebral Localisation. London.

Flechsig, P. (1896) Die Lokalisation der geistigen Vorgänge. Leipzig

Florey, E. (1993) MEMORIA: Geschichte der Konzepte über die Natur des Gedächtnisses. In: Florey,E. und Breidbach, O. (Hrsg.) Das Gehirn - Organ der Seele? Akademie-Verlag, Berlin S. 151-216.

Flourens, P.J.M. (1824) Recherches Expérimentales sur les Proprietés et les Fonctions du Système Nerveux dans les Animaux Vertébrés. Paris.

Flourens, P.J.M. (1863) De la Phrénologie et les Etudes Vraies sur le Cerveau. Paris.

Forster, M. (1881) Lehrbuch der Physiologie (Übersetzt von N. Kleinenberg) Heidelberg.

Foucault, M. (1988) Die Geburt der Klinik - Eine Archäologie des ärztlichen Blicks. Stuttgart.

Gall, F.J. und J.C. Spurzheim (1809) Untersuchungen ueber die Anatomie des Nervensystems ueberhaupt und des Gehirns insbesondere - ein dem franzoesischen Institute ueberreichtes Mémoire nebst deme Berichte der H.H. Commissaire des Institutes und den Bemerkungen der Verfasser über diesen Bericht. Paris und Strasburg.

Gall, F.J. und J.C. Spurzheim (1810) Anatomie und Physiologie des Nervensystems im Allgemeinen, und des Gehirnes insbesondere. Bd 1, II. Paris

Gardner, H. (1985) The Mind_s New Science. New York.

Glickstein, M. (1985) Ferrier's mistake. TINS 8: 341-344.

Glickstein, M. (1988) Die Entdeckung der Sehrinde. Spektrum der Wissenschaften 1988: 112-119.

Glickstein, M. und D. Whitteridge (1987) Tatsuji Inouye and the mapping of the visual fields on the human cerebral cortes. TINS 10: 350-353.

Goltz, F.L. (1881) Über die Verrichtungen des Großhirns. Gesammelte Abhandlungen. Bonn.

Goltz, F.L. (1892) Der Hund ohne Grosshirn. Pfüger's Arch. f. d. ges. Physiol. 51: 570-614.

Hagner, M. (1993) Die elektrische Erregbarkeit des Gehirns - Zur Konjunktur eines Experiments. In: Rheinberger, H.-J. und M. Hagner (Hrsg.) Die Experimentalisierung des Lebens. Berlin, S.97-115.

Hammarberg, C. (1895) Studien über Klinik und Pathologie der Idiotie nebst Untersuchungen über die normale Anatomie der Hirnrinde (Übersetzt von W. Berger). Uppsala.

Hartley, D. (1749) Observations on Man, his Frame, his Duty, and his Expectations. London.

Hebb, D.O. (1949) The Organization of Behavior. A Neuropsychological Theory. New York.

Held, H. (1897) Beiträge zur Struktur der Nervenzelle und ihrer Fortsätze. Arch. Anat. Physiol. Leipzig 27: 204

His, W. (1893) Ueber den Aufbau unseres Nervensystems. Verhandl. Ges. deutsch. Naturf. 1: 39-67.

Hodgkin, A.L. und A.F. Huxley (1939) Action potentials recorded from inside a nerve fibre. Nature 144: 710-711.

Hopfield, J.J. (1982) Neural networks and physical systems with emergent collective computational abilities. Proc. Natl. Acad. Sci. USA 79: 2554

Horsley, V. (1909) The functon of the so-called motor-area of the brain. Brit. Med. J.: 125-132.

Kerridge, D.F. (1961) Inaccuracy and inference. J. Roy. Stat. Soc. B 23: 184-194.

Kohonen, T. (1982) Self-Organization and Associative Memory. Berlin, New York.

Kuffler, S.W. (1960) Exitation and Inhibition in Single Nerve Cells. Harvey Lect. 1958-1959. New York, S. 176-218

Kupfermann, I. und K.R. Weiss (1978) The comand neuron concept. Behav. Brain Sci. 1: 3-39.

Liddel, E.G.T (1960) The Discovery of Reflexes. Oxford.

Mann, G. (1985) Franz Joseph Galls kranioskopische Reise durch Europa (1805-1807): Fundierung und Rechtfertigung neuer Wissenschaft. Nachrichtenblatt der Deutschen Gesellschaft für Geschichte der Medizin, Naturwissenschaften und Technik 34: 86-114.

McClelland, J.L. and D.E. Rumelhart(1986) Parallel Distributed Processing - Explorations in the Microstructure of Cognition. Bd. 2: Psychological and Biological Models. Cambridge, Mass..

Meyer, A. (1971) Historical Aspects of Cerebral Anatomy. London.

Meynert ,T. (1867-1868) Der Bau der Gross-Hirnrinde und seine örtlichen Verschiedenheiten nebst einem pathologisch-anatomischen Corollarium. Vjschr. Psychiat, Wien 1: 77-93, 198-217; 2: 88-13.

Mill. J. (1829) Analysis of the Phenomena of the Human Mind. London.

Monakow, C.v. (1914) Die Lokalisation im Grosshirn und der Abbau der Funktion durch cortikale Herde. Wiesbaden.

Munk, H. (1877) Zur Physiologie der Grosshirnrinde. Klin. Wiss. 14: 505-506.

Munk, H. (1890) Of the visual area of the cerebral cortex, and its relation to eye movements (Übersetzt von F.W. Mott) Brain 13: 45-67.

Neuburger, M. (1897) Die historische Entwicklung der experimentellen Gehirn-und Rückenmarksphysiologie vor Flourens. Stuttgart.

Neumann, J. v. (1958) The Computer and the Brain. Press, New Haven.

Palm, G. und Aertsen, A. (Hrsg.)(1986) Brain Theory. Springer, Berlin.

Penfield, W. und T. Rasmussen (1952) The Cerebral Cortex of Man. New York.

Pourfour Du Petit, F. (1710) Lettres d'un medicin des hôpitaux du roy a un autre medicin de ses amis. Namur.

Priestley, Joseph (1775) Hartelys Theory of Human Mind on the Principles of the Association of Ideas.

Reeke, G.N. und G. M. Edelman (1988) Real brains and artificial intelligence. Daedalus 117: 143-174.

Reiser, K.A. (1959) Die Nervenzelle. In: Möllendorff, W.v. und W. Bragmann (Hrsg.) Handbuch der Mikroskopischen Anatomie des Menschen Bd 4/1.Berlin, Göttingen, Heidelberg, S. 185-514.

Rosenblatt, F. (1962) Principles of Neurodynamics. New York.

Rumelhart, D.E. and J.L. McClelland (1986) Parallel Distributed Processing - Explorations in the Microstructure of Cognition. Bd. 1: Foundations. Cambridge, Mass..

Scarff, J.E. (1940) Primary cortical centers for movements of upper and lower limbs in man. Arch. Neurol. Psychiat. 44: 243-299

Shannon, CE, Weaver, W. (1976) Mathematische Grundlagen der Informationstheorie. München und Wien.

Shaw, G.L. (1986) Donald Hebb: the organization of behavior. In: Palm, G. und A. Artsen (eds) Brain Theory. Berlin und Heidelberg, S. 231-233.

Shepherd (1974) The Synaptic Organization of the Brain. Press, New York.

Sherrington, C.S (1897) Double (antidrome) conduction in the central nervous system. Proc. R. Soc. 61: 243-246

Sherrington, C.S. (1998) Experiments in examination of the peripheral distribution of the fibres of the posterior roots of some spinal nerves - Part II. Phil. Trans. R. Soc. 190B: 45-186.

Sherrington, C.S. (1906) The Integrative Action of the Nervous System. New Haven.

Turing, A.M. (1950) Computing machinery and intelligence. Mind 59: 433-460.

Turing, A.M. (1956) Can a machine think? The World of Mathematics. 4: 2099-2123

Velickovskij, B.M. (1988) Wissen und Handeln. Kognitive Psychologie ans tätigkeitstheoretischer Sicht. Weinheim.

Vogt C. und O. Vogt (1926) Die vergleichend-architektonische und die vergleichend-reizphysiologische Felderung der Großhirnrinde unter besonderer Berücksichtigung der menschlichen. Naturwissenschaften 14: 1191-1194.

Vogt, O. (1906) Der Wert der myelogenetischen Felder der Großhirnrinde (Cortex pallii). Anatomischer Anzeiger 29: 273-287.
Vogt O und C. Vogt (1903) Zur anatomischen Gliederung des Cortex cerebri J. Psychol. Neurol. 2: 160-180.
Vogt, O. und C. Vogt (1919) Allgemeinere Ergebnisse unserer Hirnforschung. J. Psychol. Neurol., 25: 273-462.
Wernicke C. (1874) Der aphasische Symtomencomplex. Breslau
Wiersma, C.A.G. (1952) The neuron soma; neurons of arthropods. Cold Spring Harbor Symp. Quant. Biol. 17: 155-163..
Young, R.M. (1970) Mind, Brain and Adaptation in the Nineteenth Century. Oxford.

# Sprache als neurale Repräsentation?

**„Linguistics is a field within the study of nature."
(Hurford 1987, 302)**

*Wolfram Karl Köck*

## 1. Linguistik als Naturwissenschaft

Die moderne Sprachwissenschaft hat seit ihren Anfängen das ehrgeizige Ziel verfolgt, nicht bloß die Sprachen der Erde in analytisch und historisch exakten Grammatiken und Wörterbüchern zu beschreiben, sondern eine erklärende Naturwissenschaft zu sein, die ihren Gegenstand ebenso erfolgreich beherrschen kann wie etwa die Physik, die Biologie oder die Medizin. Schon die historisch-vergleichende Sprachwissenschaft des frühen 19.Jhs. begriff Sprachen als „organische Naturkörper", deren physische und mechanische Gesetze „naturhistorisch" zu ermitteln und darzustellen waren. Die Grammatik hatte eine „Naturbeschreibung" der Sprachorganismen, ihrer Organisationsformen und Gesetze zu sein. Die physikalische Akustik und die (Neuro-) Physiologie des Sprechens und Hörens lieferten Mitte des Jhs. erste unbezweifelbar naturwissenschaftliche Sprachfakten (etwa einer „Lautphysiologie"). Die ersehnten exakten Naturgesetze der funktionalen Dynamik, der Erzeugung und des Wandels von Sprachen bzw. ihrer Grammatiken konnten damit aber ebensowenig gewonnen werden wie mit der Darwinschen Theorie, der (behavioristischen oder kognitivistischen) Psychologie, der (positivistischen oder verstehenden) Soziologie, oder schließlich mit den mathematischen Modellen der strukturalistischen oder generativistischen „formal system" – Linguistik, auch dort nicht, wo es um scheinbar offensichtliche Repertoires von akustischen und optischen Elementen und kombinatorische Regelmechanismen geht wie in der Phonologie, in der Morphologie und in der Syntax.[1] Das aktuellste linguistische Paradigma mit explizit naturwissenschaftlichem, im besonderen neurowissenschaftlichen Anspruch, ist die kognitivistische Linguistik im interdisziplinären

---

1   Die Problem- und Paradigmengeschichte der Linguistik ist mit diesen Hinweisen natürlich nicht einmal krude angedeutet. Mehr scheint mir hier aber nicht erforderlich. Schon eine geraffte genauere Darlegung benötigte erheblichen Raum, bestünde nur aus Fachbegriffen und Namen und bliebe für den Nicht-Linguisten langweilig und unverständlich. Für einen ersten Zugang zur Geschichte der Sprachwissenschaft vgl. Arens 1969; Helbig 1971.

Verbund der Kognitionswissenschaft (Überblick bei M.Schwarz 1992). Der Ausdruck „Repräsentation" bezeichnet hier einen zentralen theoretischen Begriff: jede Sprache ist ein (autonomes oder integriertes) Teilsystem der Kognition und muß daher im Organismus bzw. Hirn (irgendwo und irgendwie) als „mentale Repräsentation" vorhanden sein (z.B. im sogenannten „Langzeitgedächtnis" als „Lexikon" und als „Grammatik"). Kognition und Sprache sind als Naturobjekte gefaßt, als im menschlichen Hirn „repräsentiertes" phylogenetisch und ontogenetisch erworbenes (deklaratives und prozedurales) Welt- und Sprachwissen. Der Zusatz „mental" dient nur der Abgrenzung des zu erklärenden Erfahrungsbereichs (also des Phänomenbereichs des wissenschaftlichen Beobachters), er ist natürlich nicht im Sinne einer dualistischen Ontologie zu verstehen, auch nicht bei dem inzwischen weithin bekannten Formallinguisten und erklärten Cartesianer Noam Chomsky. Die „mentalen" Phänomene in der Kognitionswissenschaft sind spezifische Produkte der Natur, also biophysikalischer, letztlich molekularer Strukturen und Gesetze, keine nicht-physikalischen Substanzen oder Ideen wie die unsterbliche Seele der Religionen oder die Lebenskraft der Vitalisten.

Die kognitionswissenschaftlichen Bemühungen um eine naturalistische Sprachtheorie bilden zwei bekannte Hauptstränge, die die menschliche Sprache als „mentales Organ" (Chomsky) oder als neural repräsentiertes Wissenssystem fassen: den Cartesianismus Noam Chomskys, dessen nativistischer (gegen den behavioristischen Materialismus gesetzter) Mentalismus genetisch verankert, also humanspezifisch sein soll, und die Spielarten des Repräsentationismus im Rahmen des Informationsverarbeitungsparadigmas, z.B. als kognitivistische Symbolverarbeitung im Sinne des Computermodells oder als neo-konnektionistischen Emergentismus.

Beide Stränge sind explizit neurowissenschaftliche Forschungsprogramme. Ihr klares Ziel ist es folglich, das im Nervensystem bzw. Hirn repräsentierte Welt- und Sprachwissen im gängigen naturwissenschaftlichen Verständnis zu erklären, es also vollständig darzustellen, (re-)produzierbar und manipulierbar zu machen, möglichst auch technisch zu „objektivieren".

Der Ausdruck „Repräsentation" bezeichnet also mindestens zweierlei. Zum einen ist er bloß einer der auch in den Wissenschaften häufigen unrefklektierten Amerikanismen: Symptom einer modischen „Repräsentationitis". Zum anderen ist „Repräsentation" eine interdisziplinäre Erklärungskategorie (der philosophischen Erkenntnistheorie ebenso wie der Psychologie, der Linguistik oder eben der Kognitionswissenschaft). Im folgenden soll es um einige Aspekte des Repräsentationismus im Zusammenhang mit dem Programm einer naturwissenschaftlichen Theorie der Sprache bzw. Semiose allgemein gehen, um damit verbundene Fragen, Ansprüche und Schwierigkeiten. Es sei betont, daß es dabei um das komplexe empirische Objekt „Sprache" (bzw. den sehr vielfältigen empirischen Phänomenbereich der Semiose, also allen Zeichengebrauchs) geht, nicht um das Abstraktum „die Sprache", von dem die Philosophen und Theologen reden, noch um metaphorisch generierte Verwandte, etwa die zahlreichen „Sprachen" des Körpers. der Musik oder Architektur, der Blumen und Tiere usw. oder die Symbolsysteme der Mathematik und der Technik.

## 2. Natürliche Sprache und Neuro-Linguistik

Keine „natürliche" Sprache ist so einfach oder so einheitlich wie ein von Menschen konstruierter Kode, auch keine der scheinbar „primitiven" Sprachen. Sogar die im ursprünglichen Wortsinne „primitive", weil noch unentwickelte Sprache des Kleinstkindes ist bereits ein unendlich rekursives generatives System, das alle von den Linguisten analytisch unterschiedenen Bestandteile, Ebenen und Prozeduren aufweist: Phonologie, Morphologie, Lexikon, Syntax, Semantik und Pragmatik, – und das alles nicht bloß statisch-additiv, sondern mit atemberaubender, theoretisch nach wie vor unbegriffener Dynamik!

Die „Laute", „Buchstaben, „Wörter" und „Sätze" des naiven Sprachbenutzers, auch wenn er angeblich mehrere Sprachen „fließend" sprechen kann, erschöpfen natürlich die Empirie der Sprache nicht, noch vermitteln sie auch nur den Hauch einer Ahnung davon, wie groß die Vielfalt der generativen Systeme der Tausenden Einzelsprachen auf der Erde ist. „Die Sprache" spricht und schreibt kein Mensch, nur konkrete Sprachen, und die stets im Verbund mit anderen natürlichen und technischen semiotischen Systemen (Körpersignalen, Bildern, Klängen, grafischen Symbolsystemen usw.). Und diese ganze Mannigfaltigkeit an semiotischen bzw.Sprachsystemen wird immer wieder erzeugt von ein und demselben Organismus bzw. Zentralorgan, dem Gehirn, dessen Struktur und Funktionsweise trotz aller individuellen, oft extremen Unterschiede artspezifisch einheitlich ist.

Eine Neuro-Linguistik im Sinne einer Neurowissenschaft der Sprache (also nicht nur im engeren Verständnis einer Aphasiologie, Sprachpathologie, oder Patholinguistik), als Teil einer umfassenderen Neuro-Semiotik, d.h einer Neurowissenschaft sämtlicher von Menschen wie Tieren gebrauchter Zeichensysteme (also aller Zeichenprozesse der Lebewesen: aller „Semiose"), müßte erklären, wie ein und dasselbe organische System über viele Jahre ständig eine derartige Mannigfaltigkeit an Semiose hervorbringen kann. Und es ist deshalb so wichtig und so notwendig, zu demonstrieren, wie kompliziert und komplex das Sprechen und Verstehen jedes Menschen ist, weil gerade die naturwissenschaftlich-technologischen Erklärungsversuche zu lange und zu oft mit allzu simplen subjektiven Sprachtheorien operiert haben oder die natürliche Sprache in das Korsett eines mathematischen „formal system" zu zwängen versuchten.[2]

Mit dem Begriff des Zeichens ist im Alltagsdenken wie in traditionellen Sprachphilosophien und -theorien der simpelste zweistellige Begriff der Repräsentation im generellen Sinn von „Stellvertretung" oder „Abbildung" (im formal-semiotischen

---

2 Nichts hat dies drastischer vor Augen geführt als die seit den 40er Jahren initiierten Projekte der maschinellen Sprachverarbeitung und die Untersuchungen der menschlichen Sprachverarbeitung nach dem Computermodell. Vgl. zur ersten Orientierung die Modellierung der Kommunikationspragmatik von Meier (1974) und die IP-Analyse des Sprechens von Levelt 1989.

Sinn) gegeben: irgendetwas ist dann ein Zeichen, wenn es „für etwas (anderes) steht" (scholastisch: „aliquid stat pro aliquo"), wenn es etwas von sich selbst Verschiedenes „repräsentiert". Daher gibt es logischerweise richtige und falsche Bezeichnungen und Aussagen, daher gibt es kommunikative Täuschung und Lüge. Daher aber kommen auch schon im Alltag die Probleme mit Semiose. Es zeigt sich oft und leidvoll genug, daß die „Repräsentation" mit der Sprache nicht so einfach und verläßlich funktioniert wie mit einem gelungenen Porträt, einem Foto oder mit (Eigen-) Namen, wo die Beziehung der Stellvertretung bzw. Abbildung für die Wissenden prinzipiell klar oder sogar eindeutig ist.

Bei einer Sprache ist aber nicht nur problematisch, was sie repräsentiert, sondern auch, wie sie das tut. Das Zeichensystem jeder Sprache ist rekursiv unendlich komplizierbar: Phoneme werden zu Morphemen verknüpft, diese zu lexikalischen und syntaktischen Einheiten, die selbst wiederum praktisch zu unendlich variierbaren (gesprochenen und geschriebenen) Texten komponiert werden. Und mit keiner der hier beispielhaft genannten Einheiten wird simpel umkehrbar eindeutig „stellvertretend" oder „abbildend" irgendetwas „repräsentiert", wie das etwa ein technischer Kode als exakte „Repräsentationsanweisung" in Maschinen bewerkstelligt, der entweder Signale durch andere Signale ersetzt oder über Signalkomplexe diffizilste Maschinenoperationen steuert. Das gilt auch für „ikonische" Zeichen, die (im Auge oder Ohr des Rezipienten) dem Repräsentierten „ähnlich" scheinen (z.B. lautmalerische Ausdrücke, Piktogramme oder Musik), das gilt besonders für die höherstufigen Sprachbildungsprozesse, etwa der Wortbildung, der Flexion und der (Satz- und Text-) Syntax. Jeder Mensch weiß, daß ein und dieselbe Situation auf zahllose Weisen beschrieben werden kann, daß die Bedeutung sprachlicher Ausdrücke nicht in den Lauten und Buchstaben und deren Kombinationen eindeutig vorgegeben ist, und daß jede Grammatik mehr Ausnahmen als Regeln enthält, und daß sie sich als ganze ständig verändert. Der Bedeutungsunterschied von Himmel - Hammel - Hummel, wenden - winden - wanden - Wunden liegt nicht „in" dem einzig verschiedenen Vokal. Die scheinbar simple additive Verbindung von Lexemen führt nicht zu einer strukturell „analogen" additiven Bedeutung: Uhr + Werk, Maß + Werk, Hand + Werk, Vor + Werk, Wasser + Werk, Studenten + Werk, Stadt + Werk. Scheinbar identische geistige und materielle Gegenstände werden sprachlich variabel und meist nicht strukturell analog repräsentiert: 98 = neunzig + acht = acht + und + neunzig = (englisch) ninety + eight = (französisch) quatre-vingt dix-huit (wörtlich: vier [mal] zwanzig [+] zehn + acht). Die natürliche (zeitliche, kausale, lokale usw.) Ereignisstruktur kann in beliebiger sprachlicher Auflösung repräsentiert werden, was das moderne Erzählen ausgiebig demonstriert. Und dann ist da noch das Rätsel der Eigendynamik und Kreativität „der Sprache" (wie es bis vor kurzem ontologisierend immer hieß): Jeder Sprachbenutzer ist in gewissem Maße abhängig von den verfügbaren Sprachmitteln und ihrem „Systemzwang", er ist aber ebenso frei, damit völlig neu und „zwanglos" zu hantieren, etwa indem er „ästhetische" Verfahren anwendet, z.B. Rhythmik und Klanggestaltung, Metaphern, Metonymien, Symbole.[3]

Kurzum: Was wir so simpel als „die (richtige) Bedeutung" von Wörtern oder Sätzen bezeichnen, ist weder einfach aus der Struktur ihrer lautlichen oder schriftlichen „Repräsentation" analog abzuleiten, noch wird jede „Bedeutung" durch eine eineindeutig zugeordnete derartige Repräsentation „vertreten", noch bleibt diese Beziehung (einschließlich ihrer Elemente) stabil und unveränderlich.

Was „repräsentieren" also Sprachzeichen (auf so chaotische Weise) in unserem Hirn, und wie? Die Welt, unsere Gedanken und Gefühle, Erlebnisse und Erinnerungen? Was ist aber mit Ausdrücken wie „und", „obwohl", „gleich", „ab", „vorläufig", „verantwortungslos", was ist mit Ableitungen, Zusammensetzungen, Sätzen, Texten, mit „kreativem", „ästhetischem" Sprachgebrauch ? Eine Neurowissenschaft der Sprache hätte sowohl die Frage nach der Strukturdynamik, besonders der „Bedeutung" der sprachlichen Repräsentationen bzw. deren organischer Produktion zu beantworten, als auch die nach den Gründen ihrer so verwirrenden Unordentlichkeit und Wandelbarkeit bei den Menschen und deren Folgen.

## 3. Repräsentationitis

Der Ausdruck „Repräsentation" bedeutet im Deutschen im wesentlichen „(Stell-)Vertretung": ein „Repräsentant" oder etwas „Repräsentatives" vertritt eine Firma, eine Institution, eine Partei, ein Volk, einen Staat, ja eine Menge oder Zahl. Wirksames „Repräsentieren" bedarf geeigneter „repräsentabler" Repräsentanten und Mittel, Autos, Häuser, Schmuck, Kleider usw. „Repräsentation" im Deutschen kann also über die formelle Stellvertretung hinaus auch „Indikatorfunktion" bedeuten: eine repräsentable Büroausstattung oder Villa soll „anzeigen", was an Macht oder Bedeutung dahinter liegt.

Das angelsächsische „represent" bezeichnet darüber hinaus seit dem Mittelalter noch andere Arten der Stellvertretung in verschiedenen Zusammenhängen und mit verschiedenen Funktionen, etwa im Sinne der deutschen Ausdrücke „Abbildung", „Darstellung", „Beschreibung", Notation, „Vorstellung", „Veranschaulichung", „Vergegenwärtigung" u.a.m. Es wird also in bezug auf (Ab-)Bilder aller Art, Darstellun-

---

3 Wandruszka 1969 demonstriert, daß schon in sechs nahe verwandten europäischen Sprachen für die jeweils gleiche „Funktion" quer durch alle Bereiche des Wortschatzes und der Grammatik dramatisch unterschiedliche Repräsentationsmittel erforderlich sind, – fern jeder rationalistischen Logik und Ökonomie. Und bezeichnenderweise hat die neue Sprachphilosophie ebenso wie die kognitivistische Linguistik den (früher so genannten) „uneigentlichen Sprachgebrauch" als sprachkonstitutiv wiederentdeckt und zu einem zentralen Thema gemacht. Vgl. hierzu Lakoff 1990.

gen in verschiedenen Medien, Theateraufführungen, (geistig-psychische) Vorstellungen (innere Bilder), Umschreibungen (Umkodierungen), und generell in bezug auf
Abbildungen im mathematisch-formalen Sinne verwendet. Diese Bedeutungsbreite ist
mit der Übernahme ins Deutsche zumindest in fachlichen Kontexten auch dem deutschen Ausdruck zugewachsen (und hat ihn entsprechend mißverständlich gemacht).
In der linguistischen Diskussion bedeutet das englische „represent(ation)" daher im
einfachsten Falle Abbildung oder Umkodierung (im formal-mathematischen Sinne)
mit Hilfe definierter sprachlicher, symbolischer und grafischer Mittel, also im wesentlichen Notation. Die Aussprache eines Wortes wird z.B. durch die Internationale Laut-
schrift „repräsentiert", die syntaktische Struktur eines Satzes durch Symbole etwa für
seine Konstituenten (Subjekt - Prädikat - Objekt usw.), deren Kombinationen und
Transformationen, oder die Bedeutung eines Satzes oder Textes durch eine logisch-
semantische „Repräsentation" ihrer Generierung etwa aus einem Basisinventar „atomarer" semantischer Primitiva. Komplexere Repräsentationen sind etwa phonologi-
sche, satz- oder textgrammatische Generierungsmodelle, Modelle der Sprachproduktion und Sprachrezeption sowie schließlich Modellierungen einzelner Systeme und
Prozesse der Sprachverarbeitung, z.B. des „mentalen Lexikons", „mentaler Modelle", semantischer Netze, Frames, Scripts, Szenarios usw.. (In jeder guten Einführung
in die Linguistik finden sich Beispiele für linguistische „Repräsentationen" solcher
Art. Eine überblicksweise Zusammenfassung der Vielfalt aktueller kognitivistischer
Modellierungen der Sprachverarbeitung geben Rickheit/Strohner 1993.)
     In all diesen Fällen wird also versucht, die Erzeugung oder die Bedeutung sprach-
licher Ausdrücke beliebigen Umfangs durch eine theoretisch begründete Beschreibung
zu erklären, die mit Hilfe einer Metasprache oder irgendeinem Symbolvorrat „repräsentiert" wird. Am klarsten wird dieses Vorgehen in der Technik, etwa beim Aufbau
computerbasierter Informationssysteme irgendwelcher Art (Datenbanken, Auskunfts-
systeme, Expertensysteme, Übersetzungsprogramme), in denen unser menschliches
Welt- und Sprachwissen – das wir leider selbst noch nicht verstehen – in systemge-
rechten Kodes so „repräsentiert" werden muß, daß es wieder abgerufen und verarbeitet werden kann. Das Problem der computergerechten Aufbereitung des notwendigen
Wissensbestandes und die Auswahl der geeigneten Repräsentationstechniken (z.B. als
logisch notierte Propositionenmenge, als gewichtetes semantisches Netz, als Taxono-
mie) zeigt, daß „Repräsentation" oft auch nur (lokalisierte) „Speicherung" bedeutet.
Die in der technischen Wissensrepräsentation der „Künstlichen Intelligenz" verwendeten Verfahren können natürlich nur im simplen zweistelligen Sinn „repräsentationistisch" sein, um kognitionsanaloge Leistungen maschinell zu objektivieren (auch
wenn in einem Programmsystem vielerlei komplizierte Umkodierungen notwendig
sein mögen): Mustererkennung, Bildverstehen, Dialogsysteme, Robotik, Expertensysteme, lernende Systeme u.a. (vgl. Rahmstorf 1988).
     Aus dem Gesagten ist unmittelbar abzulesen, daß die deutsche Repräsentationi-
tis durchaus auf ein zugrundeliegendes repräsentationistisches Kognitionsmodell
verweist, das Modell der Kognition (die Semiose eingeschlossen) als Informations-

verarbeitung („information processing" = IP), wie es die frühe Kybernetik seit dem Krieg als naturalistische Erkenntnislehre vorgestellt und wie es die kognitivistische Psychologie in den 6oer Jahren gegen den Behaviorismus umgesetzt hat. In analoger Weise hat auch die Neurobiologie das IP-Modell aus der Kybernetik übernommen, besonders in der Verhaltensphysiologie, aber auch in der damit eng verbundenen evolutionären Erkenntnistheorie, und eben aus dieser Kombination der kybernetischen Systemtheorie und der Neuro-Ethologie stammen auch die verschiedenen neurolinguistischen Modelle des Repräsentationismus: das (nativistische) Instinktmodell Chomskys und die diversen kognitivistischen Modelle des Sprachverhaltens insgesamt (d.h. der Sprachproduktion, der Sprachrezeption, des Spracherwerbs und auch der Sprachpathologie): Sprache muß irgendwie im Gehirn „repräsentiert" sein, um beliebig hervorgeholt und benutzt, also be- und verarbeitet werden zu können. Die Lokalisierung oder Speicherung der verschiedenen Sprachfähigkeiten im Organismus im Gehirn ist bekanntlich seit langem ein biologischmedizinisches Forschungsproblem, spätestens seit der Phrenologie Franz Joseph Galls im frühen 19. Jh. Ralph-Axel Müller (1991) hat diese Tradition der Suche nach Zentren und Arealen im Gehirn, also nach den Orten und Arten der „Repräsentation" der Sprachfähigkeiten, ausführlich dargestellt und kritisch gewürdigt.

Die ganze Lokalisierungsdiskussion, die Probleme des „Gedächtnisses", besonders der Art der neuralen Speicherung des ererbten oder gelernten Sprach- und Weltwissens (analog, imaginal oder propositional, einfach oder mehrfach, nach Inhalts- oder Formbereichen usw), kann auf den Ausdruck „Repräsentation" verzichten. Wörter wie Lokalisierung, Speicherung, Darstellung, Abbildung usw. wären treffender, weniger umständlich und sicher weniger irreführend.


## 4. Repräsentationismus

Mit dem Siegeszug der materialistisch-mechanistischen Naturwissenschaft wurde der Organismus bzw. sein Gehirn zum „Sitz" der höheren kognitiven Leistungen des Menschen, besonders natürlich der anscheinend nur ihm eigenen Sprache. Kognition und Sprache müssen folglich in all ihrer Komplexität und Dynamik im Hirn „feststellbar", letztlich molekular „(ab)greifbar" sein. Anatomie und Physiologie der Mechanismen der sensorisch-motorischen Sprech- und Verstehensfähigkeit (Artilations- und Hörorgane) sind zwar relativ gut bekannt, nicht aber die Mechanismen ihrer jeweiligen einzelsprachspezifisch differenzierten Funktionalisierung (bzw. deren Störung): also etwa die Erzeugung und das Behalten und Verknüpfen und Verändern von „deutschen" oder „englischen" Bedeutungen und deren (einfache und komplexe) Bezeichnungen und Nutzungsweisen. Die grobe Lokalisierung gewisser Sprachleistungen im Hirn, die sich von den pathologischen Befunden der Neurologen oder den Experimenten der Neurowissenschaften herleitet, hat zwar ohne Zweifel diagnostischen Wert, stößt aber gar nicht bis zur eigentlich neurolinguistischen Problematik vor (nicht zuletzt auch wegen einer chaotischen Terminologie, die den Linguisten zur Verzweiflung treiben kann, wie Crystal 1984 demonstriert). Vor allem aber ist die dabei angewandte von Müller (1991, 31) so genannte „patho-normale Inferenz" außerordentlich fragwürdig, also der Schluß von lokalen Störungen auf eine korrespondierende Lokalisierung der gestörten Fähigkeit. Die methodisch-technischen Schwierigkeiten der konkreten neurolinguistischen Detailforschung sind trotz aller journalistisch aufgeblasenen Erfolgsmeldungen im Zusammenhang mit neuen bildgebenden Verfahren wie NMR oder PET immer noch unüberwindbar groß, um etwa auch nur simpelste Sprachbestandteile präzise neural zu identifizieren und zu reproduzieren, etwa ein Phonem oder eine grammatische Regel. Dazu kommen tiefliegende theoretische Unklarheiten, und diese fokussiert nun symptomatisch der Begriff der „Repräsentation".

Der Ausdruck „Repräsentation" als zentrale Kategorie der naturwissenschaftlichen Bemühungen um eine empirische Erkenntnis-, Lern- und Bedeutungstheorie ist natürlich nur in einem theoretischen Kontext interpretierbar. Der Begriff „Repräsentation" im Titel dieses Aufsatzes ist daher doppeldeutig und bezieht sich auf zwei Fragenkomplexe:

(a) Ist all das, was wir unter „Sprache" zusammenfassen, vom elementarsten phonologischen und semantischen Merkmal bis zur kompliziertesten textlinguistischen Struktur, im Nervensystem „repräsentiert" (enthalten, gespeichert, verkörpert, implementiert usw.)? Und wenn ja, wie und wo ist es repräsentiert, wie entsteht es, wie operiert das Hirn damit? Lassen sich neural „richtige" und „falsche" Repräsentationen feststellen, etwa als „gesunde" oder „kranke", und folglich entsprechend kontrollieren? Auch bei all diesen Fragen ließe sich auf den Ausruck „Repräsentation" ohneweiters verzichten.

(b) Was außerhalb ihrer selbst repräsentiert Sprache in dieser neurowissenschaftlichen Sicht, als kognitive Teilleistung des Nervensystems, gemäß dem zweistelligen Repräsentationsmodell „stellvertretend"? Was ist das, was sprachliche (und andere) Zeichen „bedeuten", und wo ist es im Nervensystem zu finden (und daher zu suchen)?

Das sind zwei klar neurowissenschaftlich formulierte Fragenkomplexe. Die Produktions- und Rezeptionsmechanismen für Reden und Hören scheinen nun neurophysiologisch prinzipiell verstanden zu sein, – obwohl noch niemand zeigen kann, wo die deutschen oder englischen Vokale, Intonations- und Betonungsregeln mit all ihren signifikanten Varianten „lokalisiert" sind, und warum ein Erwachsener es einfach nicht schafft, ein fremdes Phonemsystem wie ein Kind „perfekt" zu beherrschen! Die analog postulierten Produktions- und Rezeptionsmechanismen des Meinens und des Verstehens, also der Erzeugung, des Merkens, Erinnerns, Verarbeitens, Handhabens und Vermittelns von „Bedeutungen" bleiben demgegenüber neurobiologisch noch völlig obskur, ja es ist völlig unklar, was mit diesem Ausdruck, „Bedeutung", neural bezeichnet sein soll und ob er neurowissenschaftlich überhaupt interpretierbar, d.h. operationalisierbar ist.

Damit scheint die Kernproblematik des Repräsentationismus erreicht: Sind sprachliche Äußerungen dualistisch aufgebaut, also zerlegbar in einen wahrnehmbaren materiellen Signalteil und einen offensichtlich nicht direkt wahrnehmbaren Bestandteil, der „Bedeutung" heißt? Und ist auch der letztere neural verwirklicht, d.h. sind alle notwendigen und hinreichenden Bedingungen für seine Erzeugung im Nervensystem auffindbar? Wie sieht also die operationale neurowissenschaftliche Spezifizierung dessen aus, was „Bedeutung" heißt, also die Antwort auf die zweite Frage des Titels: Entsteht „Bedeutung" durch Repräsentation, d.h. als neurale Abbildung von „etwas" anderem? Sind also die Bedeutungen von Wörtern und Sätzen im Nervensystem als eigenständige (möglicherweise gegliederte oder zusammengesetzte) Größen vorhanden, oder sind sie etwa so vorhanden, wie sich die Linguisten das in ihren Beschreibungen zurechtlegen: als Inventar von semantischen und morphemischen Elementen („Lexikon") und als System von Produktionsregeln („Grammatik")? Und sind diese Bedeutungen mit den wahrnehmbaren Zeichen fest verbunden?

Die Beantwortung aller dieser Fragen wäre nicht nur für Sprach- und Literaturwissenschaftler, sondern für alle Sprachbenutzer von entscheidender Bedeutung: sie würde eine naturwissenschaftliche Semantik und damit eine exakte Technologie der Bedeutungserzeugung und -manipulation i.w.S. ermöglichen, endlich „objektives", d.h. kontrollierbares Meinen und Verstehen durchführbar machen und so vielleicht den seit dem Paradies verlorenen Idealzustand perfekter Kommunikation und die dadurch ja so vielfach erhoffte Menschheitsharmonie wieder herstellen. Vor allem aber brächte dies einen unschätzbaren methodischen Gewinn: statt der unendlich regressiven Rede mit Sprache über Sprache ließe sich für jedes Zeichen neurowissenschaftlich exakt und ohne Worte angeben, was es als „Bedeutung" repräsentiert. Die Erlösung aus dem geschlossenen Spiegelkabinett des ewigen Diskurses, den die Hermeneutik dogmatisch zur absoluten Grenze des menschlichen Verstehens gemacht hat, könnte gelingen. Die erfolgreiche Naturalisierung der Sprache und ihre Theorie und Technologie innerhalb des kognitionswissenschaftlichen Paradigmas könnte für die Wissenschaften das Programm der idealen Sprache und die damit verbundene so viel ökonomischere Einheitswissenschaft (im Sinne des Wiener Kreises) doch noch verwirklichen.


## 5. Repräsentation: die elementare neurosemiotische Struktur

Es ist klar, daß für die neurowissenschaftliche Erklärung der beiden unterschiedenen Repräsentationsbegriffe die Struktur und Funktionsweise des Nervensystems des jeweiligen Lebewesens bekannt sein muß, so daß angegeben werden kann, worin die neurale Operation(sweise) des „Repräsentierens" besteht. Es bedarf also einer Theorie des Organismus und seines Nervensystems, um zu entscheiden, wie Sprache im Gehirn repräsentiert ist und wie das Gehirn mit Hilfe der Sprache „etwas" repräsentiert.

Ich möchte zunächst den Begriff der „Repräsentation" etwas exakter fassen und sodann kurz erörtern, welche Schwierigkeiten damit in der gängigen Modellierung der Kognition als Informationsverarbeitung auftreten.

Der elementare Begriff der Repräsentation bezeichnet eine (zweistellige) Relation, und seine Explikation muß die beiden Relata und die sie verknüpfende Art der Relation exakt angeben. In einer ausgedehnten Diskussion des Ausdrucks bzw. Konstrukts „mentale Repräsentation" hat Theo Herrmann die folgende beispielhafte „Minimalexplikation" gegeben:

> „Gegeben sind ein Repräsentandum a und ein Repräsentat b, die in einer Repräsentations- oder Abbildungsrelation R stehen: aRb. Diese Relation ist unumkehrbar: b steht für a – nicht aber umgekehrt. Falls man von dieser Spezifikation absieht, erscheint mir die Rede von Repräsentationen sinnlos."
> (Herrmann 1988, 162)

(In meinen Augen gilt dies für die ganze Repräsentationitis, die insgesamt wieder durch die durchwegs treffenden Termini ersetzt werden sollte, die sie verunklarend verdrängt.) Und Herrmann fügt noch ein Entscheidendes hinzu, um den Begriff schärfer zu machen:

> „...a und b befinden sich nicht nur in einer definierten Beziehung zueinander; oder a und b sind nicht bloße Mengen mit einer nichtleeren Schnittmenge; usf. Die Repräsentationsrelation R hat vielmehr gegenüber solchen Eigenschaften ein begriffliches („semantisches") Surplus: a ist als in b Abgebildetes und b ist als Abbildung (= Abbildungsergebnis) von a bestimmt." (Ebd.)

Kurzum, um von Repräsentationen reden zu können, ist mehr verlangt als die bloße definitorische oder statistische Korrelation zweier Größen, es bedarf einer spezifischen begründeten Verknüpfung, die für eine wissenschaftliche Erklärung natürlich in einer Theorie gegeben werden muß: etwa Kausalität oder Kovarianz. Dies läßt sich am einfachsten an technischen Systemen veranschaulichen, die jeder kennt: Ton- und Videoaufnahmen „repräsentieren" ihre „Originale" in (technisch präzise definierbarer) deterministischer Weise, d.h. in genau angebbarer, selektiv reduzierender oder transformierender Weise. Es ist daher noch zu ergänzen, was Herrmann für mentale Repräsentationen fordert: Repräsentation geschieht immer für und durch ein System S, in unserem Falle also für und durch Lebewesen bzw. Menschen. Die Herrmannsche Formel lautet:

> R = aRbS; zu lesen als „(1) Repräsentanda a stehen mit (2) Repräsentaten b bezüglich (»in«, »für«, usf.) (3) Systeme(n) S in einer Repräsentationsrelation R"
> (Ebd. 163).

Für die kognitive Neurowissenschaft wäre das System S also der Organismus mit seinem Gehirn bzw. Nervensystem, so daß die präzise Problemstellung lautet: Wie „repräsentiert" der Organismus welche Repräsentanda? Oder anders herum: Welche Repräsentate stehen in welcher Beziehung zu welchen Repräsentanda? Mit Bezug auf Sprache gilt dann für eine Neurolinguistik: Wessen Repräsentat ist ein beliebiger sprachlicher Ausdruck, und in welcher Beziehung steht er zu seinem Repräsentandum? Was repräsentiert also etwa der Ausdruck „Repräsentation"? Ist Sprache, wenn wir sie im üblichen Sinne als Zeichensystem verstehen, das für etwas stellvertretend steht, eine Repräsentation der Welt, unserer Erfahrungen, unseres Wissens usw.? Dann wäre sie nämlich eine Repräsentation von Repräsentationen, wie alle anderen Zeichen(arten) auch, die ja „für etwas (anderes)" stellvertretend stehen, das selbst per „Informationsverarbeitung" als „mentale Repräsentation" zustande gekommen ist. Robert Cummins (1989) bietet eine knappe und prägnante Kennzeichnung der wenigen paradigmatischen Konzeptionen der mentalen (oder: kognitiven) Repräsentation sowie ihrer empirischen Fassung. Er sieht in der Geschichte nur vier verschiedene Ansätze.

a)   die aristotelisch-scholastische Vorstellung der Repräsentation als mentales Gebilde (Idee + Form), welches dem zugehörigen materiellen Gebilde (Stoff + Form) isomorph ist: einer roten Kugel entspricht mental die gleich aufgebaute und gleich aussehende Idee einer roten Kugel; die eine besteht aus irdischem, die andere aus geistigem Stoff, beide haben die gleiche Form;

b)   die mentale Repräsentation als (Ab-)Bild der Welt im Geiste (so bei Berkeley und Hume);

c)   die mentale Repräsentation als Symbol, als sprachliches (propositionales) Gebilde (seit Hobbes);

d)   die mentale Repräsentation als konkreter neurophysiologischer Zustand (die naturwissenschaftliche Sicht).

Und auch was die Art der Beziehung zwischen den beiden Relata angeht, sieht Cummins nur vier Ansätze: Ähnlichkeit, Kovarianz (Kausalität), (evolutionäre) Anpassung, Funktion (in Rechenprozessen). Auch ausführlichere historisch-analytische Darstellungen der Entwicklung des Denkens mit Repräsentationen kommen zwar nicht zu gleichen, aber doch ähnlichen Ergebnissen, so z.B. Scheerer (1993), veranschaulichen einerseits die Breite der Diskussion, anderseits die unterschiedlichen wissenschaftlichen Operationalisierungen des Begriffs (vgl. hierzu die Aufsatzsammlung von Engelkamp/Pechmann 1993).

Abschließend Cummins' Formulierung des Problems:

> „What is it for a mental whatnot to be a representation (i.e to have a content)?"
> Und: „What is it for a mental representation, a whatnot with a content, to have
> some particular content rather than some other particular content?" (Cummins
> 1989, 20).

Wenn ich also das trotz vielfacher Bearbeitung noch immer nicht erschöpfte Beispiel
der Farb- und Verwandtschaftsbegriffe nehme: Welche Art der „Repräsentation" wird
durch pink und scarlet und vermilion, durch Großonkel, Vetter oder Schwiegermut-
ter bezeichnet? Wie sind diese Wörter selbst neural repräsentiert, wie mit ihren Bedeutungen verbunden, wie werden sie unterschieden? Bilden sie ein System und
welches? Und wie wirkt das System an der Bestimmung der einzelnen Teilbedeutun-
gen mit? Usw.

In ähnlicher Weise haben die Klassiker der Semiotik mit ihren begrifflichen Mitteln (und durchaus mit Bezug auf das Gehirn) versucht, den Begriff des Zeichens über
eine Repräsentationsfunktion zu bestimmen.[4] Für den einflußreichen amerikanischen
Kantnachfolger und Pragmatisten Ch.S. Peirce etwa ist alles bewußte kognitive Operieren des Menschen ein Zeichenprozeß, da es (gemäß Kant) Realität nur konstituieren, nicht abbilden kann. Für Peirce verbindet ein Individuum einen Gedanken („Inter-
pretanten") mit einem Mittel, einem „Repräsentamen", und mit einer Entität, dem
Repräsentandum. Die Beziehung kann kausaler Art sein kann (Index: Rauch zeigt
Feuer o.ä. an), auf Ähnlichkeit beruhen (Ikon), oder willkürlich festgelegt sein (Symbol).

Bei dem Sprachwissenschaftler F.de Saussure ist (wie bei Wilhelm von Humboldt)
der Akt der Semiose konstitutiv für das sprachliche Zeichen (und für alle Zeichen):
etwas Wahrnehmbares wird zu einem Zeichenträger (signifiant) nur dadurch, daß es
unauflöslich mit einem Bedeutungsinhalt (signifié) verbunden ist, der selbst wiederum eben dadurch aus der ungegliederten Masse der Gedanken als abgegrenzte Einheit herausgehoben wird. So entstehen Zeichen, die semiotisch handhabbare Bedeutungen darstellen, keinesfalls von ihnen unabhängige Bedeutungen „repräsentieren".
Solche wie ein Blatt Papier unauflösbare zweigliedrige Zeichen bilden ein System und
gewinnen darin ausschließlich durch ihre „differenzierende" Funktion „Bedeutung".
Saussures Zeichen „hat" keine Bedeutung, es „ist" eine, bestimmt ausschließlich durch
seine differenzierende Funktion relativ zu allen anderen Zeichen eines Systems. Ein
Zeichensystem ist ein System von Unterscheidungen und darin allein besteht seine
kognitive Funktion. Es verkörpert daher eine komplexe dynamische und autonome
Form, in der die nicht-semiotische bzw. a-semiotische Erfahrungswirklichkeit, die

---

4   Der beste Zugang zur Semiotik und ihren Klassikern ist die seit 1979 erscheinende deutschspra-
    chige Zeitschrift für Semiotik. Im ersten Band finden sich einführende Darstellungen der hier
    erwähnten Klassiker Peirce und Saussure.

nicht aus vorgefertigten Bedeutungen oder Begriffen besteht, sondern ein Kontinuum bildet, handhabbar und kommunizierbar wird.

Die Saussuresche Semiologie hat also wie die Naturwissenschaft seiner Zeit das Substanzdenken und das überkommene dichotome und dualistische Repräsentationsmodell aufgegeben: Saussures Zeichen ist und schafft Bedeutung, bildet keine von ihm unabhängige ab. Saussures Konzeption scheint mir der kognitionstheoretisch orientierten Neurowissenschaft sehr nahe zu sein. Das neurale System verwirklicht demgemäß Semiose als Prozeß der rekursiv unendlich fortführbaren Konstruktion von systemisch verknüpften dynamischen (d.h. variablen und modifizierbaren) Differenzierungen und fixiert diese in ökonomischer Form so in einem „Gedächtnis", daß sie beliebig genutzt und adaptiert werden können. Bei Saussure schafft Semiose also so wie bei Humboldt: eine Wirklichkeit kognitiver Konstrukte und Repräsentationen ebenso wie die von diesen abgezogenen allgemeineren steuernden Prinzipien und Regeln. Es ist klar, daß solche semiotische Systeme einen gewissen Rahmen für das darauf angewiesene Denken bilden, der aber nicht starr ist, sondern verändert werden kann, – auch wenn sich daraus Schwierigkeiten der individuellen und sozialen Problemlösung ergeben können. Bei Saussure wird dies alles sowohl in ein soziales Gebilde verlegt (das Sprachsystem) als auch in das individuelle Bewußtsein, wo die faktischen Kognitionsakte stattfinden, deren Spielraum allerdings durch das historisch gewachsene Sprachsystem eingeschränkt wird, wenn es um Kommunikation geht.

Als letztes semiologisches Modell will ich Ogden/Richards (1923) erwähnen, die im Anschluß an den Behaviorismus ein dezidiert naturwissenschaftliches Kausalmodell des Symbolgebrauchs entwerfen. Symbole stehen dabei für Gedanken, und diese für (kognitiv nicht direkt erreichbare) reale Gegenstände.

Damit erreichen wir auch historisch die Zeit, in der schließlich von der Kybernetik in ihrer einmaligen Verbindung von Naturwissenschaften, Mathematik, Technik und Philosophie das Programm einer Naturwissenschaft des Geistes projektiert wird, aus dem die heutige interdisziplinäre Kognitionswissenschaft und Kognitionstechnik hervorgegangen sind.

## 6. Die repräsentationistische „bootstraps fallacy" – Biosystemtheorie als Ausweg?

Die Streiflichter auf das verworrene und bunte Gemenge der vielfältigen sprachlichen Repräsentationen dessen, was „Repräsentation" sein, wie sie zustandekommen und wirken soll, zeigen immer wieder ein und dasselbe Problem: das Problem der repräsentationistischen „bootstraps fallacy" (im Deutschen vor der Computerzeit als Münchhausen-Syndrom bekannt). Der Semantiker G. Leech hat es für die Linguistik so formuliert (1981, 64):

> „...the semanticist 'tries to lift himself by his own bootstraps' in the sense that
> he describes meaning in terms of language, thereby begging the question of
> how the meaning of the language he has used to describe meaning is itself to
> be described".

Dieses Problem wurde von der traditionellen Hermeneutik durch das Dogma beseitigt, daß Sprache die absolute Grenze unserer Erkenntnis ist und gleichzeitig das un-
hintergehbare und unerschöpfbare Medium allen Verstehens, natürlich auch ihrer
selbst. Demgegenüber gibt es seit jeher die Suche nach einer naturwissenschaftlichen
Alternative zu dem so offensichtlich endlosen und fruchtlosen Schein-Erklären von
Sprache durch Sprache, von Repräsentation durch Repräsentation: „ignotum per ig-
notius"! Da sich die Semiose der Naturwissenschaften und ihrer Technologien sich
offensichtlich eindeutig auf eine wirkende und beeinflußbare Realität bezieht, warum nicht auch die der Linguistik, deren Gegenstand nicht minder real und wirksam
ist? Kann die Erklärung der Sprachphänomene von der Phonologie bis zur Semantik,
Pragmatik und Ästhetik „wirklich" nur durch einen (rekursiv unendlichen) meta-
sprachlichen Diskurs geschehen, der doch alle die Probleme des normalen Sprachgebrauchs nicht nur reproduziert, sondern multipliziert, wenn nicht potenziert? Liegt also
die Erlösung von der Tyrannei der Worte (bzw. des Bewußtseins) ausschließlich in
mystischer Selbstentäußerung?

Die Kybernetik als Naturwissenschaft des Geistes und somit auch der Sprache im
Zeichen von Information und Selbstorganisation versprach einen empirisch-rationa-
len Ausweg. Das Lebewesen als autonomes organisches System wurde zur Instanz der
Erzeugung aller Kognition und Semiose durch Informationsverarbeitung im strikten
Rahmen der Naturgesetze:

> „Was wir an geistigen Funktionen beobachten, ist Aufnahme, Verarbeitung,
> Speicherung und Abgabe von Informationen. Auf keinen Fall scheint es erwie-
> sen oder auch nur wahrscheinlich zu sein, daß zur Erklärung geistiger Funk-
> tionen irgendwelche Voraussetzungen gemacht werden müssen, welche über
> die Physik hinausgehen." (Steinbuch 1961, 1)

Damit war das Forschungsprogramm einer objektiven und exakten, naturwissenschaftliche Kognitionstheorie sonnenklar. Auch die „Bedeutungen", auf die sich Sprache ja offensichtlich bezog, sollten damit nicht minder objektiv ableitbar und somit
intersubjektiv prüfbar werden. Die naturwissenschaftliche Kognitionsforschung und
auch die Linguistik hatten eine neue Basis und eine operationalistische Methodologie im Rahmen der Physik gefunden: als revolutionäre Geistes-Ingenieurwissen-
schaft.[5]

---

5   Daß dies nicht übertrieben ist, ließe sich an der Linguistik als revolutionärer „Bewegung" der
    Bundesrepublik Deutschland in den 60er Jahren im einzelnen belegen. In der Kognitionswis-
    senschaft und Kognitionstechnik wirken diese Ideen nach wie vor (und kräftig) weiter.

Die „bootstraps fallacy" schien eliminierbar:

> „Ein Formalismus, der notwendig und hinreichend ist für eine Theorie der Kommunikation, darf keine primären Symbole enthalten, die Kommunikabilien repräsentieren (z.B.Symbole, Wörter, Botschaften usw.). Dies gilt, weil eine 'Theorie' der Kommunikation, die primäre Kommunikabilien enthielte, keine Theorie, sondern eine Technologie der Kommunikation wäre, die Kommunikation als gegeben voraussetzt." (H.von Foerster 1985, 90)

Mit anderen Worten, gemäß den strengen Kriterien der naturwissenschaftlichen Methode muß für die Erklärung der Phänomene der Sprache und der Semiose ein generativer Mechanismus angegeben werden, der selbst nichts an Kommunikation (Semiose bzw.Sprache), also an „Repräsentationen", enthält, aber alle mögliche Kommunikation (Semiose bzw. Sprache), also „Repräsentationen" erzeugen kann. Kurzum: Jede bloße Paraphrase ist keine Erklärung, sondern eine alchemistische Täuschung, da alle ihre Ausdrücke selbst erklärungsbedürftig sind. Dies gilt a fortiori für den a-semiotischen (oder: prä-semiotischen) Bereich der Kognition (oder: alles Wissens):

> „How can thought parcels mean anything? The analogy with spoken or written symbols is no help here, since the meanings of these are already derivative from the meanings of thoughts. That is, the meaningfulness of words depends on the prior meaningfulness of our thinking: if the sound (or sequence of letters) 'horse' happens to mean a certain kind of animal, that's only because we (English speakers) mean that by it. Now obviously the meaningfulness of thoughts by themselves cannot be explained in the same way; for that would be to say that the meanings of our thoughts derive from the meanings of our thoughts, which is circular. Hence some independent account is required."
> (Haugeland, zit. in Cummins 1989, 21)

Die Beantwortung dieser Fragen muß den basalen methodologischen Kriterien des naturwissenschaftlichen Paradigmas genügen:

1. Ziel ist die Herstellung jenes generativen (lebenden oder technischen) Systems, das alle Kognition und alle Semiose bzw. Sprache, also alle „Repräsentation" erzeugen kann, selbst aber weder Kognition, Semiose oder Sprache enthält. Das kann aus empirischrationaler Sicht nur der Organismus sein. (Exemplarisch Chomskys gebetsmühlenhaft iterierte Formel vom genetisch fixierten, biophysikalisch realisierten „mind as a system of mental organs", wozu als „special faculty" die Sprache gehört.)
2. Methodisch gilt streng selbstreferentieller Operationalismus. Mit anderen Worten, wenn das generative System, das alle Kognition und alle Sprache erzeugen kann, das lebende System, besonders sein Hirn sein soll, dann ist der endgültige Beweis dafür, ein Hirn (wieder) herzustellen, das adäquat funktioniert, nicht allein irgend-

eine (gemäß irgendeiner „Logik") konsistente Beschreibung, da die Bedeutung
der darin verwendeten Begriffe selbst erst wieder durch das funktionierende Hirn
operational generiert werden können müssen! Praktisch folgt daraus, daß wie in
der Physik keinerlei Stoffe, Kräfte und Gesetze (Operationen, Relationen usw.) im
generativen System auftreten dürfen, die nicht selbst im strengsten biophysika-
lischen Sinn operational herstellbar bzw. validierbar sind. Die neurosemiotische
Forschung muß folglich, soweit sie semiotische Instrumente, also vor allem sprachliche Begriffe verwendet, mit größter Sorgfalt darüber wachen, diese nicht vor-
schnell und naiv zu ontologisieren: auch nicht die Begriffe „Begriff", „Bedeutung", „Eigenschaft", „Repräsentation", „Rechnen", „Logik", „Intelligenz", „Bewußtsein", „Geist", „Erkennen", von den aristotelischen oder kantischen Kategorien wie „Identität", „Raum", „Zeit", „Kausalität" usw. ganz zu schweigen.

Es ist also sinnlos, sich langwierig darüber zu streiten, ob „Geist" oder „Bewußtsein"
oder „Intelligenz" oder eben „Sprache" mit Hirnprozessen und Hirnstrukturen „identisch" seien, solange nicht die mit solchen sprachlichen Ausdrücken indizierten „Bedeutungen" neurowissenschaftlich operationalisiert sind: Denn alle die auf diese Weise
bloß wechselseitig paraphrasierten Relata (Geist = Hirn usw.) sind zweifellos Produkte
unseres Nervensystems und folglich erst neurowissenschaftlich zu explizieren bzw.
zu generieren. (Diese Forderung schließt natürlich die altbekannte ein, daß auch die
Begriffe eines kritischen Diskurses explikationsbedürftig sind. Viele der in der kognitionswissenschaftlichen Debatte gebrauchten anspruchsvollen Begriffe – wie eben
gerade „Geist", „Bewußtsein", „Gedächtnis", „Sprache" oder „Identität/Persönlich-
keit" – sind alles eher als im strengen Sinne expliziert, schon gar nicht dort, wo die
damit ja primär gemeinten Verhaltensleistungen von Lebewesen – aus strategischen
Gründen – „naturalisiert" werden sollen.


## 7. Biosysteme

Schon die frühen Ansätze im Umkreis der (später Kybernetik genannten) Arbeiten an
zielorientierten („teleologischen") und sich selbst steuernden (also „adaptiven", oder
„kognitiven") lebenden und technischen Systemen waren sich der eben angedeuteten
methodologischen Probleme bewußt, besonders der Gefahr der Sprachverführung.
McCulloch und Pitts betonten in ihrer Arbeit über die Nervennetze, die „universals",
d.h. Invarianten errechnen können:

> „...the group-invariant spatio-temporal distribution of excitations which repre-
> sents a figure need not resemble it in any simple way...
> This point is especially to be taken against the Gestalt psychologists, who will
> not conceive a figure being known save by depicting it topographically on

neuronal mosaics, and against the neurologists of the school of Hughlings Jackson, who must have it fed to some specialized neuron whose business is, say, the reading of squares." (1947, 136f.).

Inzwischen ist Allgemeingut, daß die Vorstellung funktionsspezifischer „gnostischer" Zellen („Großmutterzellen") oder „Detektoren" (trotz Nobelpreisen und technischen Analogien) problematisch ist. McCullochs „experimental epistemology" (vgl. 1964) suchte nach jenen neuronalen Mechanismen, die Invarianten unabhängig von ihren phänomenalen Transformationen berechnen und erhalten („anatomisch verkörpern") konnten, „a tune regardless of pitch and a square regardless of size" (ebd.367). Er hatte mit dieser seiner streng neurowissenschaftlichen Suche nach den „embodiments of mind" (vgl.1965) die kybernetische Biosystemtheorie im Zeichen der nicht-objektivistischen Informationsverarbeitung mitbegründet und entwickelt. In der berühmten neurophysiologischen Pionierarbeit „What the Frog's Eye Tells the Frog's Brain" (1959), die über die Experimente J.Y.Lettvins und H.R.Maturanas berichtet, wird ganz klar formuliert, daß die althergebrachte Kamera-Theorie der Wahrnehmung auch nicht für den Frosch gilt:

„What are the consequences of this work? Fundamentally, it shows that the eye speaks to the brain in a language already highly organized and interpreted, instead of transmitting some more or less accurate copy of the distribution of light on the receptors. As a crude analogy, suppose that we have a man watching the clouds and reporting them to a weather station. If he is using a code, and one can see his portion of the sky too, then it is not difficult to find out what he is saying. It is certainly true that he is watching a distribution of light; nevertheless, local variations of light are not the terms in which he speaks nor the terms in which he is best understood." (1959, 1950)

Im Anschluß an diese Erkenntnisse entstand eine Fülle bedeutsamer Arbeiten vor allem um Heinz von Foerster im BCL (Biological Computer Laboratory) der Universität von Illinois in Urbana, die in der kritischen Auseinandersetzung mit der technologischen, also der Ingenieur-Kybernetik, die Kybernetik zweiter Ordnung, die Biosystemtheorie beobachtender (oder: kognitiver) Systeme zu fördern suchten. Diese Biosystemtheorie beruht nicht auf der (heute noch gängigen) naiven Gleichsetzung von Lebewesen und Computer und einem analogen Begriff der Informationsverarbeitung (bzw. einer entsprechenden Auffassung der Kognition als der „Repräsentation" und Verarbeitung eines externen Inputs in einem informational offenen System, sondern operiert mit Kategorien wie Kreiskausalität, operationaler und informationaler Geschlossenheit, Selbstorganisation, Autopoiese und Wissenskonstruktion. Die Arbeiten des BCL liegen inzwischen gesammelt vor (1976), hierzulande sind besonders die Beiträge von Heinz von Foerster (vgl. 1985) und Humberto R.Maturana (vgl.1985) bekannt geworden.

Das Computermodell der Kognition und die entsprechende Kognitionswissenschaft sind seit jeher klar technologisch orientiert, sie zielen auf die Ersetzung menschlicher kognitiver und kommunikativer Leistungen durch technische, möglichst automatische Systeme („Künstliche Intelligenz"), und sie sind zweifellos innerhalb ihrer engen Grenzen recht erfolgreich: die Telematik hat heute alle Lebensbereiche von der Wiege bis zum Grabe in ihre Netze eingesponnen. Der Jargon von Informations- und Kommunikationsmythologien ist (als Wirtschaftsfaktor) trotz aller gegenteiligen Erfahrungen alltäglich geworden. Gleiches läßt sich für die Erklärung menschlicher oder tierischer Kognition im streng naturwissenschaftlichen Sinn (noch) nicht behaupten, vielmehr hat gerade die konsequente Anwendung des Informationsverarbeitungsmodells gezeigt, daß dieses hierfür prinzipiell unzureichend ist. Die Probleme gerade der maschinellen Spracherkennung und Sprachverarbeitung, besonders des maschinellen „Verstehens" gesprochener und geschriebener Sprache zeigen deutlich, daß menschliche Kognition und Semiose nicht allein von der materiellen Signalebene her gesteuert werden können, sondern daß jede „message" nur in Abhängigkeit von einem kognitiven System und in einem Kontext vieler anderer Faktoren bedeutsam und wirksam werden kann. Keine „message" enthält Bedeutung. Gleichwohl haben auch frühe ausgefeilte, kantisch reflektierte und pragmatistisch differenzierte Analysen der erkenntnis- und wissenschaftstheoretischen Probleme des Modells der Informationsverarbeitung (z.B. H.Stachowiak 1965; 1973) bis heute an der Popularität des Computermodells und dem damit verbundenen naiv-realistischen Repräsentationismus nichts geändert. Die wissenschaftssoziologischen und -politischen Gründe hierfür könnten im einzelnen benannt werden (vgl. andeutungsweise Varela 1991). Die dominanten Modellierungen kognitiver Systeme operieren mit objektivistischen Informations- und Kommunikationsbegriffen, mit der klaren Scheidung von System und Außenwelt, von Input und Output, Kodierung („Repräsentation"), Analyse und Synthese, Verarbeitung und Speicherung („Repräsentation") von Information usw. (Eine exemplarische Darstellung bieten Palmer/Kinchi 1986.)

Die Neurobiologie hat mit solchen Vorstellungen im Rahmen des Instinktmodells (vgl. Köck 1993) des Verhaltens zunächst Scheinerfolge (und Nobelpreise) gefeiert, mußte aber schließlich in einer dramatischen reductio ad absurdum akzeptieren, daß ein simples IP-Modell naturwissenschaftlich nicht durchführbar war, also auch als Modell des naturwissenschaftlichen Beobachters nicht taugte (Erkennen = Abbilden/ Repräsentieren der objektiven Wirklichkeit). Es zeigte sich bereits in frühen experimentellen Arbeiten Maturanas zur Farbwahrnehmung, daß die Wahrnehmungsprozesse der Lebewesen nicht durch die physikalisch beschreibbaren Reizdimensionen der Außenwelt determiniert wurden, sondern vielmehr durch abstrakte relationale Strukturen der Interaktion, daß Wahrnehmung kein Kopieren, sondern ein Konstruieren war, das ein kompliziertes Wechselspiel verschiedener Hirnbereiche erforderte, und daß Kognition folglich primär von der operationalen Dynamik des Biosystems, also des Lebewesens, abhängig war. Einige typische Formulierungen (Maturana 1985, 135-137):

„Um die retinale Kodierung der visuellen Information zu verstehen, muß man in jedem Zeitpunkt alle Ganglienzellen (die aktiven wie die inaktiven) als Komponenten eines Ensembles betrachten, das jegliche visuelle Konfiguration ausschließlich durch die von der relativen Aktivität ihrer Komponenten eingenommene Form spezifiziert.

...

Um die Kodierungsfunktion zu verstehen, genügt es nicht, Größe und Art der physikalischen Parameter heranzuziehen, die ihre Aktivität verursachen, es ist vielmehr wesentlich, die Relationen zu ermitteln, die zwischen den Parametern selbst und zwischen den Parametern und der Retina gelten.

...

Auch wenn jede visuelle Interaktion zwischen einem Organismus und seiner Umwelt eine physikalische Interaktion voraussetzt, reagieren bei einer visuellen Interaktion die Zellen konkret auf die Relationen,in denen die physikalischen Parameter auftreten. Dies kann nur geschehen, weil... die Relationen in den physikalischen Parametern, auf die die Zellen reagieren, in der anatomischen und funktionalen Organisation des Systems verkörpert werden.

...

Daraus ergibt sich, daß die Aktivitäten der Nervenzellen keine vom Lebewesen unabhängige Umwelt spiegeln und folglich auch nicht die Konstruktion einer absolut existierenden Außenwelt ermöglichen. ... Die Invarianz einer wiederholbaren Erfahrung, etwa der Farbe, ist eine Invarianz der Relation Organismus-Umwelt...“

Diese Verkörperung nicht nur die fundamentale Diskrepanz zwischen der Beobachterwahrnehmung und der des Lebewesens dramatisch klar wurde, sondern auch die operational sinnlose Vorstellung objektiver Außenweltinformation bzw. deren objektive Verarbeitung und Repräsentation.

Schon der große Biologe Jakob von Uexküll hatte mit seinem präkybernenetischen Modell des kreiskausal geschlossenen „Funktionskreises“ von „Merkwelt“ und „Wirkwelt“ (1928) klargemacht, daß ein Lebewesen nur in der durch seine sensomotorische Ausstattung aus „der Realität“ gleichsam „herausgeschnittenen“ artspezifischen „Umwelt“ lebt. Darüber hinaus „existiert“ nichts. Die „Erfahrungs-Wirklichkeiten“ aller Lebewesen sind somit gegenüber „der Realität“ operational und folglich kognitiv geschlossen, denn alle ihre Erfahrungen sind auf die ihnen organisch möglichen Interaktionen mit der dadurch gleichzeitig definierten Umwelt begrenzt. Das ist biologisch trivial, und man braucht es kaum zu belegen. Manche Menschen und Tiere leben in einer farbenlosen Welt, die Welt der Gerüche beim Hund oder bei Insekten ist ungleich differenzierter als unsere, Fledermäuse operieren mit Ultraschall, Schlangen mit Ultrarot, das Leben im Wasser oder auf den Bäumen verlangt sensomotorische Fertigkeiten, von denen wir nur träumen können. Die von Uexküll (1934) so plastisch beschriebenen Umwelten vieler Tierarten sind daher auch uns Menschen als externen

Beobachtern ausschließlich im Bezug auf unsere eigene Umwelt, d.h. nur in unseren Begriffen verständlich. Und jeder Zugang zu einer objektiven – erkenntnistheoretisch notwendig anzunehmenden – Realität jenseits aller menschlichen Beobachtung ist logisch ausgeschlossen. Wir können kognitiv nur verarbeiten, was uns sensomotorisch erfahrbar und folglich unserem Hirn zugänglich ist. Wie beschaffen die „eigentliche" Realität, die Realität „an sich", ist, das ist für das Hirn des Beobachters nicht endgültig und absolut ermittelbar: ein Vergleich von Hirnprodukt und Realität an sich ist nach empirisch-rationalen Kriterien logisch ausgeschlossen. Es gibt lediglich den Vergleich von Erfahrung (im Sinne von Hirnzustand) und Erfahrung, bzw. die Gliederung, Verknüpfung und Ordnung von organismusabhängigen Erfahrungen, ob der individuellen alltäglichen, ob der nach wissenschaftlichen Kriterien kontrollierten und intersubjektiv konsensualisierten. A fortiori gilt das natürlich für die semiotische bzw. sprachliche „Repräsentation" des Erkannten, die stellvertretend nur die subjekteigenen Kognitionsprodukte abbilden kann, also nur systemspezifische „Bedeutungen". Kurzum: Unsere Erfahrungen, Erkenntnisse usw., all das. was wir sprachlichen (und anderen semiotischen Mitteln) zuordnen oder unterlegen, ist ebenso Produkt unseres Hirns wie es diese semiotischen Mittel selbst sind. Unabhängig davon, woher diese beiden Klassen von Entitäten, semiotische Mittel und Bedeutungen, kommen – ob sie ererbt oder gelernt oder Zufallsergebnisse sind –, hätte nun die Hirnforschung die Mechanismen darzustellen, die die Generierung kognitiver und semiotischer Einheiten (einfachster und komplexester) ermöglichen. Eines scheint dabei unausweichlich festzustehen: Die Außenwelt legt diese Generierung nicht fest, und wenn sie es auch täte, wir könnten es gar nicht feststellen, da wir – gemäß empirischrationalen Kriterien – aus unserem geschlossenen Hirn nicht hinauskönnen. Auch die Realität ist Produkt unseres Hirns, und dies gilt für jede Realität, und für jede Repräsentation einer Realität: Wir bewegen uns innerhalb unseres selbsterzeugten kognitiven Universums, in dem wir eben auch das Instrument der Semiose entwickelt haben und (konstruktiv oder destruktiv) nutzen. Unsre „Erklärungen" bestehen in (rekursiv beliebig komplizierbaren) Korrelationen von Erfahrungen: aus wissenschaftlicher, d.h. empirischrationaler Sicht, ist keine andere Evidenz zulässig.

Die erkenntnistheoretischen Konsequenzen dieser neurobiologischen reductio ad absurdum brauchen hier nicht weiter ausformuliert zu werden. Die Argumentation der empirisch-rational eingestellten Skeptiker war seit der Antike zum gleichen Schluß gelangt, die neurobiologische Evidenz entzieht aber nunmehr der Naturwissenschaft endgültig jede realistische Legitimation und Geltung. Schlagwortartig nun noch einige entscheidende Merkmale des neurobiologischen Organismusmodells der „Kybernetik der Kybernetik". Lebewesen sind keine Input-Outputsysteme wie unsere Maschinen(systeme), die durch ihre Operationen irgendeinen materiell-energetischen Input in irgendeinen Output transformieren: Stahl wird zu Blech, Draht, Nägeln, Töpfen, Autoteilen usw.; die Schälle unserer gesprochenen oder gesungenen Sprache oder die Klänge von Musikinstrumenten können als „Input" in Mikrofonen, Mischpulten,

Verstärkern, Sender, Empfangs- oder Aufzeichnungssystemen vielfach „verarbeitet" und „vermittelt" werden, ebenso die unterschiedlich „kodierten" Daten der Informatik und Telematik. Die Beziehungen zwischen Input und Output sind bei allen solchen Systemen deterministisch festgelegt und somit von uns kontrollierbar: mit Heinz von Foerster (1982, 172ff.) kann man von „trivialen", mit Humberto Maturana (1985, pass.) von „allopoietischen" Systemen sprechen. Unsere Technik zielt auf die Konstruktion trivialer bzw. allopoietischer Systeme, und „Trivialisierung" ist einer der mächtigsten Antriebe wissenschaftlicher und technologischer Arbeit, ja man kann Erkenntnis und Wissen als Trivialisierung unserer Welt bestimmen, denn wir wollen damit ja nicht nur selbstgenügsame Einsicht erreichen, sondern optimale Kontrolle ohne Risiko. In der biokybernetischen Modellierung ist das Lebewesen dagegen ein nicht-triviales, mit Maturana ein „autopoietisches" System, das sich in einem kreiskausal geschlossenen Interaktionsprozeß mit seiner Umwelt ständig selbst erzeugen muß. Seine organischen Bestandteile sind so miteinander vernetzt, daß sie einen Organismus bilden und erhalten, der seinerseits wieder dafür sorgt, daß diese Bestandteile erzeugt werden. Jedes Lebewesen, vom Urtierchen bis zum Wal, bewerkstelligt die Autopoiese mit seinen artspezifischen Strukturen. Im Gegensatz zu einer allopoietischen Maschine ist ein Lebewesen jedoch ein plastisches Prozeßsystem, d.h. ein „kognitives" System, das in der Lage ist, Störeinwirkungen der Umwelt durch „Anpassung", also eigentätige Strukturveränderung zu kompensieren, ohne zugrunde zu gehen. „Kognition" bedeutet also in dieser Modellierung alle die Mechanismen und Prozesse, die einem Lebewesen durch Eigenveränderung das Überleben sichern. (Für Maturana sind daher aus biologischer Sicht Leben und Kognition, lebendes und kognitives System gleichbedeutend.) Lebewesen sind schließlich im Gegensatz zu fremdreferentiellen Maschinen, deren Zweck oder Funktion außerhalb ihrer selbst liegt – das Produkt dient nicht der Erhaltung der Maschine, die es hergestellt hat, im Gegenteil, es verbraucht sie –, „selbstreferentiell", d.h. ihr Operieren dient nur dem Zweck der Selbsterhaltung durch Anpassung an die sich ständig verändernden Verhältnisse (die inneren und die äußeren aus der Sicht des Beobachters). „Anpassung" hat hier keinen teleologisch-„optimierenden" Sinn, sondern bedeutet schlicht strukturelle Selbstveränderung, die nicht zum Tode führt, d.h. die autopoietische Organisation bzw. den Lebensprozeß mit (oft drastisch) veränderter Struktur (z.B. schwerbehindert) aufrechterhält. Der kreiskausale Interaktionsprozeß der Autopoiese ist, wie gezeigt, operational und kognitiv geschlossen, das Interaktionspotential des Individuums ist phylo- und ontogenetisch bedingt und plastisch. Kreiskausalität bedeutet natürlich nicht irgendeine Art von leerlaufender Zirkularität, sondern eher eine Art Zyklus oder Spiralprozeß der ständigen Selbsterzeugung oder – in anderer Terminologie – der ständigen Selbstorganisation. Verschiedene Autoren reden hier von einem „circulus creativus" (H.v.Foerster), einem „circulus fructuosus" (Ch.S. Peirce) oder einem „circulus virtuosus" (F.Varela). Die interdisziplinären Arbeiten im Zeichen der Idee der Selbstorganisation haben inzwischen immer wieder klar gemacht, daß ein

Lebewesen durch sein Genom allein weder strukturell noch interaktional völlig determiniert bzw. „programmiert" sein kann: die dafür notwendige Zahl der genetischen „Instruktionen" wäre molekular nicht speicherbar. Die Ontogenese ist daher mit diversen „kritischen" Phasen von entscheidendem Einfluß auf die endgültige Ausprägung der „funktionalen Architekturen" des Organismus und folglich seines Interaktionspotentials, somit auch auf seine spezifische kognitive Strukturierung (vgl. zu Einzelheiten Singer 1991). Jedes Individuum ist daher unweigerlich das Produkt von „nature and nurture", von Anlage und Interaktionsgeschichte. Dabei darf nicht vergessen werden, daß das kognitiv autonome Individuum in diesem Prozeß prinzipiell die steuernde Instanz ist, ja daß es gegen seine Entscheidung nicht von außen gesteuert werden kann.

Singer schreibt (ebd., 119):

> „Das Gehirn gewinnt die Kriterien zur Beurteilung von erstrebenswerten Zuständen demnach aus sich selbst, d.h. aus der jeweils realisierten funktionellen Architektur. Die erfahrungsabhängigen Strukturierungsprozesse sind somit selbstreferentiell.
>
> ...
>
> Die Beziehung zur Umwelt ist also keine einseitige, ... sondern ähnelt einem Dialog, bei dem das fragende Gehirn die Initiative hat."

Ein Nervensystem erweitert nach Maturana den Interaktionsbereich des Individuums, denn es kann damit rekursiv mit „reinen Relationen" operieren, und darunter kann man die im herkömmlichen engeren Sinn „kognitiven" Konstrukte verstehen: Entitäten „geistiger" Art, wie wir sie als Kategorien, Begriffe, Relationen usw., kurz und gut als „Bedeutungen" unseres Denkens verstehen. Alle kognitiven Konstrukte jedoch sind subjektabhängig und nicht außendeterminiert: sie können daher keine „Abbildungen" oder „Spiegelungen" oder andere Arten von „Repräsentationen" im Sinne der „Stellvertretung" einer externen Realität sein. Der operationale Nachweis hierfür ist inzwischen – nach Maturanas frühen experimentellen Arbeiten in den 50er und 60er Jahren – oft genug geführt worden: physikalisch identische Energien oder Muster werden oft genug ganz unterschiedlich kognitiv umgesetzt oder gar nicht wahrgenommen. Farben sind das klassische Beispiel dafür, daß die (von uns) physikalisch (d.h. kognitiv) bestimmten („unterschiedenen") Spektralenergien unsere Farbwahrnehmung nicht festlegen können (vgl. die auch von Laien leicht ausführbaren Experimente, die Küppers 1978 beschreibt). Es kann hier aber auch schon deshalb keine objektive Außenwelt „repräsentiert" werden, weil auch das, was wir „Physik" nennen, Ergebnis allein unserer eigenen, subjekt- bzw. hirnabhängigen Erfahrung ist! Und das Problem der „Repräsentation" wie der „Realität" entsteht, weil wir zwischen den beiden Erfahrungsbereichen der Physik einerseits, der Farbempfindung anderseits, den Kausalzusammenhang der „Wahrnehmung" behaupten wollen, so wie wir dies bei anderen Korrelationen – etwa zwischen Feuer und Hitze, zwischen Wasser und Nässe –

erfolgreich tun. Bei den sogenannten „virtuellen Konturen" von Gaetano Kanizsa wird die Inadäquatheit und Überflüssigkeit des Repräsentationsbegriffs vollends klar: Hier ist auch physikalisch nichts beschreibbar, was überhaupt repräsentiert werden könnte. Gleiches gilt für die vielen mehrdeutigen Figuren, für die zahlreichen „Illusionen", bei denen physikalisch Identisches kognitiv immer wieder anders konstruiert wird. Altbekannte Erfahrungen betreffen den Bereich der Hörwahrnehmung („Stille Post", Cocktailparty-Effekt, musikalische Phänomene), und natürlich heutzutage den Bereich der Kommunikation: die Wirkung etwa des Kinos und des Fernsehens und anderer virtueller Realitäten, aber auch die des so abstrakten Mediums der Sprache, besonders der geschriebenen, könnte allein durch die physikalischen Stimuli nicht erzielt werden, – noch ist sie natürlich bei allen Rezipienten gleich!

Wir leben (nach einer Schätzung Heinz von Foersters, vgl. 1985, 77) in einer neural vermittelten „Innenwelt", die aufgrund ihrer Anzahl von „Reizpunkten" 100.000-mal sensibler ist als unsere Oberfläche, und so verfügen wir folglich auch über zahllose kognitive Konstrukte, für die es „draußen" gar keine Entsprechungen gibt: Gerüche und Geschmäcker etwa, Wärme und Kälte, oder Schmerz und Lust, von den symbolisch, also vor allem sprachlich aktualisierbaren Denk- und Phantasiewelten ganz zu schweigen.

Heinz von Foerster hat die elementare neurobiologische Tatsache der Konstruktivität unserer Kognition in einem „Prinzip der undifferenzierten Kodierung" formuliert:

> „Die Reaktion einer Nervenzelle enkodiert nicht die physikalischen Merkmale des Agens, das ihre Reaktion verursacht. Es wird lediglich das 'so viel' an diesem Punkt meines Körpers enkodiert, nicht aber das 'was'." (1985, 29)

Wie Varela (1990, 73ff.) und Roth (1993, 34) darstellen, nimmt im visuellen System die Komplexität der hirninternen kognitiven Konstruktion von der Retina an massiv zu, so daß die (vom Beobachter definierte) Außenweltinformation drastisch reduziert und praktisch eliminiert wird. Damit wird es außerordentlich schwierig, die interne rekursive Konstruktion kognitiver Entitäten noch sinnvoll auf einen „objektiven Input", also auf externe „Information" zu beziehen geschweige denn solche in den internen Prozessen wiederzufinden. Ähnliches stellt Breidbach (1993, 87ff.) fest, etwa mit Bezug auf den Geruchssinn: „Wir vermögen es nicht, Einzelzellaktivitäten schlüssig auf den Reizeingang zu beziehen". Zusammenfassend schließlich Roth (ebd.):

> „Das visuelle System zeigt die Merkmale einer parallel verteilten (distributiven) Erregungsverarbeitung.
> ...

Das bedeutet, daß auf jeder Verarbeitungsstufe immer mehr Nervenzellen an der Informationsverarbeitung beteiligt sind. Handelt es sich in der Retina pro Auge um etwa eine Million Retinaganglienzellen, welche die erste wesentliche visuelle Verarbeitung leisten, so sind es im Thalamus jeweils etwa zehn Millionen in jedem der beiden seitlichen Kniehöcker. In der linken und rechten primären Sehrinde sind es dann bereits einige Milliarden visueller Neuronen. Die Zahl der in unserem Gehirn an einem Sehvorgang beteiligten Nervenzellen dürfte mindestens ein Drittel aller in ihm überhaupt vorhandenen Neuronen umfassen."

Angesichts solcher Feststellungen verliert die Kategorie der „Repräsentation" wohl vollends ihren Sinn: Weder wird ein Informationsinput in irgendeinem vernünftigen Sinne im Hirn „abgebildet", noch läßt sich die hochgradig distribuierte Reaktion, die der Beobachter experimentell mit einem definierten Input verknüpft, in irgendeinem vernünftigen Sinne lokalisieren, wenn die visuelle Wahrnehmung, also eines unserer wichtigsten Transduktionssysteme, ständig ein Drittel aller Neuronen beansprucht. Das technomorphe Modell der objektivistischen Informationsverarbeitung ist offenbar zur Erklärung der kognitiven Prozesse in Lebewesen ungeeignet und als Forschungsparadigma steril und irreführend. Wir müssen vielmehr nach den Mechanismen, Prozessen und Gesetzen der Konstruktion unserer kognitiven Entitäten (Bilder, Begriffe, Beziehungen usw.) durch das Gehirn fragen und deren Zusammenhang mit der gleichermaßen von uns konstruierten „Außenwelt" selbst wieder konstruieren, und rekursiv so weiter ad infinitum. Wir können uns (wohlgemerkt: aus empirischrationaler Sicht) nur mit Eigenkonstrukten beschäftigen. (Zur präziseren Charakterisierung der Kategorie der rekursiv unendlichen Eigenkonstruktion des Verhaltens vgl. von Foerster 1982, bes.207ff.) Die Frage an die gegenwärtige Neurowissenschaft, die ihrerseits ein Produkt unseres Hirns ist, lautet also: Wie macht unser Hirn das? Was geht schief im Hirn, wenn es nicht mehr klappt mit dem Lernen, mit dem Erinnern, Denken, Planen, Sprechen und Verstehen? Wie funktioniert der Mechanismus unserer Bedeutungskonstruktion? Und nicht zu vergessen: Ist unser Hirn dafür alleine verantwortlich? Ist es überhaupt der entscheidende Ort, wo wir unser Wissen suchen sollen? Und kann dieses dort gefunden werden?

Die Biosystemtheorie Maturanas und von Foersters sagt: Nein. Und zwar aus mindestens drei guten Gründen. Der erste, der wissenschaftstheoretische Grund ist bereits besprochen worden: Der Phänomenbereich der Operationen des Organismus bzw. des Neurowissenschaftlers überschneidet sich nicht mit dem Phänomenbereich der Interaktionsprodukte des Organismus bzw. des Neurowissenschaftlers (ebensowenig wie der des Chemikers mit dem des Kochs oder des Malers). Der Neurobiologe darf sich daher nicht von den Begriffen seiner Sprache und den alltäglichen Modellen seines Denkens dazu verführen lassen, analoge Ontologisierungen im Bereich der neurowissenschaftlich definierten Phänomene vorzunehmen und diese dann dort „entdecken" zu wollen, denn er korreliert (oder identifiziert) in solcher Forschung nur Konstrukte des zu erklärenden Systems, er expliziert bzw. produziert dadurch nicht die Mechanismen der Erzeugung dieser Konstrukte. Diese aber muß er als generatives Modell darstellen, das die Mannigfaltigkeit der kognitiven Konstruktionen der

Menschen (und anderer Lebewesen) erzeugen können muß. Es ist ja unbestreitbar, daß die menschlichen Organismen trotz ihrer Uniformität zu unendlich variabler interaktiver „Wirklichkeitskonstruktion" nicht nur fähig, sondern „verurteilt" sind, gerade weil diese Konstruktion individuenabhängig und nicht außendeterminiert ist, und weil sie aus Überlebensgründen variabel und plastisch sein können muß. Kurzum: Der Neurowissenschaftler darf nicht nach Bildern, nach Kategorien, Begriffen, Relationen, nach Logik, nach Trieben und Zielen, oder generell, nach irgendwelchen „Bedeutungen" im Hirn suchen, und schon gar nicht nach Repräsentationen „der Realität", denn diese sind für ihn aus empirischen und logischen Gründen unerreichbar. Unter „Repräsentation" kann also nur mehr die triviale Korrelation oder Assoziation zweier Eigen-Entitäten verstanden werden, zwischen denen eine spezifische Beziehung (etwa der Kausalität oder der Ähnlichkeit) vom Beobachter festgelegt wird. (In ähnlicher Weise ließe sich die „emergente" Eigenschaft „Süße" oder „Elastizität", die ebensowenig als eigenständiger Stoff gegeben ist, wie es der mittelalterliche „Wärmestoff" (Caloricum) oder „Brennstoff" (Phlogiston) war, mit Gewalt als „Repräsentation" einer bestimmten chemischen Struktur der Materie verstehen.)

Der zweite Grund liegt in der Struktur und Operationsweise des Nervensystems bzw. Gehirns: es ist ein (nicht nur kognitiv) sondern operational geschlossenes System im streng formalen Sinne W.Ross Ashbys (1965, 11):

> „When an operator acts on a set of operands it may happen that the set of transforms obtained contains no element that is not already present in the set of operands, i.e. the transformation creates no new element. ... When this occurs, the set of operands is closed under the transformation. The property of 'closure' is a relation between a transformation and a particular set of operands".

Das Nervensystem aller heutigen Vielzeller besteht aus den gleichen einheitlichen zellulären Bausteinen (Neuronen, Rezeptoren, usw.) und kennt dementsprechend nur einen Operationsmodus, es „operiert als ein geschlossenes Netzwerk von Interaktionen, in dem jede Veränderung der interaktiven Relationen zwischen bestimmten seiner Bestandteile stets zu einer Änderung der interaktiven Relationen zwischen denselben oder anderen Bestandteilen führt" (Maturana 1985,18).

Es ist folglich „als System rekurrenter interner Projektionen seiner sensorischen und effektorischen Oberflächen strukturiert" (ebd.23), sein jeweiliger Strukturzustand wird durch die ständige exzitatorische und inhibitorische Aktivität der Nervenzellen sowie zahlreicher anderer Bestandteile als „Prozeßstruktur" ständig erzeugt. Nach Maturanas Theorie ist das Nervensystem daher nur durch falsche Metaphorik mit „Zentren" oder „Hierarchien" der „Informationsverarbeitung" ausgestattet und zum „Behälter" oder „Ort" aller möglichen „Abbildungen" bzw. „Repräsentationen" der Außenwelt gemacht worden. Die operationale Homogenität und Geschlossenheit des Nervensystems schließen solche präformierte „bedeutungshaltige" Strukturen aber prinzipiell aus. Nach Maturana lassen sich sämtliche „Bedeutungen", die wir im Nervensystem sprachanalog als Entitäten(systeme) lokalisieren möchten, aus den historisch multifaktoriellen Interaktionen des Organismus in seinen wechselnden Umwelten erklären und gehören nicht zum Phänomenbereich des Nervensystems bzw. Organismus, folglich auch nicht zu dem des Neurowissenschaftlers. Die zahllosen Lebensgeschichten der Menschen auf dieser Welt, die zahllosen kooperativen Gruppenprozesse und ihre unzähligen Produkte sind von ein und demselben Nervensystem erzeugt worden, sind Ergebnisse seines Interagierens, nicht seiner genetischen, d.h. morphologischen und physiologischen Struktur (die natürlich qua biotischer Struktur als Teil eines autopoietischen Systems „bedeutungsvoll", d.h. „geordnet" ist, weil sie funktioniert). Ohne weitere Einzelheiten zu referieren, hier noch die zusammenfassende Darstellung Maturanas:

> „In dieser Auffassung gibt es daher keine höheren Zentren, keine höheren Funktionen, keine hierarchische Organisation des Operierens des Nervensystems, es gibt lediglich einen endlosen Tanz interner Korrelationen in einem geschlossenen Netzwerk interagierender Elemente, dessen Struktur durch zahlreiche ineinander verwobene Bereiche und Metabereiche struktureller Koppelung des Organismus an sein Medium fortwährend moduliert wird. Es gibt außerdem keine Informationsverarbeitung, keine Errechnung des Verhaltens nach den Bedingungen einer Außenwelt, keine zielgerichteten Prozesse im Arbeiten des Organismus, es gibt lediglich Zustandsveränderungen des Organismus im Prozeß der Verwirklichung seiner Autopiese. Diese Zustandsveränderungen erscheinen einem Beobachter notwendigerweise als sich verändernde Verhaltensmuster, die komplementär zur sich verändernden Struktur der Umwelt solange realisiert werden, als die Autopoiese des Organismus andauert."
> (Ebd. 28)

Kurzum: Keine unserer „Bedeutungen", kein Element unseres Wissens oder Könnens ist im Nervensystem von einem anderen unterscheidbar: sie „sehen alle gleich aus" (so wie die Magnetisierungsspuren auf einem Videoband), und sie sind praktisch über das gesamte Nervensystem verteilt. Nervensystem bzw. Gehirn sind ja ständig und überall aktiv und lassen sich nicht lokal ein- und ausschalten, auch wenn in der Sicht des Beobachters bestimmte „Einzeljobs" gewisse Subsysteme besonders beanpruchen mögen.

Damit wird die Frage nach mentalen Repräsentationen im Sinne der Fixierung von externen oder internen „Informationen" irgendwelcher Art vollends fragwürdig, sie löst sich eigentlich auf. Wenn der Organismus kein bibliotheks- oder datenbankanaloges Speichersystem sein kann, das wir durchsuchen und immer wieder erweitern, wie leistet er dann das, was wir Lernen, Erinnern, Denken und Handeln nennen? Wie bewältigt dieses operational scheinbar so homogene System die Unmengen an Zeichen und Bildern, vor denen unsere Computer kapitulieren, wenn es um gezieltes Suchen und flexibles Verarbeiten „gespeicherten Wissens" geht? Spielen hierbei ganz allgemeine, „tief" liegende Prinzipien des „Er-Rechnens" (vgl. von Foerster 1985, pass.) oder generative Strukturen eine Rolle, die von der Oberflächenvielfalt etwa der Sprache verschleiert werden (und auf die Chomsky zielt, wenn er die natürlichen Sprachen als uninteressante Epiphänomene universaler biologischer Funktionen abqualifiziert)?

Als ein letztes entscheidendes Argument gegen die naive Suche nach Bedeutungen im Hirn, wie sie durch die Struktur unserer Sprachen suggeriert wird, sei die Begrenztheit der linear-additiven Speicherkapazität dieses Organs herausgestellt. Heinz von Foerster hat in einem schlagenden Gedankenexperimenten veranschaulicht, daß das Hirn keine Aufzeichnungs- oder Dokumentationsmaschine sein kann, sondern einen Mechanismus darstellen muß, der je nach Interaktionssituation die notwendigen Entitäten errechnet. Allein das Aufschreiben der Multiplikationsresultate aller 10stelligen Zahlen ergäbe ein Buch von der Dicke 10 cm, das 100mal von hier bis zur Sonne reichte. Eine Suche mit Lichtgeschwindigkeit würde einen halben Tag brauchen, um einen Eintrag zu finden. Ein kleiner mechanischer Rechner kann jedoch jede beliebige Multiplikation solcher Zahlen mit geringstem Kraft- und Zeitaufwand immer wieder durchführen (vgl.1985, 133f.).

Aus linguistischer Sicht läßt sich das ebenso drastisch bestätigen. Zunächst ist es eine Erfahrungstatsache, daß wir über ein beträchtliches „mentales Lexikon" verfügen, das ganz offensichtlich nicht aus simplen Listen bestehen kann: Wie könnten wir sonst mit den inzwischen geschätzten 100.000 - 200.000 und mehr „Wörtern", die ein durchschnittlich gebildeter Mensch kennt, so flexibel und meist situationsgerecht hantieren, wie wir das tun, – Neubildungen, Wortspiele und spontane Variationen aller Art eingeschlossen? Wie kann ein Kind ohne besondere Übung bis zu über 10 neue Wörter pro Tag lernen, so daß es mit sechs Jahren schon über etwa 14.000 Stück verfügt? Was bedeutet und worin besteht die ständige Selbst-Umorganisation dieses mentalen Lexikons im Laufe des individuellen und sozialen Lebens? – Diese und zahllose andere Phänomene unserer alltäglichen Spracherfahrung entziehen sich, wie die Arbeiten der Sprachpsychologen zeigen, jeder simplen Erklärung nach computeranalogen Modellen.

Das mentale Lexikon muß in vielerlei Weisen strukturiert und dynamisch mit allem übrigen Welt-Wissen verflochten sein. Zudem muß es ja auch die notwendigen phonologischen, morphologischen und syntaktischen Aspekte aller Einträge enthalten oder zugänglich haben, von weiteren pragmatischen Kriterien ganz abgesehen. (Jean Aitchison 1994 gibt einen kompetenten und lebendigen Überblick über den Stand der Forschung zum „mental lexicon". Auch ihr für den Laien geschriebenes Buch kann vor allzu naiven subjektiven Sprachtheorien bewahren.)

Es können natürlich auch keinesfalls alle Sätze, die wir äußern und verstehen, in unserem Hirn gespeichert sein, weder die tausendfach variierten banalen des Alltags, noch die innovativen, die das grammatische (oder poetische) Regelsystem der Produktion verständlicher Sätze vielleicht sogar verletzen oder ändern. Es ist leicht einzusehen, daß wir mit ziemlich geringen, jedenfalls endlichen, Mitteln unendlich viele sprachliche Äußerungen erzeugen und verstehen können, ohne sie zuvor je erzeugt oder rezipiert zu haben. (Darauf verweisen die von Chomsky nach Wilhelm von Humboldt geprägten Formeln von „discrete infinity" oder „infinite use of finite means", die die „Kreativität" der Sprache gegen die vom Behaviorismus postulierte Milieudeterminiertheit bzw. Stimulusabhängigkeit setzen.) Und da unser Hirn beim Auffinden und Verarbeiten von Wissen viel effizienter ist als die schnellsten Rechner unserer Zeit, muß es wohl ganz anders organisiert sein als diese.

Aber vielleicht geht es gar nicht um „Auffinden" und „Verarbeiten", sondern nur um Immer-wieder-neu-Erzeugen bzw. – metaphorisch gesprochen – um Programme oder Algorithmen, die selbst ständig neu gemacht werden und die jeweils das errechnen, was gerade notwendig oder möglich ist? Vielleicht werden wir durch die Fülle unserer medialen Aufzeichnungen, Lexika, Wörterbücher, Atlanten, Datenbanken usw. irregeführt? Vielleicht ist unsere Leistung gar nicht so überwältigend, weil unsere verschiedenen generativen Systeme relativ einfach sind, aber rekursiv unendlich viele Konstrukte erzeugen können?

Ohne Zweifel arbeitet unser Hirn nicht wie ein Buch, denn dafür wäre das Gedächtnis jedes Menschen zu schwach, das Medium Schrift aber gaukelt uns vor, das wir all das, was wir ja auch nur mühsam und langsam sequentiell bewältigen, wenn wir „lesen" oder „schauen" oder „hören", insgesamt im Kopf verfügbar haben müßten. Unser Gedächtnis ist aber sicherlich keine Datenbank. Das Bild des Computers suggeriert also auch noch ein irreführendes Modell der Operationsweise des Gehirns bzw. unserer kognitiven Leistungen des Wahrnehmens, Lernens, Denkens, Sprechens und Verstehens in seinen vielfältigen Variationen.

Es war eine frühe Erkenntnis Maturanas, daß es für den Neurobiologen darauf ankommt, genau darauf zu achten, nicht „Beschreibungen von Beschreibungen" anzufertigen, sondern ein streng biologisch bestimmtes System ausschließlich im Phänomenbereich der Biologie zu bestimmen und es nicht „semantisch" mit den Interaktionsphänomenen zu vermengen, an deren Produktion es mitwirkt, die es aber nicht selbst in ihrer Spezifität festlegt! Das Hirn enthält in dieser Sicht seine Produkte, z.B. alle menschenmöglichen Sprachen oder „Bedeutungen", ebensowenig wie ein Fernseher oder ein Radio die Totalität der durch sie realisierbaren Sendungen, obwohl beide Apparate jedes dieser unendlich vielen möglichen Produkte immer wieder (mit-)erzeugen können bzw. dafür absolut unentbehrlich sind! Das Hirn muß daher überhaupt nichts mit „Zielen" oder „Bildern" oder „Speichern" oder „grammatiken" zu run haben, wie sie sein Beobachter aus seiner Erfahrung kennt und versteht.

Damit wird auch jeder Biologismus im primitiven Sinne rein genetischer bzw. organismischer Determiniertheit menschlichen Verhaltens ausgeschlossen (bzw. als politisches Alibi entlarvt): Verhalten ist eine Funktion des kreiskausal organisierten und geschlossenen Prozesses der Autopoiese eines Lebewesens vom ersten Augenblick an bis zum Tode, und dieser Prozeß bedeutet ständigen Wandel der Interaktionsbeziehungen zwischen System und Umwelt, also plastische „strukturelle Koppelung" mit von Individuum zu Individuum auch in der gleichen Gesellschaft oder Gruppe mehr oder minder großer, oft extremer Variabilität, obwohl dabei immer zweifellos das uniforme Gehirn der jeweiligen homines sapientes involviert ist.

Der Vergleich mit dem Fernseher kann klar machen, daß die Verhaltensphänomene des Gerätes in der Interaktion mit seiner Umwelt, also das, was mit tausenden Sprachen und vielfältigsten Bildern und Klängen von ihm (immer wieder geduldig) erzeugt wird, auf den generellen Operationsmechanismus des Apparates in der Interaktion mit geeigneten Umweltbedingungen zurückzuführen ist, nicht auf spezielle Sprach-, Musik-, Krimi, Sport- oder Pornomodule, also daß trotz der entsprechenden für die Zuschauer erfahrbaren semantischen Produkte die Annahme nicht berechtigt ist, jeder semantischen Einheit entspreche ein spezieller Mechanismus oder jedes Produkt sei als solches bereits vorgegeben. Da dieses Problem der Irreführung durch unzulässig ontologisierte Beschreibungen bzw. der klaren Objektbestimmung der Neurowissenschaft gerade für die entsprechende Erklärung der Sprache so wichtig und folgenreich ist, zur Veranschaulichung noch der Hinweis auf zwei Bücher von Biologen, die das Problem der Erklärung von Komplexität differenziert veranschaulichen und für ein kreativeres Denken mit neuen „tools for thought" plädieren (wie sie von systemisch inspirierten Forschern ja seit jeher gefordert und auch entwickelt wurden).

C.H.Waddington (1977) zeigt, wie man mit komplexen und dynamischen Systemen umgehen sollte, und Valentino Braitenberg stellt in seinem Büchlein Vehicles (1984) eine „experimentelle synthetische Psychologie" vor, die dem Prinzip der „downhill invention" statt jenem der „uphill analysis" folgen will. Sowohl Waddington als auch Braitenberg zeigen eindrucksvoll, wie simpelste Mechanismen eine unglaubliche Verhaltensvielfalt erzeugen können, wie ein und derselbe Mechanismus verschiedenes Verhalten, und wie unterschiedliche Mechanismen identisches Verhalten erzeugen können. So kann etwa bei Tieren der gleiche neuronale Apparat zum Kriechen, Laufen oder Fliegen gebraucht werden, ohne daß in ihm Kriech-, Lauf- oder Flieg-Programme „enthalten" sind. Die Schleuderzunge kleiner Salamander ist ihre umfunktionierte Lunge, die sie steuernden Neuronen zeigen aber die gleichen Aktivitätsmuster wie jene, die bei größeren Salamandern nach wie vor die Lunge bzw. die Atmung kontrollieren. Eine neuronale Struktur bzw. Aktivitätskonfiguration ist also für zwei dramatisch verschiedene motorische Handlungen verantwortlich: eine blitzschnelle Fangreaktion und eine langsame Atembewegung des Maulbodens (vgl. Breidbach 1993, 87-91).

Umgekehrt gibt es trivialerweise ganz unterschiedliche Lösungen der Lokomotion mit (zwei und mehr) Beinen, Flossen oder Flügeln zwischen Fischen, Fröschen, Amphibien, Affen, Menschen, Spinnen, Raupen, Schlangen und Tausendfüßlern mit einem prinzipiell gleichartigen Nervensystem. (Die technischen Probleme der Konstruktion von „Gehmaschinen" sind dagegen enorm, vom Kosten-Leistungs-Verhältnis ganz zu schweigen.) Der entscheidende Unterschied zwischen der operationalen Struktur von Lebewesen und der von Maschinen – oder zwischen dem zitierten Fernseher und einem Menschen – ist natürlich, daß der Fernseher sozusagen von Anfang an strukturell unveränderlich ist: Alle seine Verhaltensmöglichkeiten sind festgelegt, er ist ein triviales System, wie sich die frühen Instinkttheoretiker das Tier gedacht haben: ein deterministisches Input-Output-System. Inzwischen ist klar, daß jedes, auch das einfachste Lebewesen, ein plastisches, sich ständig selbst-umorganisierendes dynamisches Interaktionssystem ist, das mit der starren Struktur eines trivialen Systems nicht lange überleben würde und daher einen plurifunktionalen Organismus darstellt, der innerhalb der kosmischen „constraints" in zahllosen Umwelten überleben kann.

Der Modellierung eines solchen kognitiven Organismus kommen offenbar auch die neuesten Konzeptionen der Kognitionswissenschaft nicht einmal nahe, also die neokonnektionistische Theorie des „parallel distributed processing" (PDP) von Rumelhart. McClelland u.a., die in der kritischen Einschätzung von Iran-Nejad/Homaifar (1991) nur den alten funktionalistischen Kognitivismus reproduziert, obwohl etwa die Arbeiten von Karl Lashley (Stichwort: „Äquipotentialität") und Frederick Bartlett (Stichwort „Schema") schon vor gut 60 Jahren leistungsfähigere Modelle ergeben haben. Iran-Nejad/Homaifar entwickeln auf deren Grundlagen auch interessante Vorstellungen einer „biofunktionalen" Theorie verteilten Lernens und Erinnerns. „Bedeutungsvolle mentale Vorstellungen" gehen demnach nicht aus „Reaktionen auf eine einzige Inputquelle" hervor, sie werden vielmehr „erzeugt und erhalten durch verteilte Konstellationen von Mikrosystemen des Gehirns, deren Bestandteile zu verschiedenen Subsystemen des ganzen Nervensystems gehören (Konstellationsverteilung über mehrere Ebenen)" (ebd. 243f.)


## 8. Neuro-Linguistik – ein Kategorienfehler?

Im Lichte der skizzierten Biosystemtheorie, deren Deteils hier natürlich nur angedeutet werden konnten, ist der Begriff der Repräsentation entbehrlich. Er ist entweder ein bloß modischer (und überdies ungeschlachter) Amerikanismus, oder aber die Erklärungskategorie einer durch die moderne Naturwissenschaft – ohne Verlust, vielmehr mit großem Gewinn – endgültig ad absurdum geführten Kognitionstheorie der objektivistischen „Realitätsabbildung" und ihres Kriteriums der „Wahrheit" als „Realitätskorrespondenz". Das gilt eo ipso für alle die entsprechenden disziplinären Paradigmen der Wissenschaften, ob der Natur oder des Geistes, und somit auch der Semiose und der Sprachen. Semiose und Sprache benennen daher keine „Abbildungen" von „etwas (anderem)" in einer externen oder internen Realität, sie markieren kognitive Unterscheidungen bzw. Konstruktionen, die sich selbst je nach Interaktionsverlauf zu mehr oder minder stabilen kognitiven Systemen organisieren und so die Erfahrungswirklichkeit der Lebewesen handhabbarer machen, – wie grob oder differenziert das auch immer ausfallen, wie leistungsfähig oder unergiebig das je nach Bewertungskriterien auch sein mag.

In jedem Fall aber sind semiotische Systeme Phänomene der Geschichte: sie ergeben sich aus den phylogenetisch entwickelten organischen Bedingungen ihrer Möglichkeit, sind also nur innerhalb gewisser natürlicher „constraints" variierbar, und sie gewinnen ihre konkrete und bekanntermaßen unendlich variable Ausprägung aus den Interaktionsverläufen von sozial lebenden Individuen, in denen sie rekursiv nach Belieben kompliziert und funktionalisiert werden können. (Die oben kurz erwähnte Saussure-Humboldtsche Sprachtheorie entspricht dieser hier biosystemtheoretisch begründeten konstruktivistischen Konzeption, ohne daß sie allerdings „pansemiotisch" extremisiert werden muß: Bei aller kognitiven Macht und Leistung unserer semiotischen Instrumente besteht kein Grund, bewußte nicht-semiotische Erfahrung bzw. Kognition zu leugnen noch etwa den Tieren Kognition und Semiose abzusprechen). Für den Linguisten folgt, daß sein Gegenstand, die Wirklichkeit der von Menschen geschaffenen und gebrauchten „natürlichen" Sprachen (deren Trivialisierung die künstlichen und „formalen" Sprachen notwendig sind, die Mathematik eingeschlossen), wie eingangs knapp gekennzeichnet, kein Gegenstand der Neurowissenschaft ist.

Das zu akzeptieren, fällt natürlich schwer, wenn man sich daran gewöhnt hat, daß im Zuge der selbstreferentiellen Naturalisierung des Geistes seit Jahrhunderten mit den Gesetzen von Kraft, Stoff und Ordnung („Information") die Vorstellung der materialistischen Lokalisierung („Repräsentation", „Speicherung") unausweichlich verbunden ist (wie klarerweise für die Technik und die analogen Systemparadigmen technomorpher Art).

Es ist klar, daß die Fähigkeit, eine Sprache zu lernen (vor allem objektiviert als Schrift), und sie in subtilster Weise zu benutzen, organische Voraussetzungen erfordert, besonders ein adäquates Nervensystem und eine intakte Sensomotorik. Es ist ebenso klar, daß der Spracherwerb und die ständige Adaption und Differenzierung des Sprachgebrauchs in Rede und Schrift in diesen organischen Systemen als „Fertigkeiten" ihren Niederschlag finden müssen. Die neurosemiotischen „Bedingungen der Möglichkeit" hierfür sind Gegenstand der kognitiven Neurowissenschaft, deren praktische Verwirklichung in historischen Umständen wird dadurch aber natürlich nicht festgelegt: Alles konkrete „Wissen" und jede Sprache sind durch und durch geschichtliche Selektionen aus der Totalität der unendlich vielen möglichen kognitiven Interaktionsprodukte. Sie können (und müssen) im Produktionssystem nicht vorgefertigt sein, ebensowenig wie das immer wieder neu zu erzeugende und anzupassende Verhalten irgendeines Lebewesens. Daher ist auch die Vorstellung, daß alle entsprechenden (selbst-organisierten) Fertigkeiten der Artikulation, der variablen und differenzierten, pragmatisch adäquaten oder sogar optimalen sprachlichen Formulierung dem Zusammenwirken lokalisierter Einheiten entspringen und von Zentren(hierarchien) gesteuert werden müssen, unnötig (und praktisch nicht realisierbar – wie die Erfahrungen mit der analogen Instinktkonzeption Tinbergens gezeigt haben, vgl. Köck 1993).

Warum hält also die „wundersame Vermehrung der Zentren und Areale" (Müller 1991, 26ff.) bis heute an? Weil man sich dem technomorphen Diktat nicht entziehen kann? Dabei ist ja nicht nur die von Müller (ebd., 32) so genannte „patho-normale Inferenz", also der Schluß von (korrekt) lokalisierbaren Schädigungen des Hirns auf in den geschädigten Hirnteilen „enthaltene" Fähigkeiten ebenso zweifelhaft wie der Schluß von einer defekten Autobatterie auf darin „enthaltene" Fahrfähigkeiten eines Autos, die lokalisatorischen Korrelationen werden bis heute auch jenseits jeder brauchbaren Theorie der Produktion der lokalisierten Fähigkeiten durch das zugeordnete Gewebe im Kontext der übrigen organismischen Aktivitäten vorgenommen. Die bloße Korrelation irgendwelcher Verhaltensäußerungen, ob sprachlicher. mathematischer oder handwerklicher, mit erhöhtem Puls und Blutdruck, mit erhöhtem Glukosestoffwechsel oder mit besonderen Ausprägungen des Elektroenzephalogramms hilft einer solchen erklärenden Theorie natürlich nicht weiter. Wenn etwa gesagt wird, die sogenannte „N400-Komponente im EEG" zeige „Such- bzw. Aktivationsprozesse im semantischen Lexikon" an, und Amplitude und Dauer der N400 würden „den Umfang dieser Aktivationsprozesse" spiegeln (Rösler/Hahne 1992, 158), dann enthält diese Korrelation zu viele Unbekannte („begs too many questions"), um neurolinguistisch irgendetwas Nicht-Triviales zu ergeben. (Denn nach dem Gesagten ist lokale „Aktivität" außerhalb des Kontextes der gesamten Hirnaktivitäten sowie ohne Bezug auf den Interaktionszusammenhang zur Zeit kaum interpretierbar. Schon gar völlig unklar ist, wie das „Lexikon" neural realisiert ist, usw.) Wie jede Übersicht der sprachpathologischen Phänomene zeigt (vgl. etwa Leischner 1987), ist das Bild der Befunde (über die eher klaren anatomischen Sachverhalte etwa der Sensomotorik der Sprach- und Hörorgane hinaus) alles eher als eindeutig. (Gleiches gilt im übrigen für die Suche nach „morphologischen Substraten" der Leistungen herausragender Menschen, Musiker, Gelehrter, Politiker usw., weil an deren Gehirnen irgendetwas „anders" sein müßte. Vgl. Meyer 1977) So muß man also auch die kognitivistische Suche nach den diversen Sprachfähigkeiten im Gehirn, die analog irgendeinem Sprachverarbeitungsmodell (vgl. z.B. Levelt 1989; Rickheit/Strohner 1993) verläuft, solange skeptisch betrachten, als keine explizite generative Theorie der meuralen Produktion spezifisch sprachlicher Fertigkeiten vorliegt.

Alle diese Probleme der neuralen Produktion sind nun aber nicht die Probleme des Linguisten und sollen daher auch den kundigen Experten überlassen bleiben, nicht ohne das erneute Plädoyer allerdings, durch die angemessene Kooperation mit Linguisten der inzwischen analytisch genau bestimmbaren Komplexität und Dynamik des Sprechens und Verstehens gebührend Rechnung zu tragen, – und zwar gerade wegen des so unendlich aufwendigen und mühseligen neurobiologischen Forschens!

Folgt man den biosystemtheoretischen Überlegungen der Kybernetik der Kybernetik, dann ist das triviale Verständnis des Begriffs der Repräsentation im Sinne der Speicherung oder lokalen Verkörperung spezifischer sprachlicher Fähigkeiten und Fertigkeiten – vom Wortschatz über die Grammatik bis zu literarischen Schreib- und

Leseerfahrungen – schlicht Ergebnis eines Kategorienfehlers: das interaktiv mit Hilfe des Gehirns erzeugte Verhaltensprodukt wird zu einem Teil des Erzeugungsmechanismus ontologisiert, so daß die Neurowissenschaft auf einmal einen dem ihren nicht kommensurablen Phänomenbereich zur Erklärung zugeschoben bekommt (oder annektiert), – so als ob die Mikroelektronik das Fernsehprogramm erklären sollte oder wollte!

„Die Sprache" in ihrem konkreten Vollzug als Sprechen und Verstehen (bzw. Schreiben und Lesen) ist aber kein Phänomen im Bereich der Neurophysiologie eines Organismus, sondern das Produkt seiner multifaktoriell-dynamischen Koppelung an eine natürliche, kulturelle und technische Umwelt. Will man wie Chomsky eine für alle Sprachen des Menschen schlechthin fundierende, genetisch festgelegte Universalgrammatik postulieren, dann läßt sich dies ja im Rahmen der Genetik (vielleicht) erforschen. Allerdings spricht dagegen wiederum, daß dieser Behauptung der genetischen Verankerung von Fähigkeiten oder Krankheiten oder Dispositionen oder gar Persönlichkeit und Lebensschicksal ein zu simples substantialistisches und kontextloses Verständnis des Genoms zugrundeliegt. Dieses ist unabhängig von seiner Rolle bei der Proteinsynthese ebenso asemantisch, plurifunktional und kontextabhängig wie das Immunsystem, das prinzipiell auf jedes Molekül der Welt reagieren kann, auch wenn es noch nie darauf gestoßen ist (vgl.P.Violi 1988, 18). Mit anderen Worten: Unser Genom bzw. unser Gehirn oder unser Immunsystem (nach Varela 1992 unser „zweites Gehirn") ermöglicht in der Tat die Chomskysche „discrete infinity", d.h. unendlich viele „generative Grammatiken", von denen je nach historischer Situation die eine, und nicht eine andere, selektiv realisiert wird. Weder Genom noch Immunsystem noch Nervensystem „enthalten" aber irgendeine konkrete Grammatik oder gleich mehrere davon.

Das Nervensystem ist also eine notwendige, aber unspezifische Bedingung aller Semiose, aller Sprache, es ist aber keine hinreichende Bedingung, da es keinerlei spezifische Semiose oder Sprache „enthält" oder festlegt (ebensowenig wie der Fernseher spezifische Sendungen, die physikalische Akustik irgendeine Musik oder die Chemie irgendeine Malerei „enthält" oder festlegt). Damit bleiben die Phänomenbereiche der Linguistik und der Neurowissenschaft disjunkt und sind nicht miteinander vereinbar. Die von einem Menschen in seinem Organismus „repräsentierte" Muttersprache etwa oder deren Grammatik sind nicht analog im Hirn repräsentiert noch brauchen sie es zu sein. Es wäre ein Fehlschluß, von der scheinbaren Komplexität der Sprachstrukturen auf entsprechend komplexe Repräsentationen zu schließen (ebenso wie von komplexen Sprachäußerungen auf komplexe Gedanken oder Gefühle oder gar entsprechendes Verhalten...).

Damit erweisen sich der neurowissenschaftliche Repräsentationismus und jede analoge Neurosemiotik und Neurolinguistik als wissenschaftlich unbrauchbar. Seine konsequente und redliche Anwendung selbst führt ihn ad absurdum. Die unausweichliche Tatsache der Geschichtlichkeit (bzw. Konstruktivität oder Selbstorganisiertheit oder Emergenz oder Synergetik usw.) unserer Kultur und ihrer Produkte, also auch der Sprachen, wird damit gegen jeden wissenschaftsstrategischen (und politischen) reduktiven Biologismus wieder ins Recht gesetzt. Die unendliche phänomenale Mannigfaltigkeit und Dynamik der menschlichen Semiose und Kognition ist daher kein naturgesetzliches Produkt, auch wenn das, was wir als „Natur" eingrenzen, unüberschreitbare „constraints" dafür festlegt. Semiose und Kognition, wie wir sie kennen und wie wir sie (ge-) brauchen, sind samt und sonders von uns gemacht. Ihre Erklärung muß diese unsere Schöpfungen und deren Dynamik aus all dem herleiten, was bei ihrer Erzeugung mitwirkt: aus dem Zusammenleben der Menschen in konkreten Umwelten, aus den dieses Zusammenleben begründenden und steuernden Weltbildern, Ideen, Regeln, Instrumenten usw.

Das Motto über diesem Beitrag entstammt einem Buch des Ediburgher Linguisten James Hurford über die Analyse der linguistischen Grundlagen der Zahlbegriffe und Zahlwortsysteme, die im Rahmen des nativistischen Paradigmas des Cartesianers Chomsky versucht wird, aber nur teilweise erfolgreich ist. Hurfords bezeichnender letzter Satz nach 300 Seiten lautet:

„Languages are artefacts resulting from the interplay of many factors." (1987, 306)


## Zitierte Literatur


Aitchison, Jean: Words in the mind. An introduction to the mental lexicon, 2$^{nd}$ ed. Oxford 1994.
Arens, Hans: Sprachwissenschaft. Der Gang ihrer Entwicklung von der Antike bis zur Gegenwart, Freiburg/München 1969.
Ashby, W.Ross: An introduction to cybernetics, London 1965, repr.1965.
BCL-Publications: The collected works of the Biological Computer Laboratory, Dept. of Electrical Engineering, University of Illinois, ed. Kenneth L. Wilson, Urbana/Illinois 1976.
Braitenberg, Valentino: Vehicles. Experiments in synthetic psychology, Cambridge/Mass. 1984.
Breidbach, Olaf: Expeditionen ins Innere des Kopfes. Von Nervenzellen, Geist und Seele, Stuttgart 1993.
Chomsky, Noam: Knowledge of language: its nature, origin, and use, New York 1986.
Crystal, David: Linguistic encounters with language handicap, Oxford 1984.
Cummins, Edward: Meaning and mental representation, Cambridge/Mass. 1989.
Engelkamp, Johannes/Pechmann, Thomas Hgg: Mentale Repräsentation, Bern 1993.
Foerster, Heinz von: Sicht und Einsicht. Versuche zu einer operativen Erkenntnistheorie, Braunschweig/Wiesbaden 1985.
Helbig, Gerhard: Geschichte der neueren Sprachwissenschaft. Unter dem besonderen Aspekt der Grammatiktheorie, 2.Aufl.München 1973.
Herrmann, Theo: „Mentale Repräsentation – ein erläuterungsbedürftiger Begriff", Sprache und Kognition Bd.7, 1988, 162-175.
Hurford, James: Language and number. The emergence of a cognitive system, Oxford 1987.

Iran-Nejad, Ashgar/Homaifar, Abdollah: „Assoziative und nicht-assoziative Theorien des verteilten Lernens und Erinnerns", in: S.J.Schmidt Hg. 1991, 206-249.

Köck, Wolfram Karl: „Zur Geschichte des Instinktbegriffs", in: E.Florey/ O.Breidbach Hgg., Das Gehirn – Organ der Seele? Zur Ideengeschichte der Neurobiologie, Berlin 1993, 217-257.

Küppers, Harald: Das Grundgesetz der Farbenlehre, Köln 1978.

Lakoff, George: „The Invariance Hypothesis: is abstract reason based on image-schemas?", Cognitive Linguistics vol.1, 1990, 39-74.

Leech, Geoffrey: Semantics. The study of meaning, 2$^{nd}$ ed.Penguin 1981.

Leischner, Anton: Aphasien und Sprachentwicklungsstörungen. Klinik und Behandlung, 2. neubarb.u.erw.Aufl.Stuttgart 1987.

Lettvin, J.Y./H.R.Maturana/W.S.McCulloch/W.Pitts: „What the frog's eye tells the frog's brain", Proceedings of the IRE, vol.47, no.11, November 1959, 1940-1951.

Levelt, Willem J.M.: Speaking. From intention to articulation, Cambridge/Mass. 1989.

Maturana, Humberto R.: Erkennen: Die Organisation und Verkörperung von Wirklichkeit. Ausgewählte Arbeiten zur biologischen Epistemologie, 2.rev.Aufl. Braunschweig/Wiesbaden 1985.

McCulloch, Warren S.: „A historical introduction to the postulational foundations of experimental epistemology", in: F.S.C.Northrop/H.H. Livingston eds., Cross-Cultural Understanding. Epistemology in anthropology, New York 1964, 180-193. Repr. in: McCulloch 1965, 359-372.

ders., Embodiments of mind, Cambridge/Mass. 1965.

Meyer, Alfred: „The search for a morphological substrate in the brains of eminent persons including musicians: a historical review", in: M.Critchley/R.A.Henson eds., Music and the brain. Studies in the neurology of music, London 1977, 255-281.

Müller, Ralph-Axel: Der (un)teilbare Geist. Modularismus und Holismus in der Kognitionsforschung, Berlin 1991.

Ogden, C.K./Richards, I.A.: The meaning of meaning. A study of the influence of language upon thought and of the science of symbolism, London 1923, 10$^{th}$ ed. 1972.

Palmer, Stephen E./Kinchi, Ruth: „The information processing approach to cognition", in: T.J.Knapp/L.C.Robertson eds., Approaches to cognition, London 1986, 37-78.

Pitts, Walter/McCulloch, Warren S.: „How we know universals. The perception of auditory and visual forms", Bulletin of mathematical biophysics vol.9, 1947, 127-147.

Rahmstorf, Gerhard Hg., Wissensrepräsentation in Expertensystemen, Berlin 1988.

Rickheit, Gerd/Strohner, Hans: Grundlagen der kognitiven Sprachverarbeitung. Modelle, Methoden, Ergebnisse, Tübingen 1993.

Rösler, Frank/Hahne, Anja: „Hirnelektrische Korrelate des Sprachverstehens: zur psycholinguistischen Bedeutung der N400-Komponente im EEG", Sprache und Kognition Bd.11, 1992, 149-161.

Roth, Gerhard: 100 Milliarden Zellen. Gehirn und Geist, Funkkolleg: Der Mensch. Anthropologie heute, Studieneinheit 5, Tübingen 1993.

Scheerer, Eckart: „Mentale Repräsentation in interdisziplinärer Perspektive", Zeitschrift für Psychologie 201, 1993, 136-166.

Schmidt, Siegfried J. Hg.: Gedächtnis. Probleme und Perspektiven der interdisziplinären Gedächtnisforschung, Frankfurt/Main 1991.

Schwarz, Monika: Einführung in die kognitive Linguistik,Tübingen 1992.

Singer, Wolf: „Die Entwicklung kognitiver Strukturen – ein selbstreferentieller Lernprozeß", in: S.J.Schmidt Hg. 1991, 96-126.

Stachowiak, Herbert: Denken und Erkennen im kybernetischen Modell, Wien/New York 1965.

ders.: Allgemeine Modelltheorie, Wien/New York 1973.

Steinbuch, Karl: Automat und Mensch. Kybernetische Tatsachen und Hypothesen, Heidelberg 1961.

Uexküll, Jakob von: Theoretische Biologie, Berlin 1928, Nachdr. Frankfurt/Main 1973.
ders.: Streifzüge durch die Umwelten von Tieren und Menschen. Ein Bilderbuch unsichtbarer Welten (mit G.Kriszat), Berlin 1934, Nachdr. Frankfurt/Main 1970.
Varela, Francisco J.: Kognitionswissenschaft – Kognitionstechnik. Eine Skizze aktueller Perspektiven, Frankfurt/Mein 1990.
ders.: „Das zweite Gehirn unseres Körpers", in: H.R.Fischer u.a. Hgg., Das Ende der großen Entwürfe, Frankfurt/Main 1992, 109-116.
Violi, Patrizia: „A nonrestrictive semiotics of the immune system", in: E.E.Sercaz et al. eds., The semiotics of cellular communication in the immune system, Berlin 1988, 17-22.
Waddington, C.H.: Tools for thought, London 1977.

# Funktionsbestimmung ohne Funktionalismus in der Kognitionswissenschaft

*Michael Weingarten*

## I.

In der Einleitung zu dem Sammelband „Gehirn und Kognition" hat Wolf Singer als oberstes Ziel der Kognitionswissenschaft bestimmt, die Funktionsweise unseres Gehirns zu verstehen. Während hinsichtlich dieses obersten Zieles mit Sicherheit zwischen allen an der Kognitionsforschung Beteiligten Konsens besteht, ergeben sich Differenzen, unterschiedliche Forschungsstrategien und unterschiedliche Zielsetzungen unterhalb des obersten Zieles genau dann, wenn Funktionen einzelner Strukturen des Gehirns oder eben auch die Funktionsbestimmung des Gehirns insgesamt jeweils different vorgenommen werden. Eine der grundlegenden Auseinandersetzungen innerhalb der modernen Kognitionswissenschaft geht ja gerade darum, ob das Gehirn bestimmt werden kann als ein Repräsentationsorgan, ein Organ, das in der Lage ist vorfindliche Dinge und Strukturen bzw. Ordnungen außerhalb des Gehirns in irgendeiner Weise innerhalb des Gehirns darzustellen; oder ob nicht im Gegenteil das Gehirn so funktioniert, daß durch seine Aktivität erst aus der ungeordneten Mannigfaltigkeit von Einflüssen, die aus der Umgebung des Systems Gehirn auf dieses einströmen, Ordnungsstrukturen erzeugt werden, das Gehirn also kein Repräsentationsorgan, sondern viel eher ein Konstruktionsorgan darstellt. Und je nachdem, welche Funktionszuweisung von dem einzelnen Forscher oder einer Forschungsgruppe vorgenommen wird, können sich Unterschiede nicht nur auf der Ebene theoretischer Konzeptualisierung ergeben, sondern auch in der Art und Weise der Anordnung von Experimentalsystemen (zum Begriff des Experimentalsystems vergl. Rheinberger, 1992), mit deren Hilfe die leitende Funktionshypothese verifiziert werden soll. Zurecht hält Singer als ein wichtiges zu bearbeitendes Problem in der gegenwärtigen kognitionswissenschaftlichen Diskussion daher fest:

„Neue Fakten führen zu Modifikationen von Modellvorstellungen, Arbeitshypothesen und experimentellen Ansätzen, und letztere erschließen wiederum neue Fakten. Die diesen Aktivitäten zugrundeliegenden Basishypothesen sind jedoch meist implizit, beruhen auf unausgesprochenem Konsens und harren einer philosophischen Durchdringung und Einordnung." (Singer, 1990, S. 7).

Fraglich ist aber, ob ein Konsens durch neue Daten unter den Kognitionswissenschaftlern erzielt werden kann für eben den Fall, daß solche basalen Hypothesen oder Funktionszuweisungen strittig geworden sind; insbesondere dann, wenn sich aufgrund der in aller Regel eben nur impliziten Funktionsbestimmungen unterschiedliche experimentelle Forschungsstrategien ergeben. Dann nämlich kann ein neuer Konsens gerade nicht hergestellt werden durch neue und bessere experimentelle Daten, sondern nur dadurch, daß direkt über die Funktionsbestimmungen und deren Begründetheit gestritten wird. Die Thesen, die ich im Folgenden in einigen relativ groben Zügen explizieren möchte, lauten:

1) Bei dem Streit zwischen Repräsentationisten und Konstruktivisten handelt es sich genau um den Fall, daß beide Parteien unterschiedliche basale Leithypothesen oder Funktionsbestimmungen ihrer empirischen und experimentellen Vorgehensweise zugrunde gelegt haben;

2) Gemeinsam ist beiden Parteien ein aus wissenschaftstheoretischer Sicht problematisches Verständnis von Modell. Denn beide glauben, es gäbe das Gehirn als ein in seinen Funktionen bestimmtes System, sodaß den modelltheoretischen Überlegungen nur die Aufgabe zukommen kann, das „wahre" Modell von dem Funktionssystem Gehirn auszuarbeiten.

Ich hoffe mit meinen Überlegungen dagegen zeigen zu können, daß die Art der Modellverwendung in den Kognitionswissenschaften viel eher die Funktion hat, überhaupt erst durch Funktionszuweisungen mit Hilfe eines Modells den Gegenstand kognitionswissenschaftlicher Forschung zu konstituieren. In diesem Sinne handelt es sich nicht um Modelle von dem Funktionssystem Gehirn, sondern um Modelle für die funktionale Interpretation des Gehirns als organisierter, dynamischer Struktur; d. h. das Gehirn als funktionell differenziertes strukturelles System wird durch die Funktionszuweisungen mit Hilfe eines Modells erst als Forschungsgegenstand konstituiert (siehe zu der Modellproblematik sowie des Funktions-Struktur-Zusammenhanges M. Gutmann, 1995).


## II.

In der Sinnesphysiologie wie in den Neurowissenschaften allgemein hat sich seit längerem die Auffassung etabliert, Wahrnehmung als ein Spezialfall von Kognition sei als Informationsaufnahme und Informationsverarbeitung aufzufassen, wobei weitgehend ein Informationsbegriff der Nachrichtentechnik (und damit ein Sender - Empfänger - Modell) zugrundegelegt wird. Danach senden diskrete Objekte der Außenwelt spezifische Informationen aus, die von den Sinnesapparaten empfangen und zu Abbildungen oder Repräsentationen verarbeitet werden. Insgesamt wird hier die

Außenwelt als ein in sich geordneter und strukturierter Zusammenhang unterstellt vor und unabhängig von jeglicher Wahrnehmung. Dieser Auffassung entspricht es im weiteren, Wahrnehmung als kausales Ursache - Wirkungs - Verhältnis zu rekonstruieren, bei dem das Wahrgenommene die Art und Weise der Wahrnehmung determiniert oder doch wenigstens strukturiert. Informationsverarbeitung erscheint als Naturvorgang, Information als Naturgegenstand (neben Stoff und Energie).

In dieser konzeptuellen Perspektive formuliert etwa Vollmer „Bedingungen der Möglichkeit von Erfahrung": „In diesem projektiven Erkenntnismodell ist Erkenntnis eine Funktion eines natürlichen Organs, des Gehirns. Zentralnervensystem und Gehirn werden hier als Erkenntnisapparat aufgefaßt, auf den die Objekte der realen Welt projiziert werden bzw. sich durch elektromagnetische Wellen, Schallwellen, Moleküle und Gravitationsfelder selbst projizieren. Erkenntnistheorie wird demgemäß zur Projektions- und Apparatekunde, zu einer Theorie darüber, wie uns die Dinge bekannt werden, wie wir sie konstruieren und rekonstruieren und wie wir die Angemessenheit unserer Konstruktionen und Rekonstruktionen überprüfen." (Vollmer, 1987, S. 229) Die Durchführbarkeit einer solchen „projektiven Erkenntnistheorie" beruht auf einer disziplinären Aufgabenteilung zwischen Physik und Biologie in der Weise, daß die Physik zeige wie die Ordnung der Welt „an sich" ist; und die Biologie erforsche, wie solche objektiv gegebenen Ordnungen und Strukturen in einem Subjekt vermittels bestimmter (biologischer) Strukturen oder Apparate abgebildet werden können. „In der Frage, warum die ontologischen Voraussetzungen (an die Welt) für die Möglichkeit von Erkenntnis erfüllt sind, hilft uns die Physik weiter; in der Frage, warum auch die subjektiven Bedingungen (an kognitive Systeme) erfüllt sind, dagegen die Biologie." (Vollmer, 1987, S. 238)

Dagegen bestreiten in jüngster Zeit konstruktivistische Neurobiologen die ontologische Voraussetzung, daß es beobachterunabhängig eine natürlicherweise vorfindliche Ordnung der Welt gebe. Durch ihre Aktivität erzeugen kognitive Systeme erst Ordnungsstrukturen, die daher immer nur relativ sein können bezogen auf die Konstruktion des jeweiligen kognitiven Systems. „Es gibt Wahrnehmungs- und Erkenntnis-Aprioris: sie sind die Schemata, nach denen das Gehirn die an sich bedeutungslosen Sinnesempfindungen intern ordnet und interpretiert. Wir müssen annehmen, daß die Schemata meist nicht im strengen Sinn erfahrungsunabhängig, angeboren sind. Das Gehirn hat vorgegebene Grobstrukturen, z. B. welche Sinnesmodalitäten wo im Gehirn verarbeitet werden, aber diese müssen durch eine Art exemplarische Erfahrung, durch interne Hypothesenbildung und deren interne Überprüfung, bestätigt werden. Im Laufe der Individualentwicklung verfestigen sich diese Erfahrungen zu kognitiven Schemata, die dann die Grundlage weiterer Wahrnehmungen werden." (an der Heiden/Roth/Stadler, 1987, S. 260/261) Bestritten wird mit diesen Überlegungen nicht nur die von Vollmer vorgeschlagene „Arbeitsteilung" zwischen Physik und Biologie, sondern viel wichtiger die ontologische Leithypothese Vollmers. Damit muß einem kognitiven System auch eine andere Funktion zugewiesen werden; denn wenn es keine dem kognitiven System vorgeordneten ontologischen Weltstrukturen gibt,

macht es selbstverständlich auch keinen Sinn mehr zu fragen, wie ein kognitives
System die Welt oder Ausschnitte der Welt repräsentieren könne. Zeigt sich für Vollmer die Viabilität eines kognitiven Systems in der Passung der Repräsentationen von
Strukturen der Welt im kognitiven System zu den Strukturen der Welt selbst, so besteht für den Konstruktivisten die Viabilität des kognitiven Systems in der Konstruk-
tionsleistung selbst, weil nämlich diese erst koordiniertes Verhalten und den Abgleich
von Verhaltensziel und Verhaltensresultat zur Optimierung der Verhaltenskoordina-
tion ermöglicht.

## III.

Vergleicht man diese heute in den Kognitionswissenschaften stattfindenden Diskussionen mit den Diskussionen in der zweiten Hälfte des 19. Jahrhunderts, dann zeigen
sich eine Reihe doch erstaunlicher systematischer Parallelen. Helmholtz etwa rekonstruierte die Beziehung von wahrgenommenem Körper und der Vorstellung dieses
Körpers als Ursache - Wirkungs - Verhältnis vermittelt über die isomorphe Abbildung
des Körpers auf der Netzhaut. So hält Helmholtz in einem Vortrag, gehalten 1855 in
Königsberg, fest: „Das Auge ist ein von der Natur gebildetes optisches Instrument,
eine natürliche Camera obscura." (Helmholtz, o.J., S. 73) Mit dieser Behauptung, so
Helmholtz weiter, mache er aber eine Voraussetzung: „Ich setze voraus, daß der größte
Teil meiner Zuhörer schon Daguerresche oder photographische Bilder hat anfertigen
sehen, und sich das Instrument ein wenig betrachtet hat, welches dazu gebraucht wird.
Dieses Instrument ist eine Camera obscura." (Helmholtz, o.J., S. 75) Die Voraussetzung, die Helmholtz macht, kann nur so verstanden werden, daß die Behauptung über
die Funktionsweise des Auges (das Auge funktioniere wie eine Camera obscura) nur
dann verstanden werden kann, wenn man schon die Funktionsweise einer Camera
obscura kennt; mit anderen Worten: das technische Gerät, die Camera obscura, ist das
Modell, mit dessen Hilfe die Funktionsweise eines Auges erläutert werden kann. Im
nun folgenden gibt Helmholtz eine genaue Beschreibung der technischen Konstruktion der Camera obscura, um seinen Zuhörern zu erläutern, wie die Camera obscura
Abbilder von Gegenständen erzeugen kann; d. h. er bestimmmt die unterschiedlichen
Funktionen der konstruktiven Elemente und deren Zusammenhänge, die alle insgesamt für die Funktionserfüllung der Abbildung von Gegenständen erforderlich sind.
   Es ist sicherlich jedem klar, wie der Beweisgang bei Helmholtz weitergehen wird.
Nachdem er die Funktion der Camera obscura bestimmt und die funktionellen Elemente analysiert hat, die die Abbildung von Gegenständen ermöglichen, kann er jetzt
fragen, ob diejenigen Strukturen, die der Techniker zum Bau einer Camera obscura
verwendet, die einzigen sind, mit denen sich eine solche Konstruktion realisieren läßt.
Gibt es also strukturelle Äquivalente für diesen funktionellen Zusammenhang? Daß
das Auge eine Camera obscura sei, hatte Helmholtz ja eingangs schon behauptet; nun

muß er die strukturelle Äquivalenz der technischen und der im Auge vorfindlichen Elemente zur Erfüllung der Funktionen nachweisen. „Ein ebensolches Instrument ist nun das Auge; der einzige wesentliche Unterschied von demjenigen, welches beim Photographieren gebraucht wird, besteht darin, daß statt der matten Glastafel oder lichtempfindlichen Platte, im Hintergrunde des Auges die empfindliche Nervenhaut oder Netzhaut liegt, in welcher das Licht Empfindungen hervorruft, die durch die im Sehnerven zusammengefaßten Nervenfasern der Netzhaut dem Gehirn, als dem körperlichen Organ des Bewußtseins, zugeführt werden. In der äußeren Form weicht die natürliche Camera obscura von der künstlichen wohl ab." (Helmholtz, o. J., S. 76)

Solche strukturellen Unterschiede liegen zum Beispiel vor, wenn an Stelle des viereckigen Holzkastens der runde Augapfel, oder wenn an Stelle der Glaslinse die Kristallinse zusammen mit der gekrümmten Hornhaut in der natürlichen Camera obscura zu finden ist. Entscheidend für Helmholtz ist eben, daß trotz aller strukturellen Unterschiedenheit eine Funktionsgleichheit vorliegt, daß natürliche und künstliche Camera obscura leistungsgleich sind. Die Leistungsgleichheit von Glaslinse einerseits, Kristallinse und gekrümmter Hornhaut im Auge andererseits formuliert Helmholtz so: Letztere „entwerfen verkleinerte, natürlich gefärbte, aber auf dem Kopfe stehende Bilder der äußeren Gegenstände auf der Fläche der Netzhaut, welche letztere im Hintergrunde des Auges vor der Aderhaut liegt." (Helmholtz, o. J., S. 77) Die Netzhautbilder einer Person könnten im von Helmholtz konstruierten Augenspiegel für eine andere Person sichtbar gemacht werden, damit sei die Funktionsgleichheit von Augenlinse und Glaslinse experimentell verifiziert. Wenn in dieser Weise die Funktionsgleichheit trotz strukturellem Unterschied gesichert sei, dann könne man sich auch folgendem Schluß nicht entziehen. „So entspricht also jedem Punkte der Außenwelt ein besonderer Punkt des Bildes, der eine entsprechende Stärke der Beleuchtung und die gleiche Farbe hat, und so entspricht insbesondere im Auge beim deutlichen Sehen jeder einzelne Punkt der Netzhaut einem einzelnen Punkte des äußeren Gesichtsfeldes, so daß er nur von dem Lichte, welches von diesem äußeren Punkte hergekommen ist, getroffen, und zur Empfindung angeregt wird. Da somit jeder einzelne Punkt des Gesichtsfeldes durch sein Licht nur einen einzelnen Punkt der empfindenden Nervensubstanz affiziert, so kann auch für jeden äußeren Punkt gesondert zum Bewußtsein kommen, welche Menge und Farbe des Lichtes ihm angehört. Es wird durch diese Einrichtung des Auges, als eines optischen Apparates, möglich, die verschiedenen hellen Gegenstände unserer Umgebung gesondert wahrzunehmen, und je vollkommener der optische Teil des Auges seinen Zweck erfüllt, desto schärfer ist die Unterscheidung der Einzelheiten des Gesichtsfeldes." (Helmholtz, o. J., S. 79)

Natürlich wußte auch Helmholtz schon, daß mit dieser Analyse funktioneller Zusammenhänge noch nicht das aufgeklärt ist, was wir unter Wahrnehmung verstehen. In seinen weiteren Ausführungen versucht er deshalb zu zeigen, wie aus Lichtempfindungen Vorstellungen und dann schließlich auch Begriffe entstehen, die externe Objekte abbilden; für das Ziel unserer Überlegungen braucht uns das aber nicht weiter zu interessieren.

**IV.**

Der Punkt, auf den es mir ankommt, ist hier schon deutlich sichtbar: nämlich die empiristische Modell-Theorie, die die grundlegende Basis der Analysen von Helmholtz abgibt. Das Modell (das technische Artefakt Camera obscura) und das mithilfe des Modells Dargestellte (das Auge) sind nämlich für ihn Realisate der gleichen Gesetzesklasse, der optischen Gesetze; anders: die Leistungsgleichheit zwischen Kamera und Auge basiert auf den optischen Gesetzen, die nur unterschiedlich strukturell realisiert wurden. Empiristisch ist diese Theorie, weil in ihr die Erkenntnismittel (Apparate und Meßinstrumente) durchgängig subsumiert werden unter die zu erkennenden Objekte, also gar nicht als menschliche Konstrukte zur Erfahrungsermöglichung verstanden werden. Tetens hält zu diesem Thema generell fest: „Für die meisten Wissenschaftstheoretiker sind die Apparate zwar Artefakte, gleichwohl gelten sie vom Standpunkt der Physik aus hinreichend dadurch charakterisiert, daß auch unsere Experimentierapparate nach den Naturgesetzen funktionieren, die zu erforschen eigentliche Aufgabe der Physik ist. Die Experimentierapparate fallen unter die Naturgesetze, und deshalb scheint eine wissenschaftstheoretische Analyse der Experimentierapparate in einer wissenschaftstheoretischen Analyse der Naturgesetze enthalten zu sein." (Tetens, 1987, S. 37)

Wenn in diesem Sinne Naturgesetze als Ordnungs- und Organisationszusammenhänge der Natur selbst, unabhängig von Unterscheidungen und Handlungen, die der Experimentator zu bestimmten Zwecken vornimmt, schlichtweg vorgefunden werden und es so die Aufgabe der Wissenschaft ist, Gesetze zu entdecken, dann sind z.B. bezüglich der optischen Gesetze Abbildungsapparate als Funktionen in den Gesetzen enthalten; Physik und Biologie oder Physik und Kognitionswissenschaft unterscheiden sich daher nicht auf der Ebene der Funktionen, sondern sie sind unterschieden durch die verschiedenen strukturellen Realisate der gleichen Gesetzesklasse. In genau dieser Hinsicht sind die Vorstellungen von Helmholtz noch vergleichbar mit gängigen informationstheoretischen und repräsentationistischen Vorstellungen heute.

**V.**

Es ist aber durchaus möglich, die Überlegungen von Helmholtz gegen den Strich zu bürsten, eine grundsätzlich andere Argumentation zu entwickeln. Wenn Helmholtz nämlich sagt, daß der Vergleich von Camera obscura als technischem Artefakt und dem Auge sowie der an das Auge anschließenden neuronalen Organisation nur dann Sinn macht, wenn die Funktion und die funktionellen Zusammenhänge des Artefakts bekannt sind, dann könnte man dies auch so verstehen, daß die Funktionsbestimmung des Auges und der neuronalen Organisation nur dann erfolgen kann, wenn ich über das Modell eines Artefaktes und nur über ein Artefakt die Funktionsbestimmung einer biologischen Struktur überhaupt erst vornehmen kann. Der systematische Unterschied dieser Vorgehensweise und der empiristischen besteht darin, daß durch eine solche Funktionszuweisung über ein Modell eben keine symmetrische Beziehung zwischen Modell und der in ihrer Funktion über das Modell bestimmten biologischen Struktur mehr herbeigeführt werden soll, die gesichert ist durch die Zugehörigkeit der beiden Realisate zur gleichen Klasse von Naturgesetzen. Bestünde nämlich eine solche symmetrische Beziehung, dann wäre es grundsätzlich auf Grund der Geltung der gleichen Naturgesetze auch möglich, die Funktionsweise einer Kamera zu erläutern anhand der Funktionsweise des Auges, Modell und das im Modell Dargestellte wären also prinzipiell miteinander vertauschbar in ihren Positionen. So schreibt etwa David Hubel: „Das Auge wird oft mit einem Photoapparat vergleichen. Angemessener wäre es jedoch, es mit einer Fernsehkamera mit automatischer Nachführung zu vergleichen, also mit einem Gerät, das sich von selbst scharf stellt, sich automatisch an die Lichtstärke anpaßt, ein selbstreinigendes Objektiv besitzt und einen Computer speist, der so hochentwickelte Parallelverarbeitungsmöglichkeiten aufweist, daß unsere Ingenieure erst jetzt anfangen, sich für die Hardware, die sie entwerfen, ähnliche Strategien auszudenken." (Hubel, 1989, S. 43) Hatte Helmholtz die Funktionsweise des Auges anhand der Kamera erläutert, so fordert Hubel nun die Ingenieure umgekehrt auf, „der Natur nach zu konstruieren", das heißt sich das Auge zum Modell zu nehmen für die Konstruktion technischer Apparate. Trotz der Vertauschung von Modell und dem im Modell Dargestellten ist die ontologische Grundlage gleichgeblieben: Helmholtz wie Hubel gehen wie selbstverständlich davon aus, daß es diskrete, an sich selbst unterschiedene Informationen gäbe, die von einem Naturgegenstand und einem Artefakt zwar in spezifischer Weise verarbeitet oder codiert werden, die dann aber am Ende wieder umgesetzt werden könnten in die gleiche abbildende Repräsentation der diskreten Informationen. „Input" und „output" unterscheiden sich bei dem Naturgegenstand und dem Artefakt nicht, als different vorgestellt werden sie nur in dem jeweiligen Modus der Verarbeitung. Genau dies ist wissenschaftstheoretisch aber in mehreren Hinsichten äußerst bedenklich. Diese These soll im Folgenden erläutert werden.


## VI.

In der empiristischen und naturalistischen Traditionslinie von Helmholtz bis Hubel u. a. wird verkannt, daß es sich bei den technischen Konstrukten wie der Camera obscura oder der Fernseh-Kamera entweder um Metaphern (im lebensweltlichen Gebrauch) oder um Modelle (im wissenschaftlichen Gebrauch) handelt, mit deren Hilfe der Gegenstand, über den geredet wird, erst konstituiert wird. Diese technischen Artefakte und ihre Verwendung als Beschreibungsmittel des Wahrnehmungsvorganges sind uns auf Grund einer langen kulturellen Tradition schon so selbstverständlich geworden, daß sie uns in ihrem metaphorischen und/oder modelltheoretischen Gehalt überhaupt nicht mehr bewußt werden; und auch wenn diese Sprechtradition als metaphorische akzeptiert wird, so wird damit dann doch wiederum in aller Regel die These verknüpft, daß die metaphorische Redeweise nur eine abkürzende Redeweise sei, daß es im Prinzip immer möglich sei, die Metaphern zu ersetzen durch wörtliche Paraphrasen (Searle, 1993; Davidson, 1990).

Kulturhistorische und kulturtheoretische Untersuchungen machen dagegen deutlich, daß mit Metaphern nicht einfach nur Gegenstände in einer anderen Weise beschrieben werden, sondern vielmehr daß im strengen Wortsinne durch solche Metaphern Gegenstände wie etwa Wahrnehmung, Gedächtnis und andere mentale Vorgänge und Leistungen bezeichnende Terme als Gegenstände der Forschung erst konstituiert werden; anders: ohne die Verwendung von Metaphern könnten wir überhaupt nicht über solche Gegenstände miteinander reden. Dieser Sachverhalt verweist auf einen systematisch relevanten Unterschied in der Art und Weise wie wir im Reden Metaphern verwenden. Mit Josef König können wir sagen, daß wir nicht nur verschiedene Metaphern verwenden, sondern daß wir in der Verwendung von Metaphern diese auch als verschiedene verwenden. „Es sind Metaphern, rücksichtlich derer es keinem Zweifel unterliegt, daß sie beide in der Tat Metaphern sind, und die dennoch über die Verschiedenheit ihres Inhalts hinaus einen Formunterschied in der Weise ihres Metapher-seins vor Augen stellen." (König, 1994, S.158) Eine bloße Metapher ist in diesem Sinne ein sprachliches Bild für einen Gegenstand, ein Ereignis oder einen Verlauf, der auch sprachlich artikuliert werden kann ohne Rückgriff auf Metaphern, etwa von man von einer Leistung als „bedeutend" oder „überragend" spricht. „Die bloße Metapher ist nicht das natürliche und genuine Organ des Gewahrens ihrer Sache, sondern setzt die Möglichkeit, sie noch in anderer und eben in eigentlicher Weise sprachlich zu treffen, voraus." (König, 1994, S. 172)

Mit »eigentlichen Metaphern« dagegen drücken wir einen Sachverhalt aus, über den wir ohne Metaphern überhaupt nicht reden könnten. Um den »Formunterschied« von »bloßen« und »eigentlichen« Metaphern zu verdeutlichen, verweist König auf den Fall, daß wir uns das Denken als Vorgang verdeutlichen könnten dadurch, daß wir Denken als einen Vorgang des Produzierens und das Verhältnis von Denken und Gedachtem als Produktionsverhältnis, also als Verhältnis von Produktionsvorgang und Produkt beschreiben. So hat etwa Pfänder in seiner Logik geschrieben: „Das Denken produziert den Gedankengehalt, es spinnt ihn aus, baut ihn auf oder bildet ihn nach." (Pfänder, 1929, S. 7) Pfänder will mit einer solchen Aussage selbstverständlich nicht behaupten, das Denken sei in genau der gleichen Weise eine Art der Gattung des handwerklichen Produzierens so wie Bauen und Spinnen etwa Arten handwerklichen Produzierens sind. Vielmehr hält Pfänder ausdrücklich fest, daß das Denken als Produktionsverhältnis ein „absolut eigenartiges ist" (Pfänder, 1929, S. 22). Der Vergleich von Denken und anderen Arten handwerklichen Produzierens soll also nicht zum Resultat haben, die Gattungsgleichheit von Denken und Spinnen, Bauen usw. behaupten zu können, der Vergleich zielt vielmehr auf einen völlig anderen Sachverhalt. „Zwar mag man sagen, daß wir Denken und Handwerken miteinander vergleichen; aber offenbar ist es so, daß wir dabei sehr viel mehr mit dem irgendwie sinnfälligen Handwerken, als umgekehrt dieses mit jenem vergleichen. Was das Hervorbringen ist, vergegenwärtigen wir uns an dem sinnfälligen Handwerken, nicht am Denken. Infolgedessen läßt sich z. B. denken, daß das Handwerken für sich allein schon ein Hervorbringen wäre; hingegen ist es unmöglich, das Denken für sich allein, d. h. ohne Hinblick auf das Handwerken, als ein Hervorbringen aufzufassen." (König, 1994, S. 169) Obwohl also das Vergleichen eigentlich ein symmetrisches Verhältnis der miteinander Verglichenen unterstellt, zeigt sich in solchen Fällen der Vergleich als asymmetrisch: Zwar kann ich mir das Denken als Akt des Produzierens vergegenwärtigen über Arten des handwerklichen Produzierens, nicht aber umgekehrt das handwerkliche Produzieren über das Denken. Um einen solchen Vergleich in dieser Weise durchführen zu können, muß ich also immer schon wissen, was mit handwerklichem Produzieren gemeint ist, um verstehen zu können, inwiefern Denken ein Akt des Produzierens sein könnte. „Aber der Blick auf das Denken als Hervorbringen hat den vergleichenden Hinblick auf das Handwerken notwendig immer schon hinter sich, der auf dieses hingegen nicht notwendig den auf das Denken." (König 1994, S. 169)

König stellt nun die These auf, daß immer dann, wenn wir über seelisches Tun oder seelische Ereignisses reden, der gleiche Sachverhalt vorliegt wie in dem Produktionsbeispiel. „Die Worte, mit denen dieses nicht sinnfällige seelische Tun zur Aussprache kommt, setzen Ausdrücke für sinnfälliges Tun voraus. Diese letzten sind daher das Anfängliche, das gedacht werden kann als für sich allein bestehend, während jene den Bezug auf diese in sich selber tragen, so daß es undenkbar ist, daß sie für sich allein bestünden." (König, 1994, S. 171/172) Und es ist gerade eine der zentralen Leistungen der Sprache, durch die Verwendung von Metaphern sinnlich nicht zugängliche Ereignisse kommunizierbar, mitteilbar zu machen; insofern sind im Unterschied zu einfachen Metaphern eigentliche Metaphern zugleich notwendige Metaphern, weil nur sie nicht-sinnliche Ereignisse zum Ausdruck bringen können. „Seelische Geschehnisse sind nur geistig sichtbar, und die Sprache gibt sie ursprünglich. Der Ausdruck ist hier in Einem sowohl das die Sachen Meinende als auch das Organ, kraft dessen allein möglich ist, diese Sache zu sichten." (König, 1994, S. 173) Oder wie es Hans Heinz Holz im Anschluß an Josef König ausformuliert hat: „Das Unsinnliche, das nicht im gemeinsamen Verstehensraum der anschaulichen Umwelt steht, bedarf also der evozierenden Verdeutlichung. Verdeutlichen heißt hier: anschaulich machen. Das Unanschauliche soll durch ein Anschauliches so charakterisiert werden, daß es im anderen hervorgerufen wird. Ein Anschauungsinhalt muß dafür eintreten, nicht stellvertretend, sondern verweisend. Ohne dieses Eintreten des Anschaulichen für das Unanschauliche wird dieses überhaupt nicht sagbar. Es bliebe verschlossen und fremd.

In diesem Sinne sprechen wir von notwendigen oder ursprünglichen Metaphern. Sie verhelfen einem Sachverhalt zu objektivem Sein, insofern das in ihnen Ausgesagte erst durch diese Aussage allgemein wird, d. h. über das subjektive, individuelle Erleben hinausreicht. Die notwendigen Metaphern stiften einen gemeinsamen Weltbezug, sie erschließen die Welt für ein kommunikatives Sichdarinbewegen, Sichverhalten der davon angesprochenen Menschen." (Holz, 1955, S. 102) Im Unterschied zur determinierenden Rede, in der es um die Zuschreibung von Eigenschaften bezüglich eines Gegenstandes gehe, handele es sich bei der modifizierenden Rede, die notwendige Metaphern verwende, um diejenige Redeweise, in der es um die Zuweisung von Funktionen gehe. Die modifizierende Rede „erschließt den Seinsmodus des Gegenstandes, indem sie seine Funktion (also das verbale Element seines Begriffs) charakterisiert. Das Unsinnliche wird nicht in seiner Bestimmung durch determinierende Prädikate zum Gegenstand, sondern nur in der Art und Weise des So-Wirkens, d. h. als Eindruck von... . Dieser aber erfüllt sich nur, indem ich ihn in Worte fasse; und das Unsinnliche kann ich nur metaphoriosch fassen. Die Metapher bestimmt so den Eindruck von... als Modus des Betroffenseins." (Holz, 1955, S. 117. Vergl. hierzu ausführlich auch König, 1969; sowie Lipps, 1976a; 1976b; 1977)

## VII.

An einem experimentellen Beispiel soll die theoretische Relevanz dieser Unterscheidung in der Verwendung von Metaphern erläutert werden. Zugleich wird in diesem exemplarischen Beispiel deutlich, daß unterschieden werden muß zwischen der Teilnehmer-Perspektive, in der wir uns sprechend verständigen über u. a. das, was wir mit „Wahrnehmen" meinen, und der auf diese lebensweltlich gegebene Unterscheidungs- und Verständigungspraxis aufbauenden Beobachter-Perspektive, in der wir im Rahmen einer experimentellen Handlungspraxis versuchen, Aussagen über die Funktionsweise des Wahrnehmungssystems zu treffen. Für den methodischen Aufbau kognitionswissenschaftlicher Theorien heißt das, daß wir zunächst die Teilnehmer-Perspektive zu rekonstruieren haben und erst dann in einem zweiten Schritt den Übergang vornehmen können von der Teilnehmer- zur Beobachter-Perspektive, in der die Konstitution des Gegenstandes, der experimentell erforscht werden soll, schon in geregelter Weise erfolgt sein muß. Dieser Übergang läßt sich auch so beschreiben, daß von der Verwendung von Metaphern im Bereich der lebensweltlichen Verständigungspraxis übergegangen wird zu normierten Modell-Konzeptionen zum Zwecke der Ermöglichung wissenschaftlicher Forschung.

Läsionen im Okzipital-Lappen beim Menschen führen zu Störungen im Gesichtsfeld, zur absoluten Blindheit im gestörten Teil des Gesichtsfeldes. Geht man davon aus, daß ähnliche Gehirn funktional gleich organisiert sind, dann ist zu erwarten, daß bei Schädigung des Okzipital-Lappens z. B. bei einem Säugetier derselbe Effekt (absolute Blindheit in einem Teil des Gesichtsfeldes) erzielt wird.

Genau dies ist aber nicht der Fall: Wird nämlich bei einem Versuchstier ein Teil des Okzipital-Lappens abgetragen, dann ergibt die Prüfung der visuellen Leistung am Versuchstier, daß es immer noch auf visuelle Reize im gesamten Gesichtsfeld reagiert.

Neurobiologisch kann bzw. wurde diese Leistung erklärt durch den Hinweis, daß die visuelle Information vom Auge aus nicht nur über den Neocortex zum Okzipital-Lappen weitergeleitet wird, sondern daß es noch weitere parallele Bahnen gibt, die an anderen benachbarten Stellen im Gehirn enden; für diesen Fall relevant eine Verbindung, die nicht über das Mittelhirn läuft, sondern direkt im Neocortex, in der Nähe des Okzipital-Lappens endet.

Warum aber „sieht" der Mensch nicht das, was ein Säugetier bei gleicher Schädigung doch noch immer sieht bzw. sehen kann? Unbefriedigend wäre der Schluß, daß die Gleichheit der Funktionen bei gleicher oder doch ähnlicher Organisation im Aufbau des Gehirns doch nicht bestünde. Denn dann könnten wir von Experimenten am Tier keinen Aufschluß mehr erwarten über die funktionelle Organisation der kognitiven Leistungen beim Menschen.

Ernst Pöppel, von dem dieser Versuch durchgeführt wurde, gibt denn auch eine andere und – wie ich finde – bessere Erklärung. Die Durchführung des Experiments bei Mensch und Tier unterscheidet sich nämlich in einer wesentlichen methodischen Hinsicht: Beim Tier wurde mit Hilfe des Perimeters – also sprachfrei – beobachtet, ob die Augenbewegungen den angebotenen Lichtreiz fixieren - der menschliche Patient aber, an dem diese Untersuchung zuerst vorgenommen wurde, wurde befragt, ob er die Lichtreize sieht oder nicht mehr sieht. Kontrolliert man nun nur die Augenbewegung des Patienten, führt also den Versuch am Menschen so durch, wie man ihn in diesem Falle beim Tier macht, indem man auf die sprachlichen Äußerungen/Beschreibungen des Wahrgenommenen durch den Patienten verzichtet, dann stellt sich heraus, daß der Mensch in der gleichen Weise in der Lage ist (nach einer kurzen Trainingsphase, die auch beim Tier erforderlich ist), den angebotenen Lichtreiz im „blinden" Gesichtsfeld zu fixieren. Befragt man dann den Patienten nach Beendigung des Experimentes, ob er in dem als gestört diagnostizierten Teil seines Gesichtsfeldes irgendetwas wahrgenommen habe, so kann der Patient aber keine Auskunft darüber geben, ob er etwas wahrgenommen hat. Aus der Sicht des Experimentators (des „Beobachters") tat der Patient „also etwas und wurde dabei sogar immer besser, ohne ein Bewußtsein dieser Tätigkeit zu haben und ohne darüber verbal Auskunft geben zu können. Seine Fähigkeit, auf Lichtreize richtig zu reagieren, indem er zu ihnen hinschaute, war dissoziiert von bewußten Prozessen. Seine Leistung war dem Bewußtsein nicht zugänglich (...) Der im Perimeter als blind beschriebene Bereich des Gesichtsfeldes nach Verletzung des Okzipital-Lappens ist also nicht absolut blind. Die Absolutheit bezieht sich nur auf die Äußerungsmöglichkeit über visuelle Ereignisse in diesem Bereich." (Pöppel, 1993, S. 119/120)

Dieser Fall zeigt, daß wir, wenn wir kognitive Leistungen von Menschen untersuchen, immer die Teilnehmerperspektive des Miteinandersprechens unterstellen auch dann, wenn wir zum Zwecke der medizinischen Diagnose oder des therapeutischen Eingriffes einen quasi experimentellen, an der Erforschung eines Objektes orientierten Zugriff wählen. Wir wissen eben, daß der Patient nicht nur einfach Objekt (Körper) der medizinischen oder neurobiologischen Forschung ist, sondern Subjekt (Leib, Person) in genau dem Sinne wie der Experimentator sich selbst als Subjekt (Leib, Person) versteht.


## VIII.

Die konstruktivistische Konzeption scheint zunächst sowohl den methodischen Überlegungen zur Verwendung von Metaphern (wir konstruieren in der Verwendung von Metaphern Bedeutungen) als auch dem experimentellen Befund näher zu stehen als eine repräsentationistische Ansicht. Denn gerade das von Pöppel durchgeführte Experiment läßt ja fragwürdig werden, was in diesem Falle mit Repräsentation gemeint sein kann, wenn zwar das Auge angebotene Lichtreize in dem „blinden" Teil des Gesichtsfeldes richtig fixiert, der Patient aber keine (bewußte, i. e. sprachlich artikulierbare) „Wahrnehmung" des Lichtreizes hat.

Nun hatte schon Helmholtz in Mach einen Kritiker gefunden, der die Vorstellung der Abbildung von Gegenständen im Gehirn bestritt. Faßte Helmholtz Körper als immer schon gegebene äußerer Objekte auf, die je einen spezifischen Reiz auf die Sinnesorgane bewirken, so läßt Mach den Bezug auf äußere Körper in seiner Erläuterung der Funktionsweise des Sinnessystems völlig fallen. „Nicht die Körper erzeugen Empfindungen, sondern Elementenkomplexe (Empfindungskomplexe) bilden die Körper. Erscheinen dem Physiker die Körper als das Bleibende, Wirkliche, die 'Elemente' hingegen als ihr flüchtiger vorübergehender Schein, so beachtet er nicht, daß alle 'Körper' nur Gedankensymbole für Elementenkomplexe (Empfindungskomplexe) sind." (Mach, 1985, S. 23) Damit wird der noch bei Helmholtz vorhandene Kausalbezug zu externen Objekten als den Ursachen für Sinnesdaten aufgelöst in einen funktionalen Zusammenhang der Sinnesdaten selbst. „Der Spuk (von Wirkungen aus der Außenwelt, M. W.) verschwindet jedoch sofort, wenn man die Sache sozusagen in mathematischem Sinne auffaßt, und sich klar macht, daß nur die Ermittlung von Funktionalbeziehungen für uns Wert hat, daß es lediglich die Abhängigkeiten der Erlebnisse voneinander sind, die wir zu kennen wünschen. Zunächst ist dann klar, dass die Beziehung auf unbekannte, nicht gegebene Urvariable (Dinge an sich) eine rein fiktive und müßige ist." (Mach, 1985, S. 28). Körper (im Sinne der Physik) sind Konstrukte, die das Nervensystem aus Sinnesdaten herstellt, sodaß Körper als Konstrukte relativ sind zu den Konstruktionsfähigkeiten des Nervensystems; oder in den Worten von Mach: „Verändern Sie das Auge des Menschen, und Sie verändern seine Weltanschauung." (Mach, 1910, S. 93) Ein Konstruktivist wird diesen, von Mach provozierend vorgetragenen Sachverhalt wohl so formulieren: „Wahrnehmungen" sind immer und auf jeder organisatorischen Komplexitätsstufe Konstruktionen von selbstreferentiell tätigen Nervensystemen; unsere menschlichen Wahrnehmungen der Welt sind keine Abbilder der Welt außerhalb von uns, sondern wir konstruieren uns ein Weltbild aus den intern induzierten Zustandsveränderungen unseres Nervensystems; und die Erfahrung oder das Erlebnis einer solchen Zustandsveränderung bezeichnen wir dann als „Wahrnehmung". „Das heißt ganz allgemein, die Welt, die wir erleben, ist so und muß so sein, wie sie ist, weil wir sie so gemacht haben." (v. Glasersfeld, 1984, S. 29) Oder in einer Formulierung von Roth: „Die Wahrnehmungsinhalte müssen daher vom Gehirn selbst konstituiert werden. Wahrnehmung ist demnach Bedeutungszuweisung zu an sich bedeutungsfreien neuronalen Prozessen, ist Konstruktion und Interpretation. Es ist das elementare Charakteristikum des Gehirns als eines selbstreferentiellen Systems, daß es nur mit den von ihm selbst generierten kognitiven Ereignissen umgeht." (Roth, 1986, S. 170)

Nun hat Mach selbst auf eine folgenreiche Konsequenz seiner Theorie hingewiesen und in diesem Zusammenhang ein Bild verwendet, dessen Probleme uns heute deutlich vor Augen stehen. Ist seine Theorie nämlich richtig, dann können wir prinzipiell nicht wissen, was nicht-menschliche Lebewesen wahrnehmen. „Wie ganz anders muß die Natur den Tieren erscheinen, welche mit wesentlich anderen Augen versehen sind als der Mensch, etwa den Insekten.(...) Uns ist es schon ein Rätsel, wie den Menschen verwandteren Tieren die Natur entgegentritt, etwa den Vögeln, welche fast kein Ding mit beiden Augen zugleich sehen, die im Gegenteil, weil die Augen zu beiden Seiten des Kopfes stehen, für jedes ein besonderes Gesichtsfeld haben.

Die Menschenseele ist eingesperrt in ihr Haus, in den Kopf; sie betrachtet sich die Natur durch ihre beiden Fenster, durch die Augen. Sie möchte nun auch gerne wissen, wie sich die Natur durch andere Fenster ansieht." (Mach, 1910, S. 93/94) Nicht nur können wir nicht wissen, wie andere Lebewesen wahrnehmen, genaugenommen muß mir auch fragwürdig werden, ob eine andere Person wahrnimmt so wie ich wahrnehme; es droht also des Problem des Solipsismus. Mach beschreibt mit diesem Bild die Wahrnehmung des Menschen weiter aber auch dualistisch als Körper - Seele - Beziehung. Damit wird nun ein unendlicher Regreß eingeführt, denn auch die Seele muß Wahrnehmungsorgane besitzen, die Wahrnehmungen erzeugen, welche wiederum wahrgenommen werden müssen usw. Diese beiden Problembereiche muß der Konstruktivismus überwinden, will er seine Vorgehensweise plausibel machen.


## IX.

Mit der Einführung der Kategorie des Beobachters scheint der Konstruktivismus nun auch eine produktive Lösung dieser beiden Problembereiche in Angriff genommen zu haben. Roth bestimmt die Funktion des Gehirns nämlich zunächst nicht als Konstrukteur von „Wahrnehmungen", sondern er definiert es als Organ, welches ein viables

Verhalten ermöglichen soll. „Es ist die Aufgabe des Gehirns, ein Verhalten zu erzeu-
gen, das den Organismus unmittelbar oder mittelbar am Leben erhält, und zwar unter ganz spezifischen inneren und äußeren Bedingungen." (Roth, 1992, S. 104) Das
Verhalten eines Lebewesens, also die Art der Interaktion des Lebewesens mit seiner
Umgebung kann von einem externen Beobachter beurteilt werden hinsichtlich der
Viabilität für das beobachtete Lebewesen. Weiter kann dann der Beobachter, der ein
Verhalten als viabel beurteilt, nach den Strukturen und Mechanismen fragen, die einem Lebewesen dieses Verhalten ermöglichen und so die These formulieren, daß das
von ihm beobachtete Lebewesen intern aus den Zuständen in seinem Nervensystem
offenkundig „Bedeutungen" konstruiert hat, die sich dem Beobachter in dem viablen
Verhalten zeigen.

Der Beobachter und nur der Beobachter bestimmt die Viabilität von Verhaltensleistungen eines Lebewesens bezüglich des Kontextes, in dem das Lebewesen sich
verhält. Dabei muß er das Verhalten des beobachteten Tieres interpretieren als gerich-
tet auf bestimmte Dinge oder Ereignisse in dem Kontext, in dem das Tier sich bewegt.
Die Interpretation des Verhaltens eines Lebewesens als Zwecke verfolgend durch
einen externen Beobachter erlaubt aber noch nicht den Schluß, daß auch das Lebewesen selbst mit und in seinem Verhalten Zwecke verfolgt. Um diese Behauptung
aufstellen zu können, muß gezeigt werden, daß wir in der Beurteilung der Verhaltensleistungen von Tieren nicht immer nur als externe Beobachter fungieren können, sondern daß es grundsätzlich möglich ist, den Beobachterstandpunkt so zu internalisie-
ren, daß die Verhaltensleistung als Zwecksetzung und Zweckverfolgung durch das
beobachtete Lebewesen selbst bestimmt werden kann.

Genau dies scheint mir nun das Erklärungsziel von Roth zu sein, so etwa, wenn
er immer wieder betont, daß das Gehirn selbst – und zwar jedes einzelne Gehirn als
einzelnes – aus dem Vergleich und der Kombination neuronaler Elementarereignis-
se Bedeutungen erzeugt. Experimentelle Befunde zeigten, daß ein wahrgenommener
Sachverhalt, z. B. ein Ball, zerlegt wird in Details (Form, Farbe, Bewegung usw).
Diese Details werden repräsentiert in den primären und sekundären corticalen Arealen. Die „Bedeutung" das wahrgenommenen Sachverhaltes als „Ball" dagegen wird
bearbeitet in den assoziativen Arealen des Gehirns. Dieses experimentelle Ergebnis
könne nur so verstanden werden, daß damit gezeigt sei, daß das Gehirn selbst aus den
bearbeiteten Details die Bedeutung des Wahrgenommenen konstruiere. Nun ist aber
die Beziehung zwischen den unterschiedlichen Hirnarealen und auch schon die Unterscheidung der Funktionsweise der einzelnen Hirnareale etwas, was den jeweiligen
neuronalen Strukturen selbst gerade nicht abgelesen wurde, sondern in der Art der
experimentellen Manipulation der Strukturen durch den Experimentator erst hergestellt und dann funktional interpretiert wurde. So schreibt Roth selbst: „Der Neuro-
physiologe ordnet als Experimentator der an sich bedeutungsneutralen Aktivität des
Neurons eine funktionale Bedeutung zu, nämlich »visuell«, »farbcodierend« oder
»motorisch«, weil er gleichzeitig Zugang zum Reiz und zur neuronalen Erregung bzw.

zur neuronalen Erregung und zur motorischen Reaktion hat und einen funktionellen Zusammenhang daraus folgert.(...) Die Bedeutung der neuronalen Aktivität scheint also in diesem Fall von uns, dem Experimentator oder Beobachter, konstituiert zu sein und nicht vom Neuron." (Roth, 1992, S. 114) Die Redeweise, daß die assoziativen Areale die „Bedeutungen" der wahrgenommenen Sachverhalte erzeugten, ist somit ungenau genau deshalb, weil die Interpretationsleistung bzw. die Funktionszuweisung durch den Beobachter vorgenommen wurde; in der Beschreibung Roths dagegen wird der externe Beobachter offenkundig ersetzt durch „das Gehirn selbst".

Offenkundig verfolgt Roth mit seiner Redeweise eine Leithypothese, die sich sowohl unterscheidet von derjenigen, die die Unaufhebbarkeit des externen Beobachterstandpunktes formuliert; als auch von derjenigen klassischer Repräsentationstheorien, die die Bedeutungskonstitution über die wahrgenommenen Objekte erklären wollten. Diese Leithypothese stellt sich dar als die Umkehrung des klassisch objektivistischen Standpunktes, nämlich als Versuch der Fortschreibung von Selbstbewußtseinstheorien mit den Mitteln, die einerseits Teile der analytische Philosophie des Geistes zur Verfügung stellen, andererseits Ergebnisse der neuen experimentellen kognitionswissenschaftlichen Forschung.

So schreibt Roth in seinem Aufsatz „Kognition: Die Entstehung von Bedeutung im Gehirn": „Verhalten hat in aller Regel eine Bedeutung, nämlich für den Organismus, und das Gehirn muß dieses bedeutungsvolle Verhalten produzieren. Gleichzeitig erlebt jeder von uns in sich sogenannte mentale Zustände, das heißt Wahrnehmungen, Empfindungen, Vorstellungen, Erinnerungen usw., als bedeutungsvolle Zustände, und es wird allgemein angenommen, daß diese mentalen Zustände ursächlich mit den Prozessen im Gehirn zusammenhängen." (Roth, 1992, S. 104) Zugestanden werden kann, daß der ursächliche Zusammenhang zwischen mentalen Zuständen und Prozessen im Gehirn experimentell gesichert ist. Fraglich und begründungsbedürftig ist dagegen aber sicherlich die Redeweise, daß jeder Einzelne als Einzelner über mentale Zustände verfügt. Wenn Roth (z. B. in Roth, 1988) behauptet, daß nichts dagegen spräche, daß ein einzelnes Gehirn sich selbst beschreiben könne, dann reproduziert er die Versuche der klassischen Selbstbewußtseinstheorien, die glaubten, daß über das subjektinterne Verhältnis von Bewußtsein und Selbstbewußtsein jedes einzelne Subjekt Aufschluß über sich erlangen könne unabhängig von sprachlichen und/ oder kooperativen Handlungs- und Interaktionsverhältnissen zwischen Individuen.

In modelltheoretischer Hinsicht läßt sich nun auf alle Fälle die Differenz zwischen den klassisch-repräsentationistischen Theorien und der konstruktivistischen Theorie Roths deutlich benennen. Basal für den Konstruktivismus sind nicht vorfindliche Naturgesetze, sondern bezüglich des Anfanges kognitionswissenschaftlicher Forschung müssen wir zurückgreifen auf unser Wissen über uns selbst, auf die Art und Weise, wie wir uns selbst als empfindende, wahrnehmende, denkende usw. Wesen erfahren. Wenn wir uns verstehen als Zwecke setzende und Zwecke ausführende Entitäten und wenn wir experimentell einen Zusammenhang herstellen können zwischen unserer Fähigkeit, Zwecke zu setzen, und unseren neuronalen Strukturen, sind wir dann nicht gezwungen, auch zumindest den nichtmenschlichen Lebewesen, die über eine ähnliche neuronale Organisation wie wir verfügen, Bewußtsein zuzusprechen? Für diese Hypothese führt Roth zwei Belege an: „Tiere und Menschen hingegen stellen sich selbst her, und ihre Verhaltensziele werden durch ihr Nervensystem aufgrund von Prinzipien bestimmt, die sich während der Ontogenese und der Evolution entwickelt haben. Solange wir in Tieren und Menschen sinnvolles, zielorientiertes Verhalten beobachten, müssen wir annehmen, daß dies von internen Gehirnprozessen erzeugt wurde und nicht von außen kommt.

Zweitens könnten wir die Existenz bedeutungsvoller Prozesse in allen Lebewesen leugnen, aber wir können ihre Existenz nicht in uns leugnen (gleichgültig, ob sie bewußt oder unbewußt sind). Wenn wir die Bedeutungshaftigkeit neuronaler Prozesse nicht in uns leugnen können, dann auch nicht bei unseren Mitmenschen. Aber wenn wir sie nicht für das menschliche Gehirn leugnen können, warum dann für das Gehirn von Menschenaffen und anderen Primaten? (...) Und wenn wir Bedeutungshaftigkeit dem Gehirn von Primaten zugestehen, wie können wir sie dann den Gehirnen anderer Säugetiere oder anderer Wirbeltiere oder auch denen von Insekten absprechen? Niemand hat bisher zeigen können, daß den Gehirnen dieser Tiere etwas fehlt, das in unseren Gehirnen und vielleicht in denen anderer Primaten Bedeutungshaftigkeit erzeugt." (Roth, 1992, S. 116)

## X.

Wie gesagt, plausibel muß dieser Schluß nur dann erscheinen, wenn ich davon ausgehe, daß es möglich ist, daß ein Subjekt unabhängig von der Interaktion mit anderen Subjekten in der Lage ist, ein internes Modell von sich selbst zu erstellen; Interaktionsverhältnisse können solche Selbstmodelle zwar sekundär modifizieren und überformen durch die strukturelle Koppelung der einzelnen Individuen, aber eben nicht konstituieren.

Von Mead über phänomenologische Ansätze bei Kurt Goldstein und Merleau-Ponty bis hin zu unterschiedlichen modernen Konzeptionen wie Tugendhat (1979) und Taylor (1994), von den Konzeptionen Apels und Habermas' ganz abgesehen, ist die Möglichkeit der Erstellung eines Selbstbildes durch ein monologisierendes Subjekt vehement bestritten worden; insbesondere Mead hat versucht zu zeigen, wie über Interaktionszusammenhänge durch die Zuschreibungen anderer Individuen sich in der Übernahme der Zuschreibungen durch das von anderen beschriebene Individuum erst die Vorstellung eines „Selbst" herausgebildet hat. Wenn diese Konzeption der Herausbildung eines „Selbst" in der handelnden und sprachlichen Interaktion mit anderen Individuen korrekt ist, dann muß die Kognitionsforschung bei dem Versuch, erste Modellbildungen oder Funktionszuweisungen vorzunehmen, strikt unterscheiden zwischen der Teilnehmer-Perspektive, in der solche Zuschreibungen methodisch primär vorgenommen werden, und der Beobachter-Perspektive, in der die Funktionszuweisungen getestet werden auf Leistungs- oder zumindest Resultatgleichheit mit dem in der Teilnehmer-Perspektive formulierten Modell und dem Experimental-Objekt. Die systematische und unaufhebbare Differenz von Teilnehmer- und Beobachter-Perspektive zeigt sich m. E. gerade in den Überlegungen zu den „notwendigen Metaphern" und experimentellen Befunden, wie sie exemplarisch mit dem von Ernst Pöppel vorgestellten Fall dargestellt wurden. Auch die Überlegungen Goldsteins und Merleau-Pontys zu dem „Leibschema" und der Art der Neuintegration des „Leibschemas" bei Störung oder Teilausfall neuronaler Strukturen sind in dieser Perspektive auf ihre methodischen Konsequenzen neu und weiterreichend zu analysieren.

Es mag so scheinen, als ob sich mit diesen Überlegungen, die sich ja hier zunächst ganz basalen Problemen der Kognitionswissenschaft nähern, für die experimentelle Praxis der Kognitionswissenschaft wenig oder gar nichts gewinnen ließe. Bedacht werden sollte aber, daß Kurt Goldstein, der sich sowohl konzeptuell als auch experimentell an dem Problem des Leibschemas abgearbeitet hat, als einer der ersten gute Gründe benennen konnte gegen strikte Lokalisationsannahmen und für eine funktional-„ganzheitliche" Interpretation der Hirnaktivität – dies gerade auch deshalb, weil er seine experimentelle Praxis immer wieder neu methodisch hinterfragt und geändert hat. Und auf alle Fälle ganz sicher können Repräsentationsmodelle zurückgewiesen werden, die glauben, daß die Gegenstände, die repräsentiert werden sollen, vorgefunden werden in ihrer funktionalen und strukturellen Bestimmung unabhängig von dem handelnden Umgang mit diesen Gegenständen. Soll überhaupt sinnvoll von Repräsentation gesprochen werden können, dann nur in der Hinsicht, daß ein Subjekt, eine Person, die sich aus dem Interaktionszusammenhang mit anderen Subjekten/Personen erst herausgebildet hat und in jeder Ontogenese immer wieder neu herausbilden muß, die kulturell variablen und für die Bestimmung als Subjekt konstitutiven Schemata von Leib, von Handlungen usw. repräsentieren können muß, um sich selbst als Subjekt erfahren zu können.


## Literatur

AN DER HEIDEN, U.; ROTH, G. & STADLER, M. (1987): Das Apriori-Problem und die kognitive Konstitution des Raumes. - - In: PASTERNACK, G. (Hrg.): Philosophie und Wissenschaften: Das Problem des Apriorismus. (Lang) Frankfurt, Bern, New York, Paris, S. 245 - 265.
Artikel REPRÄSENTATION (1992) - - In: Historisches Wörterbuch der Philosophie, Band 8. (Wissenschaftliche Buchgesellschaft) Darmstadt, Sp. 790 - 853.
DAVIDSON, D. (1990): Was Metaphern bedeuten. - - In: DERS.: Wahrheit und Interpretation. (Suhrkamp) Frankfurt, S. 343 - 371.
FOUCAULT, M. (1974): Die Ordnung der Dinge. (Suhrkamp) Frankfurt.
GLASERSFELD, E. v. (1984): Einführung in den radikalen Konstruktivismus. - - In: WATZLA-WICK, P. (Hrg.): Die erfundene Wirklichkeit. (Piper) München, S. 16 - 38.

Goldstein, K. (1934): Der Aufbau des Organismus. (Nijhoff) Den Haag.

Goldstein, K. (1971): Ausgewählte Schriften. (Nijhoff) Den Haag.

GUTMANN, M. (1995): Modelle als Mittel wissenschaftlicher Begriffsbildung: Systematische Vorschläge zum Verständnis von Funktion und Struktur. - - In: GUTMANN, W. Fr. & WEINGARTEN, M. (Hrg.): Die Konstruktion der Organismen II. Struktur und Funktion. Aufsätze und Reden der Senckenbergischen Naturforschenden Gesellschaft Nr. . (Kramer) Frankfurt, S.

HELMHOLTZ, H. (o. J.): Natur und Naturwissenschaft. (Langen) München).

HENRICH, D. (1982): Selbstverhältnisse. (Reclam) Stuttgart.

HOLZ, H. H. (1955): Das Wesen metaphorischen Sprechens. - - In: GROPP, R. O. (Hrg.): Festschrift Ernst Bloch zum 70. Geburtstag. (Deutscher Verlag der Wissenschaften) Berlin, S. 101 - 120.

HUBEL, D. (1989): Auge und Gehirn. Neurobiologie des Sehens. (Spektrum) Heidelberg.

JANICH, P. (1981): Natur und Handlung. - - In: SCHWEMMER, O. (Hrg.): Vernunft, Handlung und Erfahrung. (Beck) München, S. 69 - 84.

KÖNIG, J. (1969): Sein und Denken. (Niemeyer) Tübingen.

KÖNIG, J. (1978): Vorträge und Aufsätze. (Alber) Freiburg/München.

KÖNIG, J. (1994a): Kleine Schriften. (Alber) Freiburg/München.

KÖNIG, J. (1994b): Bemerkungen zur Metapher. - - In: ders.: Kleine Schriften. (Alber) Freiburg/ München, S. 156 - 176.

KÖNIG, J. (1994c): Der logische Unterschied theoretischer und praktischer Sätze und seine philosophische Bedeutung. (Alber) Freiburg/München.

LIPPS, H. (1976a): Untersuchungen zur Phänomenologie der Erkenntnis. Werke I. (Klostermann) Frankfurt.

LIPPS, H. (1976b): Untersuchungen zu einer hermeneutischen Logik. Werke II. (Klostermann) Frankfurt.

LIPPS, H. (1977): Die Verbindlichkeit der Sprache. Werke IV. (Klostermann) Frankfurt.

MACH, E. (1910): Populärwissenschaftliche Vorlesungen. (Barth) Leipzig.

MACH, E. (1985): Die Analyse der Empfindungen. (Wissenschaftliche Buchgesellschaft) Darmstadt.

MEAD, G. H. (1973): Geist, Identität und Gesellschaft. (Suhrkamp) Frankfurt.

Merleau-Ponty, M. (1966): Phänomenologie der Wahrnehmnung. (de Gruyter) Berlin.

Merleau-Ponty, M. (1976): Die Struktur des Verhaltens. (de Gruyter) Berlin.

METZGER, W. (1953): Gesetze des Sehens. (Kramer) Frankfurt.

PFÄNDER, A. (1929): Logik. Halle.

PÖPPEL, E. 1993): Lust und Schmerz. Über den Ursprung der Welt im Gehirn. (Siedler) Berlin.

REENPÄÄ, Y. (1959): Aufbau der allgemeinen Sinnesphysiologie. (Klostermann) Frankfurt.

REENPÄÄ, Y. (1962): Allgemeine Sinnesphysiologie. (Klostermann) Frankfurt.

REENPÄÄ, Y. (1967): Wahrnehmen - Beobachten - Konstituieren. (Klostermann) Frankfurt.

ROCK, I. (1984): Wahrnehmung. Vom visuellen Reiz zum Sehen und Erkennen. (Spektrum) Heidelberg.

ROTH, G. (1986): Selbstorganisation - Selbsterhaltung - Selbstreferentialität: Prinzipien der Organisation der Lebewesen und ihre Folgen für die Beziehungzwischen Organismus und Umwelt. - - In: DRESS, A; HENDRICHS, H. & KÜPPERS, G. (Hrg.): Selbstorganisation. Die Entstehung von Ordnung in Natur und Gesellschaft. (Piper) München, S. 149 - 180.

ROTH, G. (1988): Selbstreferentialität und Dialektik. Zur Ontologie und Epistemologie lebender Systeme. Annalen der internationalen Gesellschaft für dialektische Philosophie V, Köln, S. 89 - 102.

ROTH, G. (1992): Kognition: Die Entstehung von Bedeutung im Gehirn. - - In: KROHN, W. & KÜPPERS, G. (Hrg.): Emergenz: Die Entstehung von Ordnung, Organisation und Bedeutung. (Suhrkamp) Frankfurt, S. 104 - 133.

ROTH, G. (1994): Entstehung von Wahrnehmung und Bewußtsein im Gehirn. Biologen in unserer Zeit Nr. 412, S. 33 - 35.

SEARLE, J. R. (1993): Metapher. - - In: DERS.: Ausdruck und Bedeutung. (Suhrkamp) Frankfurt, S. 98 - 138.

SERRES, M. (1993): Die fünf Sinne. (Suhrkamp) Frankfurt.

SINGER, W. (Hrg.) (1990): Gehirn und Kognition. (Spektrum) Heidelberg.

Sommer, M. (1987): Evidenz im Augenblick. Eine Phänomenologie der reinen Empfindung. (Suhrkamp) Frankfurt.

TAYLOR, Ch. (1994): Quellen des Selbst. (Suhrkamp) Frankfurt.

TETENS, H. (1987): Experimentelle Erfahrung. (Meiner) Hamburg.

TUGENDHAT, E. (1979): Selbstbewußtsein und Selbstbestimmung. (Suhrkamp) Frankfurt.

VOLLMER, G. (1987): Die Bedingung der Möglichkeit von Erfahrung. Apriorismus, hypothetischer Realismus und projektive Erkenntnistheorie. - - In: PASTERNACK, G. (Hrg.): Philosophie und Wissenschaften: Das Problem des Apriorismus. (Lang) Frankfurt, Bern, New York, Paris, S. 219 - 243.

WAHSNER, R. (1992): Prämissen physikalischer Erfahrung. (Verlag für Wissenschaft und Bildung) Berlin.

WEINGARTEN, M. (in Vorb.): Gedächtnis und soziokultureller Kontext.Überlegungen zur Gegenstandskonstitution in der Kognitionswissenschaft.

WEINGARTEN, M. & GUTMANN, M. (1993): Kann Erkenntnistheorie in Naturwissenschaft aufgelöst werden? - - In: BIEN, G.; GIL, Th. & WILKE, J. (Hrg.): „Natur" im Umbruch. (Frommann-Holzboog) Stuttgart, S. 91 - 108.

# Epistemologische und methodologische Fragen an den traditionellen Repräsentationsbegriff in der klassischen Cognitive Science

## Skizze eines alternativen Repräsentationsverständnisses

*Markus F. Peschl*

Wird im Rahmen der Kognitionswissenschaft oder im alltäglichen Sprachgebrauch von *Repräsentation* gesprochen, so steht in den meisten Fällen die Idee eines Umweltmodells oder der Darstellung der Umwelt in einem Repräsentationsmedium klar im Vordergrund. Sieht man jedoch genauer hin, so entdeckt man, daß es sich hier nicht nur epistemologisch, sondern auch empirisch/neurowissenschaftlich um eine problematische und zu eingeengte Sichtweise handelt. Vielmehr scheint es, daß zumindest drei Aspekte in bezug auf die Funktion von Repräsentation unterschieden werden müssen:

(i) *Darstellung der Umwelt.* Repräsentation wird als ein Modell oder eine Form von Abbildung der Umwelt verstanden. Es wird eine gewisse Korrespondenz zwischen den Strukturen der Umwelt und jenen der Repräsentation (z.B. Sprache oder Propositionen als adäquate Abbildungen der Umwelt) postuliert.

(ii) *Vorstellung.* Repräsentation ist eine aus Erinnerungen oder „Gedächtnisinhalten" (re-)konstruierte Begebenheit oder Umweltzustand, der im Moment der Vorstellung nicht präsent sein muß.

(iii) *Repräsentation als Grundlage zur Generierung von Verhalten.* Es wird keine abbildende oder referentielle Beziehung zur Umwelt postuliert – das Ziel des Repräsentationsmediums besteht lediglich darin, adäquates oder viables Verhalten zu erzeugen, welches z.B. das Überleben eines Organismus sichert.

Epistemologisch gesehen hängen die Punkte (i) und (ii) eng zusammen: ihnen ist eine *referentielle* Auffassung von Repräsentation gemein; i.e., ein bestimmter Zustand des Repräsentationssystems referiert mehr oder weniger eindeutig auf einen oder auf eine Klasse von (internen oder externen) Umweltzuständen[1]. Im Gegensatz dazu steht der

---

1 Wenn von Umweltzuständen die Rede ist, so bezieht sich dies – wenn nicht anders angegeben – auf Zustände in der *externen* Umwelt des kognitiven Systems resp. auf *interne* nicht repräsentationale Zustände (z.B., Körperzustände, interne Körpertemperatur, etc.).

dritte Aspekt, in dem es nicht so sehr um eine möglichst akkurate Abbildung der Umwelt im Repräsentationsmedium geht, sondern nur um die Forderung, daß das Repräsentationssubstrat die Dynamik zur Generierung adäquaten Verhaltens (z.B. im Sinne von Glasersfelds (1981, 1987, 1995) Konzept der Viabilität) zur Verfügung stellen muß.

Im folgenden werden diese beiden Sichtweisen von Repräsentation einander im Kontext der Kognitionswissenschaft gegenübergestellt. Abschnitt 1 präsentiert die grundsätzlichen Annahmen und Konzepte einer referentiellen Auffassung von Repräsentation, welche im darauffolgenden Abschnitt genauer geprüft und kritisiert werden. Mit Hilfe von Evidenz und eines aus der (computational) neuroscience und Systemtheorie entwickelten Argumentes wird in Abschnitt 3 gezeigt, daß die referentielle Repräsentationsauffassung *unplausibel* ist, da sich in neuronalen Systemen kein Substrat findet, welches als Träger für referentielle Repräsentationen dienen könnte. Als Konsequenz wird in Abschnitt 5 ein alternatives Repräsentationskonzept vorgeschlagen, welches auf konstruktivistischen Vorstellungen beruht und sowohl mit empirisch neurowissenschaftlichen als auch konnektionistischen Ansätzen kompatibel ist.

## 1. Referentielle Repräsentationen: Propositionen und mentale Bilder

Die Idee, die der *referentiellen* Auffassung von Repräsentation zugrunde liegt, kann wie folgt zusammengefaßt werden:

(a)  ein bestimmter Zustand oder eine bestimmte Entität in einem Repräsentationssystem referiert auf („repräsentiert") einen bestimmten Zustand (oder eine Klasse von Zuständen) in der Umwelt.

(b)  Wird die Umwelt auf diese Weise möglichst akkurat abgebildet, so ist es ein leichtes, aus diesen Repräsentationen adäquates Verhalten zu erzeugen, da die Umweltregularitäten und die relevante Umweltdynamik strukturell iso-/homomorph im Repräsentationssystem abgebildet sind.

Die klassische Auffassung von *Sprache* ist ein Beispiel für solch ein Repräsentationssystem: Symbole referieren mehr oder weniger eindeutig auf Sachverhalte oder Phänomene der (internen und externen) Umwelt – i.e., sie beschreiben sie resp. bilden sie auf (scheinbar) adäquate Weise ab. Durch Verkettung dieser Symbole ist es möglich, die Umweltdynamik zu beschreiben, Prognosen zu machen, etc. I.a.W., da das Kriterium der strukturerhaltenden Abbildung der Umweltzustände auf das Repräsentationssystem (i.e., die Strukturen der Sprache) recht gut erfüllt zu sein scheint, ist der Aspekt der adäquaten Verhaltensgenerierung automatisch abgedeckt.

In der klassischen Cognitive Science, kognitiven Psychologie und AI (z.B. Anderson 1988; Osherson und Lasnik 1990; Posner 1989; Stillings, Feinstein und Garfield

1987) existieren zumindest zwei Repräsentationsparadigmata, welche mehr oder weniger explizit auf einer referentiellen Auffassung von Repräsentation basieren: das *propositionale* Paradigma und das Konzept der *mentalen Bilder* („mental imagery"). Um die Probleme der referentiellen Repräsentationsauffassung besser verstehen zu können, werden diese beiden sowohl in der Kognitionswissenschaft als auch im philosophischen Bereich prominenten Ansätze im folgenden in aller Kürze dargestellt.

## 1.1  Das propositionale Paradigma der klassischen Cognitive Science und AI

Der im Bereich der AI und Cognitive Science wohl bekannteste und am häufigsten angewandte Repräsentationsmechanismus basiert auf dem Konzept der *propositionalen Repräsentation.* „Propositionen sind abstrakte Strukturen, die genaue Beziehungen zwischen Entitäten angeben. Sie sind keine sprachlichen Strukturen,... aber sie können oft durch einfache Sätze annäherungsweise wiedergegeben werden" (Kosslyn und Pomerantz 1992, p 256). Wegen dieser Nähe zur sprachlichen Repräsentation hat sich diese Form der Wissensdarstellung besonders in der AI und der kognitiven Psychologie stark durchgesetzt. Im sog. *Symbolverarbeitungsparadigma* manifestiert sich das propositionale Konzept von Repräsentation in Form von (abstrakten/logischen) Symbolen, auf denen ein Algorithmus und/oder ein Regelsystem operiert/manipuliert. In der „Physical Symbol Systems Hypothesis" findet dieses Paradigma ihren vorläufigen Höhepunkt (z.B. Newell und Simon 1976; Newell 1980; Newell, Rosenbloom und Laird 1989; Winston 1992). Aus philosophischer Sicht wird diese Richtung von der Gruppe um Fodor vertreten (Fodor 1975, Fodor 1981, Fodor 1990), welche das propositionale Paradigma im Rahmen der Cognitive Science folgendermaßen charakterisieren:

> „According to Representationalists, there are states of the mind which function to encode states of the world (p 291) ... it is possible to construct languages in which certain features of the syntactic structures of formulas correspond systematically to certain of their semantic features.
> Intuitively the idea is that in such languages the syntax of the formula encodes its meaning ...  It would not be unreasonable to describe Classical Cognitive Science as an extended attempt to apply the methods of proof theory to the modeling of thought ... If, in principle, syntactic relations can be made to parallel semantic relations, and if, in principle, you can have a mechanism whose operations on formulas are sensitive to their syntax, then it may be possible to construct a *syntactically* driven machine whose state transitions satisfy *semantical* criteria of coherence. Such a machine would be just what's required for a mechanical model of the semantical coherence of thought; correspondingly, the idea that the brain *is* such a machine is the foundational hypothesis of Classical cognitive science." (Fodor un Pylyshyn 1988, p 303)

Die grundlegende Annahme des propositionalen Ansatzes besteht darin, daß

(a)  Zustände des Repräsentationssystems Umweltzustände codieren resp. auf Umweltzustände referieren.

(b)  Weiters sind diese Repräsentationszustände als Propositionen realisiert. Da Propositionen auf Ausschnitte der Umwelt referieren, kann eine strukturelle Homomorphie zwischen der Umwelt- und Repräsentationsstruktur angenommen werden. Die Frage der adäquaten Abbildung/Modellierung der Umwelt durch die Repräsentationsstruktur hat verglichen zum Problem der Generierung von Verhalten eine viel höhere Priorität. Wenn die Abbildung der Umwelt auf die Struktur der Propositionen (z.B. Symbole, Regeln, semantische Netzwerke, etc.) akkurat durchgeführt wurde, so kann – dies ist zumindest die Annahme – durch Manipulation der (abbildenden) Repräsentation automatisch adäquates Verhalten (zumeist in Form von Ausgabepropositionen) erzeugt werden.


## 1.2  Mentale Bilder

Ein alternativer, vor allem in der kognitiven Psychologie häufig anzutreffender Ansatz sind *mentale Bilder* resp. die *piktoriale Repräsentation*. Die Hauptvertreter (z.B. Kosslyn und Pomerantz 1977; Kosslyn 1988; Kosslyn 1990; Kosslyn 1994; Shepard und Metzler 1971) charakterisieren diesen Ansatz folgendermaßen:

> „Visual imagery is „seeing" in the absence of the appropriate immediate sensory input; imagery is a „perception" of remembered information, not new input. (p 73)
>
> ... [A] drawing is an example of a depictive representation. (p 86)
>
> ... However, although all that is required in order to have a depiction is a functional space, there may actually *be* physical depictive representations in the brain: we know that the visual cortex contains numerous „maps" in which the pattern striking the retina is physically laid out across the cortex; some of these may be involved in imagery, in which case there could literally be a „picture in the head"." (Kosslyn 1990, p 86f)

Auch hier steht der Gedanke der *Abbildung* klar im Vordergrund. Mentale Bilder, icons, bildliche Vorstellungen, etc. referieren auf Zustände in der Umwelt. Obwohl es eine lang andauernde Diskussion über die Besonderheiten und die Unterschiede zwischen diesen beiden Repräsentationsansätzen gibt, sind die Differenzen aus epistemologischer und „repräsentationaler" Sicht gering. Die grundlegende Frage, nämlich, wie die abstrakte Repräsentationsbeziehung zwischen Umweltstruktur und Struktur des Repräsentationssubstrates aussieht, wird in beiden Fällen gleich beantwortet:

es besteht eine *stabile Referenzbeziehung* zwischen Repraesentans und Repraesentandum. In den folgenden beiden Abschnitten soll die Annahme dieser repräsentationalen Beziehung reflektiert und hinterfragt werden.


## 2. Die referentielle Repräsentationsauffassung – epistemologische und methodologische Bedenken

Aus einer common sense Perspektive ist die Auffassung von Repräsentation, wie sie im obigen Abschnitt präsentiert wurde, nicht nur naheliegend, sondern auch höchst plausibel. Daß sprachliche Strukturen oder Bilder mehr oder weniger eindeutig auf die Umwelt referieren, scheint sich in nahezu jeder unserer Interaktionen mit der Umwelt zu bewahrheiten. Das Funktionieren von Sprache als Kommunikationsmedium zum Transport von Information (über die Umwelt) scheint genau so akzeptiert zu sein, wie beispielsweise die adäquate Darstellung der Umwelt in bildlicher Form. Nur in einigen „Sonderfällen", welche m.E. gar keine Sonderfälle sind, sondern den „Normalfall" darstellen, bricht dieses Funktionieren zusammen (z.B., Mißverständnisse in sprachlicher Kommunikation, Abgehen von der bildlichen Darstellung in der modernen/abstrakten Kunst, [optische] Täuschungen, etc.). Genau an diesen Punkten wird die Fragilität und der Grad der *Konstruiertheit* der scheinbar eindeutig abbildenden/referentiellen Repräsentationen deutlich. Wie ich im folgenden argumentieren möchte, stellt sich heraus, daß es sich sowohl bei propositionalen als auch bei bildlichen Repräsentationen um *Konstrukte* unseres Nervensystems handelt, die mit der Abbildung oder mit einem eindeutigen Referieren auf die Umwelt nicht mehr sehr viel zu tun haben.

Verfolgt man den Gedanken, daß ein repräsentationaler Zustand (z.B. eine bestimmte Proposition) auf einen Umweltzustand referiert, epistemologisch etwas weiter, so läuft man unweigerlich in folgendes Problem: wann immer wir von „der Umwelt" sprechen, so ist spätestens seit I.Kant bekannt, daß eine solche Sprechweise *prinzipiell nicht möglich* ist. Wie in weiterer Folge von den Vertretern der verschiedenen Formen des Konstruktivismus (Maturana und Varela 1980; Glasersfeld 1981; Glasersfeld 1995; Roth 1994; Schmidt 1987; Peschl 1994b; Varela, Thompson und Rosch 1991a u.v.a.) im Detail gezeigt wurde, ist die (repräsentationale) Beziehung eines kognitiven Systems zu seiner Umwelt immer eine höchst *indirekte, vermittelte* und *konstruktive*. Bereits in der allererstèn Verarbeitungsstation, dem Sensorsystem, wird das Umweltsignal strukturell verändert (Martin 1991; Peschl 1994a). Weitere „Verzerrungen" und um ein Vielfaches komplexere Konstruktionsleistungen werden durch die Verarbeitung in der (rekursiven) neuronalen Struktur durchgeführt (siehe Peschl 1994b für weitere Details). Wird also von „der Umwelt" gesprochen, so referiert man im Grunde bereits auf eine *Repräsentation der Umwelt* durch ein bestimmtes neuronales System. Diese Repräsentation ist das Resultat eines hochkomplexen *Kon-*

*struktionsprozesses*, welcher in der Struktur und Architektur des neuronalen Repräsentationssubstrats *verkörpert* ist. Wie im folgenden gezeigt werden soll, zielt dieser Konstruktionsvorgang *nicht* auf eine Abbildung der Umwelt resp. auf die Erzeugung referentieller Repräsentationen ab[2], sondern vielmehr auf das *Generieren adäquaten Verhaltens*.

Nimmt man aber ein referentielles Konzept von Repräsentation an, so wird implizit behauptet, daß es eine iso-/homomorphe und stabile Beziehung zwischen – prinzipiell unerkennbaren – Umweltzuständen und Repräsentationszuständen gibt. Aus epistemologischer Sicht führt sich der Gedanke der Referenz ad absurdum, da plötzlich nicht mehr klar ist, worauf eigentlich referiert wird, resp. klar wird, daß z.B. Propositionen bereits auf eine Repräsentation der Umwelt referieren. In diesem Sinne handelt es sich bei den beiden in Abschnitt 1 vorgestellten Repräsentationsparadigmata um Repräsentationen zweiter oder sogar höherer Ordnung. Propositionen sind ebenso wie mentale Bilder in das grundlegendere Repräsentationssubstrat des neuronalen Systems *eingebettet*, da sie durch dieses erzeugt werden. Aus methodischer Sicht scheint es also sinnvoll, zuerst die repräsentationale Beziehung zwischen neuronalen Systemen/Zuständen und (der Repräsentation) der Umwelt zu untersuchen und sich erst in einem zweiten Schritt der Frage der repräsentationalen Eigenschaften von referentiellen Repräsentationsformen (z.B., Propositionen oder mentalen Bilder) zu widmen. Wie sich in Abschnitt 3 herausstellen wird, läßt sich in neuronalen Systemen *kein* Substrat für referentielle Repräsentationen finden. Aus dieser Sicht wird klar, daß es sich bei Propositionen oder mentalen Bildern um durch ein neuronales System *erzeugte* resp. *konstruierte Stabilitäten* handelt, welche uns eine referentielle Repräsentationsbeziehung zur Umwelt vorspiegeln.

Die Einsicht, daß es sich bei referentiellen Repräsentationssystemen, wie etwa Sprache oder Bildern, um Repräsentationen zweiter oder höherer Ordnung handelt, die von einem (darunterliegenden) nicht referentiellen Repräsentationssystem erzeugt werden, hat schwerwiegende *methodische* Konsequenzen für die Untersuchung kognitiver Systeme: wann immer von einem Modell aus der Cognitive Science, AI oder kognitiven Psychologie ein Symbolsystem, Propositionen oder mentale Bilder als Substrat der internen Repräsentation postuliert werden, begeben wir uns aus folgenden Gründen auf methodisch und epistemologisch „schlüpfriges" Territorium:

(i)  Erstens handelt es sich beispielsweise bei sprachlichen Äußerungen oder bei Bildern immer um *Externalisierungen* von internen Repräsentationen. I.e., interne Repräsentationen werden durch das Motorsystem eines Organismus in *Verhalten* transformiert, welches eine Veränderung in der Umwelt hervorruft (z.B. gespro-

---

2  Ebenso darf der Konstruktionsbegriff nicht in dem Sinn mißverstanden werden, daß jede beliebige Konstruktion erlaubt ist. Vielmehr ist der Raum der möglichen Konstrukte/Repräsentationen einerseits durch die Randbedingungen der Umwelt und andererseits durch die Struktur/Dynamik des Repräsentationssystems vorgegeben.

chene oder geschriebene Sprache). Wir haben es also nicht mehr mit den „ursprünglichen" (internen) Repräsentationen zu tun, welche diese Verhalten eigentlich erzeugt haben.

(ii) In einem weiteren Schritt werden diese externalisierten Verhaltensweisen, welche sich in der Umwelt als *Artefakte*[3] manifestieren, in das Repräsentationssystem des beobachteten Organismus *zurückprojiziert*. I.a.W., externalisierte Repräsentationen (z.B. linguistische Kategorien, bildliche Darstellungen, etc.) werden einfach als interne Repräsentationen postuliert. Wie im folgenden erläutert wird, handelt es sich hier um eine m.E. methodisch problematische Vorgangsweise.

(iii) Mit dem Argument, daß man nur an der *funktionalen* Architektur und Dynamik des beobachteten kognitiven Systems interessiert sei, wird das eigentliche Repräsentationssubstrat (i.e., das neuronale System) und seine Dynamik explizit ausgeblendet und als „ohnehin zu komplex" und im Grunde funktional ersetzbare „wet ware" abgetan. Gerade die Ergebnisse der (empirischen und computational) Neurowissenschaft(en) der letzten Jahre haben jedoch zweierlei gezeigt:

(a) ja, das Gehirn ist wirklich eine äußerst komplexe Maschine. Mit den Fortschritten in der Theorien- und Methodenentwicklung ist man jedoch Phänomenen auf die Spur gekommen, die bis vor wenigen Jahren noch als (neurowissenschaftlich) unerklärbar gegolten haben (z.B., Lernen, Funktionsweise des visuellen Systems, mapping Methoden, etc.). Vor allem die Entwicklungen in der computational neuroscience (z.B. Anderson und Rosenfeld 1988; Anderson, Pellionisz und Rosenfeld 1991; Churchland und Sejnowski 1988a; Churchland, Koch und Sejnowski 1990b; Churchland und Sejnowski 1992; Gazzaniga 1995; Hanson und Olson 1990; Sejnowski, Koch und Churchland 1990) haben der empirischen Neurowissenschaft neuen input und äußerst hilfreiche Konzepte (z.B. alternative Ideen zum Problem des Lernens, das Konzept des Aktivierungs-/Zustandsraumes, dynamische Systeme (Port und Gelder 1995; Gelder und Port 1995), etc.) zur Verfügung gestellt. Mit dem weiteren Fortschreiten der Neurowissenschaften dringen diese in Bereiche ein, die bisher fast ausschließlich von den spekulativen Methoden und Theorien der Psychologie und Philosophie abgedeckt wurden (z.B. Sprache, Bewußtsein, Lernen, „höhere Kognition", etc.).

(b) Sowohl empirische Untersuchungen als auch Simulationen haben gezeigt, daß sich das Repräsentationsproblem in neuronalen Systemen nicht so leicht mit der common sense Vorstellung einer referentiellen Repräsentations-

---

3 I.e., Umweltregularitäten, welche auf die Einwirkung eines oder mehrerer Organismen zurückzuführen sind.

beziehung lösen läßt – Argumente hierfür zu finden, ist Thema dieses Aufsatzes. I.a.W., es stellt sich heraus, daß die Struktur der internen Repräsentationen von jener der externalisierten Repräsentationen *unterschiedlich* ist.

Als Implikation dieser Überlegungen ist es fraglich, ob diese „*projektive Herangehensweise*" der Psychologie, AI, etc. methodisch gerechtfertigt ist – besonders, wenn sich abzeichnet, daß es bereits neurowissenschaftliche Theorien (und epistemologische Überlegungen) gibt, welche die traditionellen (referentiellen) Vorstellungen widerlegen. Wenn man referentielle Repräsentationen, wie etwa Propositionen, postuliert, handelt es sich im Grunde um eine Form einer kategorischen Verwechslung: es wird von der Struktur externalisierter Beobachterkategorien zweiter Ordnung (z.B. Sprache) auf die internen Strukturen, welche eben diese Externalisierungen *erzeugt* haben, zurückgeschlossen resp. externalisierte Repräsentationen zweiter Ordnung werden in das interne Repräsentationssystem zurückprojiziert und als interne Repräsentationen postuliert. Das *Ergebnis* (z.B. Sprache, referentielle Symbole, etc.) des hochkomplexen neuronalen Repräsentationsprozesses wird als jener Prozeß postuliert, welcher z.B. sprachliche/referentielle Repräsentationen erzeugt. I.a.W., das Resultat wird mit den Prozessen verwechselt, welche für die Generierung dieses Resultates verantwortlich sind. Es werden also Resultate von internen Prozessen (a) zur Erklärung eben dieser internen Prozesse und (b) zur Generierung neuer Resultate (z.B. Sprache) herangezogen. In diesem Sinne handelt es sich bei solch einer Repräsentationsauffassung nicht nur um ein relativ oberflächliches, sondern auch um ein selbstreferentielles Erklärungsunternehmen.


## 3. Probleme mit dem referentiellen Repräsentationsbegriff in neuronalen Systemen

### 3.1 Repräsentationsträger in neuronalen Systemen

Im Anschluß an die im vorigen Abschnitt vorgebrachten epistemologischen und methodischen Bedenken gegen die referentielle Auffassung von Repräsentation wird im folgenden ein weiteres Argument entwickelt, welches auf systemtheoretische Überlegungen und Konzepte aus der computational neuroscience zurückgreift. Ein gewisses Grundwissen über konnektionistische Systeme und finite Automaten wird vorausgesetzt.

Untersucht man natürliche oder künstliche *neuronale Systeme*, so stellt sich heraus, daß folgende Bestandteile als mögliche Träger von Repräsentation fungieren können:

(i) *Aktivierungen* oder *Aktivierungsmuster* einzelner resp. einer Gruppe von Neuronen (lokalistische vs. verteilte Repräsentation; z.B. Gelder 1992; Hinton, McClelland und Rumelhart 1986a;  Rumelhart, Smolensky, McClelland und Hinton

1986e). In den meisten Fällen werden diese Repräsentationen als die „aktuelle Repräsentation" eines Umweltzustandes resp. als der aktuelle Repräsentationszustand deines neuronalen Systems interpretiert. Im traditionellen (referentiellen) Verständnis von Repräsentation referiert (im Falle der *distributed representation*) ein Muster von Aktivierungen auf einen bestimmten Umweltzustand.

(ii) *Synaptische Gewichte* steuern die Ausbreitung von Aktivierungen. In diesem Sinne sind sie massiv an der repräsentationalen Funktion eines neuronalen Systems beteiligt. Letztendlich sind sie dafür verantwortlich, das Verhalten eines Organismus zu steuern. Ein/e Beobachter/in schließt von diesem Verhalten (im Kontext einer bestimmten Umweltsituation) auf das im beobachteten kognitiven System repräsentierte Wissen zurück – dieses Wissen ist daher in den synaptischen Gewichten zu finden[4]. Auch bei den synaptischen Gewichten sucht man (oftmals vergeblich) nach einer referentiellen Interpretation ihrer Repräsentationsfunktion.

(iii) *Trajektorien* resp. *Sequenzen von Aktivierungsmustern* können auch als Repräsentationen interpretiert werden (z.B. Churchland 1995; Elman 1991). I.e., eine (zeitliche) Folge Aktivierungsmustern wird als repräsentationaler Zustand für einen bestimmten Umweltzustand interpretiert.

(iv) Das *genetische Material* ist Träger der Repräsentation des Repräsentationssytems, das sich im ganzen Körper und speziell im neuronalen System manifestiert – beide entwickeln sich in starker Interaktion mit der Umwelt (und nicht in einem „linearen" Prozeß der genetischen Expression (Jessel 1991; Lawrence 1992; Cangelosi, Parisi und Nolfi 1994; Berger und Singer 1992)).

Die potentiellen Träger von Repräsentationen sind weder statisch, noch können sie isoliert voneinander betrachtet werden. Vielmehr scheint es, als ob die repräsentationale Eigenschaft eines neuronal basierten kognitiven Systems durch die Interaktion dieser vier Repräsentationsdynamiken charakterisiert werden kann.


## 3.2 Transformation in die Domäne von finiten Automaten

Um die Schwierigkeiten, die bei einem referentiellen Konzept von Repräsentation im Kontext neuronaler Systeme auftreten, transparenter zu machen, schlage ich eine Transformation neuronaler Systeme in die alternative Domäne *finiter Automaten* vor,

---

4   Bei *Lernprozessen* wird dieser Umstand noch deutlicher: wird die Konfiguration der synaptischen Gewichte verändert – und so wird Lernen und Adaptation in neuronalen Systemen abstrakt aufgefaßt (LTP, LTD, Hebb'sches Lernen, etc.) –, so verändert sich in den meistem Fällen die Dynamik des externalisierten Verhaltens. Dies wird von einem/r Beobachter/in als eine Veränderung des Wissens resp. als „Lernprozeß" interpretiert.

in der diese Probleme deutlich werden. Details dieser Transformation können in (Peschl 1994; Peschl 1994b) nachgelesen werden – an dieser Stelle soll lediglich die grundsätzliche Idee vorgestellt werden. Ein finiter Automat $A$ besitzt eine Menge von möglichen Zuständen $S_a$. Zu jedem Zeitpunkt $t$ befindet sich $A$ in einem bestimmten Zustand $s_a(t)$. Der Übergang von einem Zustand $s_a{}^x(t)$ auf einen anderen Zustand $s_a{}^y(t+\varepsilon)$ im folgenden Zeitpunkt $t+\varepsilon$ wird durch eine Menge $T$ von Zustandsübergängen determiniert. Befindet sich $A$ in einem bestimmten Zustand $s_a(t)$, so sind durch diese Menge der Zustandsübergänge *alle möglichen Folgezustände* von $s_a(t)$ *festgelegt*. Der aktuelle *input* aus der Umwelt wählt einen Folgezustand aus der Menge der möglichen Folgezustände aus. Der Folgezustand (und damit die Verhaltensdynamik des Automaten) ist also das Resultat von (a) dem aktuellen (internen) Zustand $s_a(t)$, (b) dem aktuellen input und (c) der Struktur der Menge der Zustandsübergänge $T$.

Jedes (künstliches) neuronales System[5] läßt sich – ähnlich wie ein Automat – als ein System mit Zuständen und Zustandsübergängen interpretieren: die Menge aller möglichen Zustände eines neuronalen Systems entspricht der Menge aller möglicher Aktivierungsmuster, welche sich in einem $n$-dimensionalen „*Aktivierungsraum*" darstellen läßt ($n$ ist die Anzahl der Neuronen; ein bestimmter Punkt in diesem Aktivierungsraum repräsentiert eindeutig ein bestimmtes Aktivierungsmuster; z.B. Churchland und Sejnowski 1992; Elman 1991; Peschl 1994b). Die Zustandsübergänge sind durch die Konfiguration der synaptischen Gewichte[6] determiniert. Auch hier gilt, daß der Folgezustand (i.e., das folgende Aktivierungsmuster) in jedem Fall (a) von dem aktuellen Aktivierungsmuster/(internen) Zustand, (b) vom aktuellen input und (c) von der Konfiguration der synaptischen Gewichte abhängt.

In (Arbib 1987) findet sich ein ausführlicher Beweis, wie sich neuronale Systeme isomorph in einen finiten Automaten überführen lassen (p 24f). Für das Folgende genügt es, diese Transformation intuitiv zu verstehen: die Zustände des neuronalen Systems (i.e., alle Punkte im Aktivierungsraum) werden isomorph auf die Zustände eines Automaten abgebildet[7]. Alle möglichen input-Kombinationen des neuronalen Systems werden auf einzelne inputs des Automaten abgebildet. Da die Übergänge von einem Aktivierungsmuster auf ein anderes nur *implizit* in der Gewichtskonfiguration des neuronalen Systems verkörpert sind, müssen diese im Automat explizit gemacht werden; i.e., für jedes mögliche Aktivierungsmuster wird versuchsweise jeder mög-

---

5   Wenn von neuronalen Systemen die Rede ist, so referiert dieser Begriff – wenn nicht anders angegeben – auf (natürliche oder künstliche) neuronale Systeme mit *rekursiver Architektur*. Rekursive neuronale Systeme stellen nicht nur eine Verallgemeinerung von feed forward Architekturen dar, sondern sind auch jene Architekturen, welche man hauptsächlich in natürlichen kognitiven Systemen vorfindet.

6   Der Begriff „Konfiguration der synaptischen Gewichte" referiert auf die Architektur und die aktuelle Belegung der synaptischen Verbindungen eines neuronalen Systems.

7   Daraus folgt, daß es sich um einen sehr großen *finiten Automaten* handelt.

liche input angelegt und das Folgeaktivierungsmuster ermittelt. Dadurch wird es möglich, die Zustandsübergangstabelle des Automaten (i.e., gerichtete Kanten, die die Automatenzustände miteinander verbinden) aufzubauen.

Das Resultat dieser Prozedur ist ein Automat, welcher (a) die selbe interne Dynamik und (b) die selbe Verhaltensdynamik besitzt, wie das neuronale System. I.e., die Ausbreitung von Aktivierungen wird durch Zustandsübergänge im Automat repräsentiert. Dadurch wird es möglich, auch zeitliche Aktivierungsverläufe in Form von Zustandstrajektorien in diesem Automat zu verfolgen. Dies erlaubt, die (interne) Dynamik des neuronalen Systems in einer alternativen, aber isomorphen, Form zu studieren. Der Vorteil der Darstellung des neuronalen Systems als Automat besteht darin, daß die Dynamik und die internen Zustände – im Gegensatz zum neuronalen System – *explizit* gegeben sind. Von jedem Zustand des Automaten geht ein Bündel von $i$ gerichteten Kanten weg, die explizit auf einen Folgezustand zeigen ($i$ ist die Anzahl der möglichen inputs). In neuronalen Systemen sind diese Zustandsübergänge nur implizit in der Konfiguration der synaptischen Gewichte enthalten. Sie kann nur durch einen aktuellen Aktivierungszustand und einen bestimmten input explizit gemacht werden.

## 4. Implikationen für das Konzept von Repräsentation in neuronalen Systemen

Sehen wir uns die möglichen Träger von Repräsentation aus Abschnitt 3.1 im Kontext der oben dargestellten Transformation an, so ergibt sich folgendes Bild:

(i) *Neuronale Aktivierungsmuster* wurden in Zustände des Automaten transformiert. Die Idee der referentiellen Repräsentationsvorstellung besteht darin, daß eine Gruppe von Umweltzuständen durch einen bestimmten Repräsentations-/Automaten-/neuronalen Aktivierungszustand repräsentiert wird. I.a.W., ein bestimmter Repräsentationszustand referiert auf einen bestimmten Umweltzustand. Aus der Darstellung eines neuronalen Systems in Form eines finiten Automaten wird klar, daß solch eine Sichtweise nicht mehr haltbar ist: da sich der Automat (wie auch das rekursive neuronale System) zu jedem Zeitpunkt in einem bestimmten (internen) Zustand befindet, hat der input *keine* eindeutig determinierende Wirkung mehr auf den Folgezustand (i.e., auf den Zustand, der diesen Umweltzustand eindeutig repräsentieren sollte). Von jedem Automatenzustand geht ein Bündel von gerichteten Kanten weg, die auf die Menge der möglichen Folgezustände zeigen. I.a.W., der Umweltinput (= der aktuelle Umweltzustand) hat keine eindeutig determinierende Funktion bezüglich des Folgezustandes mehr, sondern *selektiert* nur mehr einen möglichen *vorgegebenen* Folge-/Repräsentationszustand aus der Menge der möglichen Folgezustände.

Dies impliziert, daß, wenn sich das neuronale System zu zwei verschiedenen Zeitpunkten in unterschiedlichen internen Zuständen befindet, *nicht* mehr garantiert ist, daß ein und der selbe Umweltzustand den selben Repräsentations- (= Folge-)Zustand auslöst. Die Umwelt hat – wie Maturana und Varela (1980) treffend bemerkten – bezüglich ihrer Repräsentation nur mehr *auslösenden* Charakter. I.a.W., die Idee einer stabilen referentiellen Repräsentationsbeziehung zwischen Umweltzuständen und (aktuellen) neuronalen Repräsentationszuständen (in Form von Aktivierungsmustern) muß *aufgegeben* werden, da der Raum und die Dynamik der möglichen Repräsentationszustände durch das neuronale System determiniert ist.

(ii) Die *synaptischen Gewichte* stellen die *Randbedingungen* dar, innerhalb derer die Dynamik der Aktivierungsausbreitung stattfindet. Sie sind für den Raum der möglichen/„zulässigen" Folgezustände eines jeden Aktivierungsmusters verantwortlich und somit für die Reduktion des Einflusses der Umwelt auf eine aus vorgegebenen Optionen (= mögliche Folgezustände) auswählende Funktion. Im Automat werden die synaptischen Gewichte durch Bündel von gerichteten Kanten repräsentiert, welche die (Aktivierungs-)Zustände miteinander verbinden. Wie in Abschnitt 3.1 angedeutet, kommt ihnen eine zentrale Funktion im Kontext der Repräsentationsfrage zu, da sie für die gesamte Dynamik (und damit auch für die Generierung adäquaten Verhaltens und für das dem beobachteten kognitiven System unterstellten Wissen) des neuronalen Systems resp. des Automaten zuständig sind. Weder in der Struktur der Kanten noch in der Konfiguration der synaptischen Gewichte läßt sich jedoch Evidenz für referentielle Repräsentationen finden. Es scheint, daß es *nicht* die Aufgabe der synaptischen Gewichte ist, Umweltstrukturen abzubilden, sondern vielmehr das Substrat zur *Erzeugung adäquaten Verhaltens* (durch Steuerung der Aktivierungsausbreitung) bereit zu stellen. Dies wird in der Darstellung als finiter Automat deutlich: die Kantenstruktur steuert die Zustandsübergänge und damit die Verhaltensdynamik ohne daß sich in der Kantenstruktur irgendwelche Umweltstrukturen widerspiegeln würden. Auch das Phänomen des „Lernens" durch In-/Dekremente in den synaptischen Gewichten (Churchland und Sejnowski 1992; Hebb 1949; McClelland, Rumelhart und Hinton 1986a; Rumelhart, Hinton und Williams 1986a; Varela 1991 u.v.a.) ändert nichts an dieser Aussage: durch die Veränderung der Gewichte verändert sich die Architektur der Kanten des Automaten – jedoch auch nach dem Lernvorgang kann keine referentielle Beziehung zwischen Umwelt- und Kanten- resp. synaptischer Gewichtsstruktur festgestellt werden. Vielmehr werden die synaptischen Strukturen nur so verändert, daß sie die Dynamik für die Generierung adäquaten („funktional passenden") Verhaltens verkörpern. Die referentielle Repräsentationsbeziehung wird durch eine Beziehung der *funktionalen Passung* im Sinne von (Glasersfeld 1981; Glasersfeld 1995) ersetzt.

(iii) *Trajektorien*: in einem finiten Automaten manifestieren sich Trajektorien im neuronalen Aktivierungsraum als eine Sequenz von Zustandsübergängen. Der aktuelle input selektiert einen möglichen Folgezustand des gerade aktuellen Automatenzustandes. Über einen bestimmten Zeitraum ergibt sich dadurch eine zeitliche Sequenz von Zuständen, welche über gerichtete Kanten miteinander verbunden sind. Die Hoffnung besteht darin, daß solch eine Sequenz (= Trajektorie) als Träger für referentielle Repräsentationen fungieren könnte. I.a.W., eine bestimmte Trajektorie repräsentiert/referiert auf einen bestimmten Umweltzustand. Liegt über längere Zeit ein konstanter input aus der Umwelt an das Repräsentationssystem an[8], so kann es zu *Stabilitätsphänomenen*, wie Fixpunkten oder limit cycles kommen (z.B. Hertz, Krogh und Palmer 1991). Diese Stabilitäten verleiten dazu, als Repräsentationssubstrat für referentielle Repräsentationen interpretiert zu werden. Sieht man jedoch genauer hin, so steht man vor einem ganz ähnlichen Problem, wie im Falle der Aktivierungsmuster: da der/die Folgezustand/-stände nicht nur vom input abhängt/-en, sondern zumindest im selben Maße durch den aktuellen internen (Aktivierungs-)Zustand determiniert ist, kann man nicht mehr sicher sein, daß ein bestimmter Umweltinput eindeutig eine bestimmte Stabilität auslöst. Die Wahrscheinlichkeit, daß eine Klasse von Umweltinputs durch z.B. einen Fixpunktattraktor oder einen limit cycle „eingefangen" wird, ist jedoch ein bißchen größer als daß ein Umweltzustand durch ein bestimmtes Aktivierungsmuster repräsentiert wird. Jedoch, prinzipiell läßt sich keine verläßliche Aussage in bezug auf eindeutig referentielle Repräsentationen in Trajektorien resp. Stabilitäten machen.

Zieht man obige Überlegungen in Betracht, so kommt man zu dem Schluß, daß das referentielle Konzept von Repräsentation für neuronale Systeme (mit rekursiver Architektur), wenn überhaupt, nur als *Sonderfall* auftreten kann. In keinem der drei potentiellen Repräsentationssubstrate findet sich ein Hinweis auf eine stabile referentielle Repräsentationsbeziehung zur Umwelt. Vielmehr scheint es, daß wir es mit einem hoch *dynamischen System* und einer relativ *autonomen Repräsentationsdynamik* zu tun haben, in welchem der aktuelle interne Repräsentationszustand und die interne Repräsentationsarchitektur zumindest einen ebenso hohen Stellenwert und Einfluß auf die Repräsentationsdynamik haben, wie (externe) Umweltstrukturen/-inputs. Aus obiger „Automatenanalogie" wird deutlich, daß inputs aus der Umwelt nicht mehr einen determinierenden Charakter haben, sondern lediglich als *Auslöser* resp. *Selektoren* von Repräsentationszuständen in einem bereits vorstrukturierten Repräsentationsraum fungieren.

---

8  Man beachte, daß auch „kein" input oder ein „neutraler" Umweltinput eine input-Klasse darstellt, welche sich durch nichts von anderen inputs unterscheidet.

## 5. Ein alternativer Repräsentationsbegriff und seine Implikationen

Zurückkommend auf die Unterscheidung der drei Aspekte von Repräsentation stellt sich heraus, daß dem Aspekt der Darstellung resp. der Abbildung der Umwelt in neuronalen Systemen so gut wie keine Bedeutung mehr zukommt. Trotz verzweifelter Interpretationsversuche des Konnektionismus (z.B. Rumelhart und McClelland 1986; McClelland und Rumelhart 1986; Bechtel und Abrahamsen 1991 u.v.a.) aber auch der empirischen Neurowissenschaft, neuronalen Systemen referentielle Repräsentationseigenschaften aufzuprägen, bleibt die Evidenz relativ dürftig und hat sehr oft den Charakter des künstlichen „Hineininterpretierens" – am ehesten haben sich noch bei der Interpretation der Repräsentationseigenschaften von feed-forward Architekturen Erfolge abgezeichnet (z.B. Sejnowski und Rosenberg 1986; Sejnowski und Rosenberg 1987; Churchland und Sejnowski 1992; Churchland 1995). Da (a) diese Architekturen im besten Falle in der Peripherie des zentralen Nervensystems zu finden sind (und diese nur einen verschwindend kleinen Anteil des gesamten CNS ausmacht), (b) feed-forward Architekturen nur ein Sonderfall von rekursiven Architekturen darstellen und (c) man bereits bei diesen Interpretationen Abstriche bezüglich der traditionellen Repräsentationsvorstellung machen muß (z.B. semantische Transparenz (Clark 1989), verteilte Repräsentation, etc.), scheint es gerechtfertigt, sich nach einer alternativen Repräsentationsvorstellung, in der sich das Repräsentationskonzept den empirischen und epistemologischen Randbedingungen anpaßt und nicht umgekehrt, umzusehen.

Zusammenfassend läßt sich dieser alternative Repräsentationsbegriff wie folgt charakterisieren (eine detaillierte Argumentation findet sich in Peschl 1994b):

–   In Abschnitt 3 wurde deutlich, daß der darstellende/abbildende Aspekt von Repräsentation in neuronalen Systemen so gut wie nicht vorhanden ist. Spätestens wenn es zur Interaktion mit rekursiven Aktivierungen kommt, versagt diese Sichtweise von Repräsentation. Es scheint, daß der Aspekt der *Generierung adäquaten Verhaltens* bei neuronalen Repräsentationssystemen klar im Vordergrund steht:

(i)   die *neuronalen Aktivierungen/-smuster* (als Träger der „aktuellen Repräsentation") verlieren ihren Charakter der neuronalen Darstellung der Umwelt, wenn verschiedene Modalitäten miteinander verschränkt werden, wenn (abstrakte) features aus den Umweltstimuli extrahiert werden, wenn sie mit internen Aktivierungen interagieren, etc. Bereits in den ersten Verarbeitungsschritten gibt es Evidenz dafür (Peschl 1994a), daß neuronale Aktivierungen nicht so sehr auf die Darstellung des Umweltzustandes abzielen, sondern viel mehr auf das „Endziel" eines jeden Repräsentationssystems, nämlich auf die Generierung adäquaten Verhaltens. Man denke etwa an das Phänomen der neuronalen Kontrastverstärkung, der gezielten Detektion von Veränderung anstelle der „sturen Weiterleitung" eines unveränderten Umweltzustandes, etc. All diese Prozesse weisen darauf hin, daß es nicht um eine möglichst genaue Darstellung der Umwelt im neuronalen Repräsentationssubstrat geht, sondern um die Konstruktion von neuronalen Repräsentationen, die – ohne auf referentielle Repräsentationen zurückgreifen zu müssen – an der Verhaltenserzeugung beteiligt sind;

(ii)  auch bei den *synaptischen Gewichten*, welche die „Hauptlast" der Repräsentation in neuronalen Systemen tragen, steht der Aspekt der Verhaltensgenerierung klar im Vordergrund. Sie stellen die Relationen zwischen den beteiligten Neuronen/units her und sind damit das Substrat für die Kontrolle der Aktivierungsausbreitung dar. Daher sind sie für die Verhaltensdynamik und damit für das Wissen, welches dem kognitiven System von einem/r Beobachter/in dieses Verhaltens unterstellt wird, verantwortlich. Diese Relationen haben nicht so sehr etwas mit den in der Umwelt vorkommenden Regularitäten zu tun – vielmehr werden die für das jeweilige kognitive System *relevanten* Umweltregelmäßigkeiten mit den Randbedingungen, Strukturen und für das Überleben des Organismus relevanten Parametern in Relation gesetzt. Auch hier besteht das Ziel nicht in einer Darstellung der Umwelt in der Gewichtskonfiguration resp. Architektur, sondern in der Bereitstellung einer in den synaptischen Gewichten verkörperten Dynamik zur Generierung von adäquatem Verhalten. Auch hier findet man eine repräsentationale Beziehung der *funktionalen Passung*, in der es darum geht, Verhalten zu erzeugen, welches (a) das Überleben[9] (und die Reproduktion) des Organismus sichert und (b) die Umweltdynamik für das kognitive System vorteilhaft perturbiert.

– In diesem Sinne kann man ein neuronales System als ein Repräsentationssystem verstehen, welches seine Umwelt nicht darstellt, sondern vielmehr als *Verkörperung* einer *Strategie zur Bewältigung der internen und externen Umwelt*, die ohne referentielle Repräsentationen auskommt. Das Konzept der *sensomotorischen Integration* steht im Vordergrund; i.e., die neuronale Architektur verkörpert eine *nicht-lineare Transformation*, die den sensorischen input auf *rekursive* Weise in motorischen output umwandelt.

– Diese Transformation ist das Resultat einer langen *phylo- und ontogenetischen Entwicklungsgeschichte*. Im Laufe dieser Geschichte wurde sowohl das genetische als auch das neuronale Repräsentationssubstrat verändert und jene Konfigurationen „selektiert", welche dazu fähig waren/sind, überlebensförderndes Ver-

---

9  Wenn in diesem Zusammenhang von „Überleben" die Rede ist, so bezieht sich dieser Begriff nicht nur auf das rein physische Überleben (z.B. Aufnahme von Nahrung, etc.), sondern beinhaltet vielfältige Formen des „Überlebens" z.B. in einer Sozietät, in einer Sprachgemeinschaft, in einem kulturellen Kontext und sogar im wissenschaftlichen Bereich.

halten zu generieren. Wie in den obigen Abschnitten klar wurde ist das Resultat dieses Veränderungsprozesses nicht eine strukturerhaltende Darstellung der Umwelt, sondern eine durch *adaptive Prozesse* entstandene Repräsentations- und Körperstruktur, deren einziges Ziel es ist, sich selber weitab vom thermodynamischen Gleichgewicht (= der Tod des Systems) in einem homöostatischen Zustand zu halten/steuern (im Sinne von Maturana und Varela 1980; Maturana 1982). Aus dieser Sicht gibt es auch kein Ende dieses Veränderungsprozesses und damit kein endgültiges Wissen resp. keine endgültige „Umweltbewältigungsstrategie". Jeder Organismus, der überlebt und sich reproduziert, besitzt das *für sich* „richtige" oder „wahre" Wissen/Theorie über seine Umwelt (und vor allem ihrer Bewältigung).

–   Dies führt zum Konzept der *Systemrelativität* (vgl. auch Oeser 1976; Oeser 1987) von Repräsentation, welches in dieser Repräsentationsauffassung zentral ist: die Aufgabe neuronaler Systeme besteht nicht mehr in der Extraktion „objektiver" Umweltphänomene oder -regelmäßigkeiten, sondern im zueinander in Beziehung Setzen der Umweltdynamik mit den (Überlebens-)Notwendigkeiten und Randbedingungen der Organismusdynamik. Daraus folgt, daß die daraus entstehenden Repräsentationsstrukturen je spezifisch an die Gegebenheiten des jeweiligen Organismus (und seinem Umweltausschnitt) angepaßt sind. I.a.W., die Wissensstrukturen (zur Verhaltensgenerierung) sind *systemspezifisch* resp. *systemrelativ* – dieses Konzept ist mit einer referentiellen Vorstellung insofern inkompatibel, als diese auf eine vom jeweiligen Repräsentationssystem *unabhängige* „objektive" Darstellung der Umwelt abzielt. Gerade in neuronalen Systemen wird jedoch deutlich, daß Repräsentation *immer systemabhängig* und systemrelativ ist. Es handelt sich um eine auf die Anforderungen, Randbedingungen und Strukturen des jeweiligen Systems ausgerichtete Repräsentation.

–   Weiters spielt der Begriff der *Konstruktion* eine zentrale Rolle: im Kontext des repräsentationsproblems verschiebt sich der Fokus von der Abbildung der Umwelt auf das neuronale Repräsentationssubstrat hin zur Frage, wie eine Repräsentationsstruktur konstruiert werden kann, die zuvor erwähnte sensomotorische Integration und Verhaltensgenerierung „zufriedenstellend" durchführt. Dieser Konstruktionsprozeß manifestiert sich physisch in Form von Veränderungen im neuronalen und genetischen Substrat (z.B. synaptische Plastizität, Entwicklung des Nervensystems, Mutationen, cross over, etc. im genetischen Code, etc.). Diese Veränderungen folgen einem *trial-&-error* Muster, in dem die Repräsentationsstruktur versuchsweise verändert und dann in Form von Verhalten (oder in Form eines Organismus) externalisiert wird. Ist dieses Verhalten im weitesten Sinne erfolgreich, so scheint die aktuelle Konfiguration des neuronalen resp. genetischen Repräsentationssunstrates eine *mögliche adäquate* resp. *funktional passende* „Theorie zur Umweltbewältigung" zu verkörpen. Im Falle des Mißerfolges muß das Repräsentationssubstrat weiter verändert werden, bis sich Stabilität in Form einer erfolgreichen/stabilen Umweltinteraktion einstellt.

– Verfolgt man solch ein Konzept von „Repräsentation ohne Repräsentationen" (im traditionellen Sinn), so wird klar, daß es sich bei Propositionen resp. mentalen Bildern um durch ein neuronales System *konstruierte* und *erzeugte* Phänomene handelt, welche sich als *Stabilitäten* interpretieren lassen. Die referentielle Repräsentationsbeziehung zur Umwelt wird uns – u.U. zu Zwecken der kognitiven Stabilisierung – nur „vorgespiegelt" und durch unvorstellbaren neuronalen Aufwand und durch eine hochkomplexe neuronale Architektur (z.B. im Cortex) erzeugt. Wie bereits angedeutet, haben es wir hier mit Repräsentationen *zweiter* oder höherer Ordnung zu tun. In ihrer externalisierten Form (z.B. gesprochene Sprache, Bilder, etc.) sind sie so konstruiert, daß sie möglichst eindeutige (scheinbar referentielle) Repräsentationen im wahrnehmenden System *auslösen* – aus Abschnitt 3 geht klar hervor, daß diese Artefakte immer nur auslösenden, niemals jedoch determinierenden Einfluß auf das Repräsentationssystem haben können (vgl. auch die konstruktivistische Konzeption von Sprache als gegenseitiges Auslöseverhalten und das Konstruieren von konsensuellen Bereichen/Stabilitäten; z.B. Glasersfeld 1983; Maturana und Varela 1980; Köck 1987; Köck 1990; Roth 1994; Schmidt 1994 u.v.a.).

– Abschließend sei darauf hingewiesen, daß die „repräsentationale Forderung" nach der Erzeugung funktional passenden/adäquaten Verhaltens viel *weniger strikt* und einschränkend ist, als das – aus epistemologischer und konstruktivistischer Sicht ohnehin absurd erscheinende – Kriterium einer akkuraten resp. strukturerhaltenden Darstellung/Abbildung der Umwelt als Voraussetzung für erfolgreiches Interagieren, Operieren und Überleben in der Umwelt. Diese relative Freiheit innerhalb der durch die Umwelt und die Organisation des jeweiligen Organismus festgesetzten Randbedingungen ermöglicht eine „Theorienvielfalt" (durchaus im Sinne P. Feyerabends (1980, 1981, 1983)) zur Lösung des jeweiligen Problems der Umweltbewältigung.

## Literatur

Anderson, J.A., A. Pellionisz, und E. Rosenfeld (Eds.) (1991). *Neurocomputing 2. Directions of research.* Cambridge, MA: MIT Press.
Anderson, J.A und E. Rosenfeld (Eds.) (1988). *Neurocomputing. Foundations of research.* Cambridge, MA: MIT Press.
Anderson, J.R. (1988). *Kognitive Psychologie.* Heidelberg: Spektrum der Wissenschaft Verlag.
Arbib, M.A. (1987). *Brains, machines, and mathematics* (2nd ed.). New York, Berlin: Springer Verlag.

Bechtel, W. und A. Abrahamsen (1991). *Connectionism and the mind. An introduction to parallel processing in networks.* Cambridge, MA: B. Blackwell.

Berger, P. und M. Singer (1992). *Dealing with genes: the language of heredity.* Mill Valley, CA: University Science Books.

Cangelosi, A., D. Parisi und S. Nolfi (1994). Cell division and migration in a genotype for neural networks. *Network: computation in neural systems 5(4),* 497-516.

Churchland, P.M. (1995). *The engine reason, the seat of the soul. A philosophical journey into the brain.* Cambridge, MA: MIT Press.

Churchland, P.S., C. Koch und T.J. Sejnowski (1990). What is a computational neuroscience? In E.L. Schwartz (Ed.), *Computational neuroscience.* Cambridge, MA: MIT Press.

Churchland, P.S. und T.J. Sejnowski (1988). Perspectives on cognitive neuroscience. *Science 242(4879),* 741-745.

Churchland, P.S. und T.J. Sejnowski (1992). *The computational brain.* Cambridge, MA: MIT Press.

Clark, A. (1989). *Microcognition: philosophy, cognitive science, and parallel distributed processing.* Cambridge, MA: MIT Press.

Elman, J.L. (1991). Distributed representation, simple recurrent networks, and grammatical structure. *Machine learning 7(2/3),* 195-225.

Feyerabend, P.K. (1980). *Erkenntnis für freie Menschen.* Frankfurt/M.: Suhrkamp.

Feyerabend, P.K. (1981). *Realism, rationalism, and scientific method. Philosophical papers I,* Volume I. Cambridge; New York: Cambridge University Press.

Feyerabend, P.K. (1983). *Wider den Methodenzwang.* Frankfurt/M.: Suhrkamp.

Fodor, J.A. (1975). *The language of thought.* New York: Crowell.

Fodor, J.A. (1981). *Representations: philosophical essays on the foundations of cognitive science.* Cambridge, MA: MIT Press.

Fodor, J.A. (1990). *A theory of content and other essays.* Cambridge, MA: MIT Press.

Fodor, J.A. und Z.W. Pylyshyn (1988). Connectionism and cognitive architecture: a critical analysis. *Cognition 20.* (reprinted in B. Beakley et al. (eds.), The philosophy of mind, MIT Press, 1992).

Gazzaniga, M.S. (Ed.) (1995). *The cognitive neurosciences.* Cambridge, MA: MIT Press.

Gelder, T.v. (1992). Defining „distributed representation". *Connection Science 4(3/4),* 175-191.

Gelder, T.v. und R. Port (1995). It's about time: an overview of the dynamical approach to cognition. In R. Port und T.v. Gelder (Eds.), *Mind as motion.* Cambridge, MA: MIT Press.

Glasersfeld, E.v. (1981). Einführung in den radikalen Konstruktivismus. In P. Watzlawick (Ed.), *Die erfundene Wirklichkeit,* pp. 16-38. München: Pieper.

Glasersfeld, E.v. (1983). On the concept of interpretation. *Poetics 12,* 254-274.

Glasersfeld, E.v. (Ed.) (1987). *Wissen, Sprache und Wirklichkeit.* Braunschweig: Vieweg.

Glasersfeld, E.v. (1995) *Radical constructivism: a way of knowing and learning.* London: Falmer Press.

Hanson, S.J. und C.R. Olson (1990). *Connectionist modeling and brain function: the developing interface.* Cambridge, MA: MIT Press.

Hebb, D.O. (1949). *The organization of behavior; a neuropsychological theory.* New York: Wiley.

Hertz, J., A. Krogh, und. R.G. Palmer (1991). *Introduction to the theory of neural computation,* Volume 1 of *Santa Fe Institute studies in the sciences of complexity. Lecture notes.* Redwood City, CA: Addison-Wesley.

Hinton, G.E., J.L. McClelland, und D.E. Rumelhart (1986). Distributed representations. In D.E. Rumelhart und J.L. McClelland (Eds.), *Parallel Distributed Processing: explorations in the microstructure of cognition. Foundations,* Volume I, pp. 77-109. Cambridge, MA: MIT Press.

Jessel, T.M. (1991). Neuronal survival and synapse formation. In E.R. Kandel, J.H. Schwartz, und T.M. Jessel (Eds.), *Principles of neural science* (3rd ed.)., pp. 929-944. New York: Elsevier.

Köck, W.K. (1987). Kognition – Semantik – Kommunikation. In S.J. Schmidt (Ed.), *Der Diskurs des Radikalen Konstruktivismus*, pp. 340-373. Frankfurt/M.: Suhrkamp.

Köck, W.K. (1990). Autopoiese, Kognition und Kommunikation. In V. Riegas und C. Vetter (Eds.), *Zur Biologie der Kognition*, pp. 159-188. Frankfurt/M.: Suhrkamp.

Kosslyn, S.M. (1988). Aspects of a cognitive neuroscience of mental imagery. *Science 240*, 1621-1626.

Kosslyn, S.M. (1990). Mental imagery. In D.N. Osherson und H. Lasnik (Eds.), *An invitation to cognitive science*, Volume 2, pp. 73-97. Cambridge, MA: MIT Press.

Kosslyn, S.M. (1994). *Image and brain. The resolution of the imagery debate.* Cambridge, MA: MIT Press.

Kosslyn, S.M. und J.R. Pomerantz (1977). Imagery, propositions, and the form of internal representations. *Cognitive Psychology 9*, 52-76.

Kosslyn, S.M. und J.R. Pomerantz (1992). Bildliche Vorstellungen, Propositionen und die Form interner Repräsentationen. In D. Münch (Ed.), *Kognitionswissenschaft. Grundlagen, Probleme, Perspektiven*, pp. 253-289. Frankfurt/M.: Suhrkamp.

Lawrence, P.A.(1992). *The making of a fly. The genetics of animal design.* London; Boston: B. Blackwell.

Martin, J.H. (1991). Coding and processing of sensory information. In E.R. Kandel, J.H. Schwartz, und T.M. Jessel (Eds.), *Principles of neural science* (3rd ed.)., pp. 329-340. New York: Elsevier.

Maturana, H.R. (Ed.) (1982). *Erkennen: die Organisation und Verkörperung von Wirklichkeit*, Volume 19 of *Wissenschaftstheorie, Wissenschaft und Philosophie.* Braunschweig: Vieweg.

Maturana, H.R. und F.J. Varela (Eds.) (1980). *Autopoiesis and cognition: the realization of the living*, Volume 42 of *Boston studies in the philosophy of science.* Dordrecht; Boston: D. Reidel Pub. Co.

McClelland, J.L. und D.E. Rumelhart (Eds.) (1986). *Parallel Distributed Processing: explorations in the microstructure of cognition. Psychological and biological models*, Volume II. Cambridge, MA: MIT Press.

McClelland, J.L., D.E. Rumelhart, und G.E. Hinton (1986). The appeal of parallel distributed processing. In D.E. Rumelhart und J.L. McClelland (Eds.), *Parallel Distributed Processing: explorations in the microstructure of cognition. Foundations*, Volume I, pp. 3-44. Cambridge, MA: MIT Press.

Newell, A. (1980). Physical symbol systems. *Cognitive Science 4*, 135-183.

Newell, A., P.S. Rosenbloom, und J.E. Laird (1989). Symbolic architectures for cognition. In M.I. Posner (Ed.), *Foundations of cognitive science*, pp. 93-131. Cambridge, MA: MIT Press.

Newell, A. und H.A. Simon (1976). Computer science as empirical inquiry: symbols and search. *Communications of the Assoc. for Computing Machinery (ACM) 19*(3), 113-126. (reprinted in M. Boden (ed.), The Philosophy of Artificial Intelligence, Oxford University Press, 1990; in German in D. Münch (ed.), Kognitionswissenschaft, Suhrkamp, 1992).

Oeser, E. (1976). *Wissenschaft und Information: systematische Grundlagen einer Theorie der Wissenschaftsentwicklung*, Volume 1-3. Wien; München: Oldenbourg.

Oeser, E. (1987). Psychozoikum: Evolution und Mechanismus der menschlichen Erkenntnisfähigkeit. Berlin: P. Parey.

Osherson, D.N.und H. Lasnik (Eds.) (1990). *An invitation to cognitive science*, Volume 1-3. Cambridge, MA: MIT Press.

Peschl, M.F. (1994a). Autonomy vs. environmental dependency in neural knowledge representation. In R. Brooks und P. Maes (Eds.), *Artificial Life IV*, Cambridge, MA, pp. 417-423. MIT Press.

Peschl, M.F. (1994b). Embodiment of knowledge in the sensory system and its contribution to sensorimotor integration. The role of sensors in representational and epistomological issues. In P. Gaussier und J.D. Nicoud (Eds.), *From perception to action conference*, Los Alamitos, CA, pp. 444-447. IEEE Society Press.

Peschl, M.F. (1994c). *Repräsentation und Konstruktion. Kognitions- und neuroinformatorische Konzepte als Grundlage einer naturalisierten Epistemologie und Wissenschaftstheorie.* Braunschweig/Wiesbaden: Vieweg.

Port, R. und T.v. Gelder (Eds.) (1995). *Mind as motion: explorations of the dynamics of cognition.* Cambridge, MA: MIT Press.

Posner, M.I. (Ed.) (1989). *Foundations of cognitve science.* Cambridge, MA: MIT Press.

Roth, G. (1994). *Das Gehirn und seine Wirklichkeit. Kognitive Neurobiologie und ihre philosophischen Konsequenzen.* Frankfurt/M.: Suhrkamp.

Rumelhart, D.E., G.E. Hinton und R.J. Williams (1986). Learning internal representations by error propagation. In D.E. Rumelhart und J.L. McClelland (Eds.), *Parallel Distributed Processing: explorations in the microstructure of cognition. Foundations,* Volume I, pp. 318-361. Cambridge, MA: MIT Press.

Rumelhart, D.E. und J.L. McClelland (Eds.) (1986). *Parallel Distributed Processing: explorations in the microstructure of cognition. Foundations,* Volume I. Cambridge, MA: MIT Press.

Rumelhart, D.E., P. Smolensky, J.L. McClelland und G.E. Hinton (1986). Schemata and sequential thought processes in PDP models. In J.L. McClelland und D.E. Rumelhart(Eds.), *Parallel Distributed Processing: explorations in the microstructure of cognition. Psychological and biological models,* Volume II, pp. 7-57. Cambridge, MA: MIT Press.

Schmidt, S.J. (Ed.) (1987). *Der Diskurs des Radikalen Konstruktivismus.* Frankfurt/M.: Suhrkamp.

Schmidt, S.J. (1994). *Kognitive Autonomie und soziale Orientierung. Konstruktivistische Bemerkungen zum Zusammenhang von Kognition, Kommunikation, Medien und Kultur.* Frankfurt/M.: Suhrkamp.

Sejnowski, T.J., C. Koch, und P.S. Churchland (1990). Computational neuroscience. In S.J. Hanson und C.R. Olson (Eds.), *Connectionist modeling and brain function: the developing interface,* pp. 5-35. Cambridge, MA: MIT Press.

Sejnowski, T.J. und C. Rosenberg (1986). NETtalk: a parallel network that learns to read aloud. Technical Report JHU/EECS-86/01, Electrical Engineering and Computer Science, John Hopkins University.

Sejnowski, T.J. und C. Rosenberg (1987). Parallel networks that learn to pronounce English text. *Complex Systems 1,* 145-168.

Shepard, R. und J. Metzler (1971). Mental rotation of three-dimensional objects. *Science 171*(972), 701-703.

Stillings, N.A., M.H. Feinstein, und J.L. Garfield (Eds.) (1987). *Cognitive science: an introduction.* Cambridge, MA: MIT Press.

Varela, F.J. (1991). Allgemeine Prinzipien des Lernens im Rahmen der Theorien biologischer Netzwerke. In S.J. Schmidt (Ed.), *Gedächtnis,* pp. 159-169. Frankfurt/M.: Suhrkamp.

Varela, F.J., E. Thompson, und E. Rosch (1991). *The embodied mind: cognitive science and human experience.* Cambridge, MA: MIT Press.

Winston, P.H. (1992). *Artificial Intelligence* (3rd ed.). Reading, MA: Addison-Wesley.

# Das Ding als Wahrnehmung und seine „Aufhebung" in der Handlung

## Eine nicht-repräsentationistische Perspektive aus klassisch-philosophischer Sicht

*Axel Ziemke (Klagenfurt)*

## 1. Problemstellung

Die verschiedenen Debatten der Kognitionswissenschaft in den 70er und 80er Jahren haben einerseits zu einer Relativierung der Physical Symbol System Hypothesis durch konnektionistische Konzepte geführt und andererseits die Fundierung der Kognitionswissenschaft durch neurowissenschaftliche Forschung zunehmend zum Programm erhoben. Während Kognitionswissenschaftler vor dieser Relativierung die Einheit ihrer Wissenschaft eben mit dieser zentralen Hypothese begründeten (Simon 1990), kann man nach dieser Relativierung von einem einheitsstiftenden Ansatz nur noch in einem sehr abstrakten Sinne sprechen, nämlich in Form eines Konzeptes von „Kognition als Repräsentation" in seiner Explikation durch ein informationstheoretisches Kategoriensystem: Kognitive Leistungen werden erforscht, indem theoretisch abgeleitet und experimentell begründet wird, wie der „Gegenstand" dieser Leistung in dem untersuchten System „repräsentiert" wird. Explizit oder implizit wird mit diesem Forschungsprogramm ein repräsentationistischer Erklärungsansatz von Kognition verbunden: Eine kognitive Leistung gilt demzufolge als *erklärt*, wenn die Repräsentation des „Gegenstands" dieser Leistung im System theoretisch verständlich gemacht und experimentell nachgewiesen werden kann. Die verschiedenen Ansätze im Rahmen dieses Forschungsprogrammes unterscheiden sich hinsichtlich der Organisation der Repräsentationen im Rahmen der kognitiven Architektur (komplexe Symbole, Netzwerke semantischer Atome, quasi-perzeptive Repräsentationen) und besonders dahingehend, auf welcher „Ebene" des Verständnisses jener Systeme die relevanten Repräsentationen, Codes oder Symbole zu finden sind (neuronale, funktionale, mentale Repräsentationen – vgl. Ziemke/Cardoso de Oliveira, dieser Band).

Eine Kritik dieses Forschungsprogrammes am Beispiel der neurobiologischen Wahrnehmungsforschung soll in diesem Aufsatz versucht werden. Es soll gezeigt werden, daß ein repräsentationistischer Erklärungsansatz von Wahrnehmung nur unter Voraussetzung einer Elimination von Subjektivität möglich ist und die „eliminativ-reduktionistischen" Konzepte der „Analytical Philosophy of Mind" (APM) somit die notwendige Konsequenz dieses Forschungsprogrammes sind (P.M. Churchland 1984, P.S.Churchland 1986). Verschiedene Kritikansätze des repräsentationistischen Forschungsprogrammes (besonders Varela 1979, Maturana 1982, Varela & Thompson 1992, aber auch Neisser 1979, Dreyfus 1985) werden als Einforderung von „Subjektivität" im Sinne eines Subjektbegriffes der Klassischen Deutschen Philosophie (KDP) reinterpretiert. Im Rahmen eines solchen Subjektbegriffes wird gezeigt, was „Subjektivität der Wahrnehmung" bedeuten kann, und versucht, die Perspektive eines nicht-repräsentationistischen Ansatzes der experimentellen und theoretischen Neurobiologie abzuleiten. Auf diese Weise wird es nicht zuletzt möglich sein, die sich in der Problemexposition noch recht unvermittelt gegenüberstehenden philosophischen und neurowissenschaftlichen Perspektiven zu verbinden. Abschließend sollen Möglichkeiten zur Operationalisierung einer „Logik der Subjektivität" diskutiert werden.


## 2. Repräsentationismus: Die Elimination von Subjektivität

In der experimentellen und theoretischen Neurobiologie werden nicht nur kognitive Leistungen (im Rahmen der „Kognitiven Neurobiologie"), sondern auch die funktionelle Architektur des Gehirns (im Rahmen der „Funktionellen Neuroanatomie") erforscht, indem „Repräsentationen" ihres „Gegenstandes" auf neuronaler Ebene untersucht werden. So besteht das zentrale Anliegen der „systemisch" orientierten experimentellen Neurobiologie in der Suche nach „Reizkorrelaten" in der neuronalen Aktivität. An einem zumeist anästhesierten und paralysierten Versuchstier wird die Aktivität einer einzelnen Nervenzelle (in Aktionspotentialen pro Zeiteinheit) durch eine (einzelne) Mikroelektrode in Abhängigkeit der Variation eines Reizparameters gemessen. Auf Grund der Korrelationen zwischen Reizparametern und neuronalen Aktivitätsparametern spricht man von einem „neuronalen Code", der „Codierung" der Reizparameter in Form der Aktivitätsparameter. Die neurophysiologische Forschung hat mit diesem experimentellen Ansatz ein umfangreiches Wissen über „merkmalselektive Zellen", „Merkmalskarten" und „parallel-sequentielle Verarbeitungsströme sensorischer Information" im visuellen, aber auch auditorischen und somato-sensorischen System erarbeitet, das größtenteils mit neuroanatomisch nachgewiesenen Verbindungen und histologischen Differenzierungen in Verbindung gebracht werden kannn (vgl. etwa Zeki 1992, ausführlicher: Kandel & Schwartz 1993, 285-426). Die theoretische Neurobiologie sucht in erster Linie nach Algorithmen, die zeigen, wie die „implizit" in den Aktivitätszuständen sensorischer Oberflächen gegebene „Information" in einer solchen Weise „expliziert" wird, daß eine „symbolische Entsprechung" neuronaler Aktivitätsparameter mit gegebenen Reizparametern erzeugt wird (Marr 1982). Sie bemüht sich um eine „computational explanation" kognitiver Prozesse, die eben den semantischen Gehalt jener neuronalen Aktivitätsparameter abzuleiten versucht (Sejnowski et al. 1988). Anders als in der experimentellen Neurobiologie liegen hier wohldefinierte Repräsentationskonzepte vor, etwa: „A representation is a formal system for making explicit certain entities or types of information, together with a specification of how the system does this. And I shall call the result of using a representation to describe a given entity a description of the entity in that representation" (Marr 1982,20). Selbst die in letzter Zeit viel diskutierten Assembly-Modelle (Netzwerkmodelle der *neuronalen* Ebene) modellieren „Lernprozesse" unter der Voraussetzung, daß gezeigt werden soll, wie Korrelationen gegebener „items" oder „events" über synaptische Verknüpfungen zwischen Einheiten, die diese „items" oder „events" „repräsentieren", „gespeichert" werden (Palm 1986). Explizit oder implizit erheben diese Ansätze den Anspruch, kognitive Leistungen – im Rahmen einer Spezifikation des o.g. repräsentationistischen Erklärungsansatzes – über Repräsentationen auf *neuronaler* Ebene erklären zu können: Eine kognitive Leistung gilt dann als *erklärt*, wenn (experimentell und/oder theoretisch) gezeigt werden kann, wie der „Gegenstand" dieser Leistung (zumeist ein Reizparameter) in Form *neuronaler Aktivität* „repräsentiert" oder „codiert" wird (vgl. zu all dem wiederum Cardoso de Oliveira/ Ziemke, dieser Band).

Anti-reduktionistische Konzepte im Rahmen der Diskussion der APM führen gegen die Möglichkeit einer Erklärung von Kognition auf der neuronalen Ebene Konzepte wie die „Intentionalität", „Individualität" und „Bewußtheit" mentaler Zustände und die „mentale Verursachung" von Verhalten an. Da an dieser Stelle auf die sehr differenzierte Bestimmung dieser Begriffe in der APM nicht eingegangen werden kann, muß es hinreichen anzumerken, daß „Intentionalität" die Gerichtetheit unserer mentalen Zustände auf Dinge oder Sachverhalte in der Welt meint, „Individualität" die Tatsache, daß diese mentalen Zustände nur dem Menschen zugänglich zu sein scheinen, der sie „hat", „Bewußtheit" die Annahme eines „Erlebnischarakters" dieser mentalen Zustände und „mentale Verursachung", die Unterstellung, daß diese mentalen Zustände als (in ihrem Zusammenhang rational oder logisch explizierbare) Gründe unser Verhalten „verursachen". Ansätze, die eine Erforschung neuronaler Strukturen als einen (Dennett 1992) oder sogar den (P.M.Churchland 1984, P.S. Churchland 1986) Zugang zu einer Erklärung von Kognition sehen, bemühen sich in letzter Zeit, diese Konzepte als Konsequenz eines alltagspsychologischen Sprachgebrauchs zu verstehen. Ihre Bedeutung würden solche Begriffe demzufolge aus unseren „alltäglichen" Annahmen und Voraussetzungen gewinnen, mit denen wir das Verhalten anderer Menschen „vorhersagen" und das wir letztlich auch auf uns selbst beziehen. Diese alltäglichen Begründungszusammenhänge müßten wir nun nicht nur dahingehend als „Theorie" („Folk Psychology") interpretieren, daß sie Erklärungen und Vorhersagen gestattet, sondern besonders in der Hinsicht, daß sie sich angesichts der künftigen Entwicklung neurowissenschaftlicher Forschung durchaus als völlig oder teilweise falsch erweisen könnte („eliminative Reduktion"). Der Verweis auf die genannten Spezifika mentaler Zustände könnte dann nicht mehr zur Begründung eines anti-reduktionistischen Ansatzes dienen (Churchland 1986, 295ff). Im Gegensatz dazu wird eine Erklärung gerade dieser Spezifika mentaler Zustände von Searle (1992) zum Kriterium einer („retentiven") Reduktion der (wissenschaftlichen und Alltags-) Psychologie auf die Neurobiologie gemacht: Eine neurowissenschaftliche Theorie wird eben dadurch ihren Wert beweisen müssen, daß sie diese vier Merkmale erklären kann.

Während allerdings die meisten anti-reduktionistischen Konzepte Kognition gerade über Repräsentationen auf einer anderen (symbolischen, mentalen) Ebene des kognitiven Systems zu erklären versuchen, richtet sich die hier vorzutragende Kritik prinzipiell gegen alle Formen des Repräsentationismus. Man tut diesem repräsentationistischen Forschungspogramm gewiß unrecht, wenn man das „Repräsentieren" als ein passives „Abbilden" der „Wirklichkeit" unterstellt. Vielmehr könnte es für eine Heranführung an das Problem hilfreich sein, dieses „Repräsentieren" in Analogie (und Dis-Analogie) zu der „alltäglichen Praxis" des „Beschreibens" zu begreifen. Das Beschreiben ist als Handlung ein aktiver Prozeß. Die Beschreibung als Ergebnis des Beschreibens „expliziert" Aspekte des Beschriebenen. Die Beschreibung bezieht sich in einer als symbolische Zuordnung faßbaren Weise auf das Beschriebene. Das Beschriebene macht seine „Bedeutung" aus. Die Beschreibung ist „Information über" das Beschriebene. In der wörtlichen Verwendung von „Be-Schreiben" könnten wir die propositionale Darstellung des Wahrgenommenen meinen, die dann auch extensional sein könnte. Im übertragenen Sinne könnten wir mit „Beschreiben" auch die Erzeugung einer bildlichen Darstellung oder eines „Netzes von Verknüpfungen semantischer Atome" meinen oder eben – und darum soll es vor allem gehen – das „Beschreiben" der „Gegenstände" kognitiver Leistungen durch die Erzeugung bestimmter „Signale" auf Grundlage des „neuronalen Codes". Im Sinne des frühen Wittgenstein ist eine Beschreibung und in Analogie dazu eine Repräsentation ein (nicht notwendigerweise extensionales) „logisches Bild" einer „Tatsache" als „Bestehen von Sachverhalten".

Über die Analogie des „Beschreibens" kann gezeigt werden, daß ein Repräsentationskonzept von Kognition ein „Subjekt" *voraussetzen* muß und somit Kognition in ihrer „Subjektivität" nicht *erklären* kann. Eine repräsentationistische Erklärung von Kognition wäre also nur dann möglich, wenn die „Subjektivität" von Kognition als eine unangemessene Bestimmung des zu Erklärenden eliminiert wird. Eine Beschreibung wird etwas nämlich nur dann, wenn jemand (ein „Subjekt") diese Beschreibung als Beschreibung von etwas „versteht", diese Beschreibung also einem Beschriebenen zuordnet. Dieses Subjekt muß die Beschreibung also „als solche" erkennen. Es muß sie also in ihrer „symbolischen Entsprechung" zu einer Tatsache erfassen, ihre „Bedeutung" oder „aboutness" verstehen, sie als „Information über" etwas auffassen. Faßt man Kognition also als Repräsentieren eines Gegenstandes in Analogie zum „Beschreiben" dieses Gegenstandes auf, so ist Kognition nicht allein dadurch erklärt, daß man die Erzeugung einer solchen Repräsentation aufweist, sondern erst dann, wenn die Zuordnung dieser Repräsentation zu einem Repräsentierten durch ein „verstehendes Subjekt" gezeigt wird. Nachdem die Repräsentation der Tatsache „im"

System gezeigt wurde, ginge es also darum, zu erklären, wie „der Verstehende", das „Subjekt" in einem „höheren Zentrum" des Gehirns die Zuordnung dieser Repräsentation zum Repräsentierten vornimmt. Auf Grund eines repräsentationistischen Ansatzes ist nun aber eben das nicht möglich, da sich dieser Ansatz sonst in einem unendlichen Regreß verfängt: Ein repräsentationistisches Erklärungskonzept würde hier weitere Repräsentationen („zweiter Ordnung") postulieren müssen, die die Wirklichkeit *und* ihre ursprüngliche Repräsentation („erster Ordnung") repräsentiert. Diese Repräsentationen („zweiter Ordnung") würden dementsprechend weitere Repräsentationen („dritter Ordnung") implizieren etc. Das Erklärungsproblem würde also immer nur auf eine höhere Systemebene verschoben, nie aber gelöst werden. Verkürzter gesprochen würde die Kognition eines Gegenstandes durch die Repräsentation dieses Gegenstandes also darum nicht erklärt werden können, weil es hierfür erforderlich wäre, die „Kognition" der Repräsentation und ihres Gegenstandes und der Zuordnung beider zu erklären.

An dieser Argumentation würde sich auch dadurch nur wenig ändern, daß man dem System ein „naiv-realistisches Mißverständnis" unterstellt, demzufolge es seine Repräsentationen mit „der Wirklichkeit selbst" verwechselt. Die Analogie hierfür wäre eine Beschreibung, die so täuschend „echt" aussieht, daß man sie als das Beschriebene selbst (miß-?)versteht. Auch dann müßte gezeigt werden, wie das System diese Repräsentation (fälschlicherweise) als Gegenstand erkennt. Auch hier würde sich ein unendlicher Regreß ergeben (der dann der „homunculus fallacy" entsprechen würde). Auch hier würde der Aufweis einer solchen Repräsentation keine Erklärung von Kognition darstellen, weil nun erklärt werden müßte, wie soetwas wie die „Kognition" dieser Repräsentation erfolgt.

Allerdings kann es durchaus so *erscheinen*, als wäre eine repräsentationistische Erklärung von Kognition möglich, wenn das „Verstehen" der Beschreibung durch das System mit dem „Verstehen" dieser Beschreibung durch den Neurowissenschaftler verwechselt wird. Tatsächlich tritt nämlich in der empirischen oder theoretischen Forschung ein solches „verstehendes Subjekt" auf, nämlich der Neurowissenschaftler selbst. Wenn im Rahmen der experimentellen Neurobiologie von einem „neuronalen Code" oder in der theoretischen Neurobiologie von „Symbolen" oder der „Explikation von Information" gesprochen wird, so ist es der Neurowissenschaftler, der diesen Code auf das „Codierte" bezieht, die Symbole als Zeichen „für" bestimmte Sachverhalte und die Explikation dieser Information in Form der formalen Beziehungen dieser Symbole als „Information über" eine Tatsache, in ihrer „Bedeutung" versteht. Er ist es also, der die Beschreibung dem Beschriebenen zuordnet.

Der Verweis auf das Forschungssubjekt ist aber nicht nur in theoretischer, sondern auch in methodologischer Hinsicht interessant. Zunächst wieder in unserer Analogie: Das Beschreiben impliziert natürlich nicht nur jemanden (ein Subjekt), dem man etwas beschreibt, sondern zuallererst jemanden (ein anderes oder auch dasselbe Subjekt), der diese Beschreibung erzeugt. Eben diese Implikation ist es, die dazu berechtigt, vom Repräsentieren als einem „aktiven" Prozeß zu sprechen. Das „beschreibende

Subjekt" erzeugt eine Beschreibung als Zuordnung der Beschreibung zum Beschriebenen. Dieses eigentliche Beschreiben wird in der repräsentationistischen Sichtweise zu einem Kausalprozeß oder „automatischen Ablauf", der experimentell erforscht oder theoretisch modelliert wird. Diese „Elimination des Beschreibenden" ist natürlich unumgänglich, da die Unterstellung eines gesonderten Aktes des Beschreibens Kognition nicht erklären, sondern das Erklärungsproblem lediglich auf das Subjekt dieses Beschreibens verschieben würde. Und doch verweist eine Rekonstruktion des Experimentierens und Theoretisierens auf eben einen solchen „Beschreibenden": nämlich den Experimentator bzw. Theoretiker selbst. So folgt das neurophysiologische Experiment dem Zweck der *Herstellung* der Reizkorrelationen und „mapping relations" als Handlung des Experimentators, dessen Empirizitätskriterium die Erfüllung dieses Zweckes, das Gelingen oder Mißlingen dieser Herstellung ist. Dementsprechend ist es der Experimentator, der die zu untersuchenden Reiz- und Aktivitätsparameter festlegt, den Versuchsaufbau so gestaltet, daß deren Korrelationen erzeugt werden können und der unter den „Störgrößen" dieser Korrelationen nicht zuletzt die Aktivität des Tieres selbst in Form seiner Bewegungen durch Anästhesie und Paralyse auszuschließen gezwungen ist, um überhaupt zu signifikanten Ergebnissen zu kommen. Der Experimentator selbst ordnet im Experiment Beschreibung und Beschriebenes einander zu. Man kann durchaus sagen, der Experimentator „beschreibt" durch den Versuchsaufbau (auf eine recht umständliche Art und Weise) das von ihm erzeugte Reizangebot. Er ist „der Beschreibende". Auch hier entsteht also der Schein einer Beschreibung durch das System selbst durch die Verwechslung mit der Beschreibung durch den Experimentator. Es ist der Beobachter, nicht das Nervensystem, der die neuronale Aktivität als „Beschreibung" eines Beschriebenen erzeugt.

Wenn der Neurowissenschaftler Kognition in ihrer Subjektivität erklären will, so ist ein repräsentationistisches Forschungsprogramm dafür nicht geeignet; denn eben diese Subjektivität wird durch die empirische Erforschung und theoretische Modellierung immer nur vorausgesetzt. Subjektivität tritt in einem repräsentationistischen Forschungsprogramm immer nur als Subjektivität des Neurowissenschaftlers, nicht aber als Subjektivität des Systems auf. Der Schein einer Erklärung dieser Subjektivität beruht auf nichts anderem als der Verwechslung der Subjektivität des Neurowissenschaftlers selbst mit der des Systems. Wie nach der folgenden Spezifikation des Subjektivitätsbegriffes noch anzudeuten sein wird, bedeutet dies nicht zuletzt, daß die in der APM als Merkmale mentaler Zustände diskutierten Konzepte der Intentionalität, Individualität, Bewußtheit und mentalen Verursachung sich einer repräsentationistischen Erklärung notwendigerweise entziehen müssen. All das sagt, wohlgemerkt, nichts darüber aus, ob es sinnvoll ist, selbst unter Voraussetzung einer Subjektivität von Kognition Repräsentationen etwa im Rahmen einer „funktionellen Neuroanatomie" zu untersuchen. Allerdings kann mit einem solchen „unproblematischen Repräsentationismus" nicht der Anspruch einer Erklärung von Kognition, ja nicht einmal der Anspruch einer „neurobiologischen Kognitionsforschung" oder „Kognitiven Neurobiologie" verfolgt werden.

Will der Neurowissenschaftler demgegenüber den Anspruch vertreten, Kognition im Rahmen eines repräsentationistischen Forschungsprogrammes zu erklären, so ist er gezwungen, die Subjektivität von Kognition zu leugnen. Der von den Churchlands und Dennett vertretene Standpunkt, mit den genannten spezifischen Merkmalen mentaler Zustände auch das Konzept eines „Selbst", „Ich" oder eben „Subjekts" zur Disposition zu stellen, ist also die notwendige Konsequenz eines repräsentationistischen Forschungsprogrammes. Unter dieser Voraussetzung wird ein Repräsentationskonzept von Kognition gewiß sehr schwer angreifbar. Tatsächlich könnten die vielfältigen durch unser alltägliches Erleben, aber auch auf Grundlage phänomenologischer Methode begründeten Belege für die Subjektivität des „Ich" und des „Du" einer fundamentalen Illusion unterliegen – wenn auch die Erklärung dieser Illusion nicht weniger problematisch wäre als die Erklärung von Subjektivität selbst. Man könnte als Gegenargument anführen, daß die gesamte Sprechweise zur Formulierung von repräsentationistischen Theorien und zur Interpretation der Ergebnisse empirischer Forschung im Rahmen dieses Forschungsprogrammes auf jene Subjektivität der Kognition des Wissenschaftlers verweist, die dieses Programm in Frage stellen müßte. Besonders aber sollten das in Zweifel gezogene Zeugnis unseres alltäglichen Erlebens und der unbestreitbare praktische Nutzen des „mentalistischen" Vokabulars unserer Alltgssprache ein hinreichender Grund sein, über ein Forschungsprogramm nachzudenken, das die Subjektivität von Kognition im Anschluß an empirische Ergebnisse und theoretische Vorstellungen moderner neurowissenschaftlicher Forschung zu seinem Gegenstand machen könnte. Am Beispiel eines nicht-repräsentationistischen Wahrnehmungsverständnisses soll ein möglicher Ansatz eines solchen Forschungsprogrammes angedeutet werden.

## 3. Repräsentationismuskritik: Die Einforderung von Subjektivität

Das repräsentationistische Forschungsprogramm ist zunehmend zum Gegenstand von Kritikansätzen geworden, die zu alternativen Erklärungsansätzen von Kognition geführt haben. In Bezug auf die neurowissenschaftliche Forschung zu nennen wären die Arbeiten zu einer Kybernetik zweiter Ordnung am Biological Computer Laboratory Urbana (Wilson 1976) und die auf dieser Begrifflichkeit aufbauende „Biologie der Kognition" (Maturana 1982, Varela 1979). Maturana argumentiert gegen den Erklärungsanspruch eines repräsentationistischen Ansatzes ebenfalls durch den Verweis auf die Voraussetzung der von einem Beobachter hergestellten Abbildungsrelation: „Ein Beobachter spricht von Repräsentation in seinem Beschreibungsbereich, wenn er eine Abbildungsrelation zwischen zwei getrennten Phänomenen herstellt. Er benutzt eines dieser Phänomene als Zeichen und das andere als Objekt und sucht mit Hilfe des Zeichens deskriptive Schlußfolgerungen über das Objekt zu erlangen" (1982,285). Dies setzt nach Maturana voraus, daß der Beobachter sich „außerhalb" sowohl des Zeichens als auch des Objekts befindet, denn er muß beide als strukturell verschiedene Phänomenbereiche definieren. Dies aber ist für das Nervensystem nicht möglich, da es selbst keine intern-/extern-Unterscheidung vornehmen und so seine eigenen Zustände nicht mit denen der Umgebung in Beziehung setzen kann. Dementsprechend setzt Maturana fort: „Wenn Repräsentation als Phänomen nicht zum Operieren des Nervensystems gehört, kann auch adäquates Verhalten nicht durch eine Berechnung des Nervensystems mit Hilfe einer Repräsentation der Umwelt entstehen". Der Begriff „Repräsentation" läßt sich also nur hinsichtlich der Beschreibungen eines Beobachters bzw. in dessen konsensuellem Bereich sinnvoll verwenden, nicht aber zur Erklärung kognitiver Leistungen des Systems (Maturana 1982, 295). Repräsentationen sind also „als solche" nur dem Beobachter zugängliche Relationen, die nichts darüber aussagen, wie ein Gegenstand „für" das beobachtete System wird.

Als einzig operationalisierbares Kriterium von Kognition schlägt Maturana „effektives Handeln" vor. „Handlung" verwendet Maturana allerdings synonym mit dem Konzept der „strukturellen Kopplung" eines operational geschlossenen Systems mit seiner Umwelt. Als ausgesprochen abstraktes „Effektivitätskriterium" gilt ihm die Aufrechterhaltung der Autopoiese des Systems. Anknüpfend an diese Theorie entwickelt Varela in seinem „enacting approach" den Erklärungsansatz von Kognition als „verkörpertem Handeln", demzufolge kognitive Leistungen im phylogenetischen, ontogenetischen und aktualgenetischen Kontext sowohl in ihrer handlungsleitenden Funktion als auch in ihrem eigenen Handlungscharakter zu verstehen sind (Varela & Thompson 1992, Thompson, Palacios & Varela 1992). Für die Wahrnehmung bedeutet all das: „Sensory perception cannot be understood as an input process, whereby a stimulus causes an effect in a complex process beyond sense organs. Perception and action cannot be separated, since perception is an expression of the closure of the nervous system. In positive terms, *perception is equivalent to the construction of invariances through a sensory-motor coupling* by means of which the the organism becomes viable in its environment. The environmental noise *becomes* objects through the nervous-system closure" (Varela 1979,247). Neben jenen mehr biologisch orientierten Arbeiten wäre auf Methodendiskussionen in der Kognitiven Psychologie zu verweisen. Im Anschluß an Gibsons (1973) „ökologische Psychologie" mahnt etwa Neisser (1979), einer der Begründer der Kognitivistischen Psychologie, in seinem Spätwerk „Cognition and Reality" in seiner Kritik der „ökologischen Validität" kognitionspsychologischer Forschung nicht zuletzt die Handlungsbezüge und den Handlungscharakter kognitiver Leistungen an: Theorien der Mustererkennung sind nicht notwendig Theorien der Wahrnehmung. Objekte und Ereignisse erhalten eine Bedeutung aus ihren Handlungsbezügen. Diese Bedeutung kann man wahrnehmen und man tut das auch. Nicht zuletzt ist für die Wahrnehmung dieser Bedeutung die Information entscheidend, die durch Bewegung vermittelt wird. Wahrnehmung ist keine „Aufnahme" von Information, sondern eine durch sensorisch-motorische Schemata geleitete Erkundungsaktivität. Auch einige Kritiker der Künstlichen Intelligenz sehen in der Handlungskompetenz des Menschen eine entscheidende Leistungsbeschränkung dieses Forschungsprogrammes (Dreyfus 1985; Dreyfus & Dreyfus 1987), während sich in der Forschung selbst etwa zur Konstruktion „autonomer Roboter" eine handlungsbezogene „Intelligenz ohne Repräsentationen" erforderlich zu machen scheint (Brooks 1987).

Diese in dieser Kritik eingeforderte Handlungsbestimmtheit von Kognition im Allgemeinen und Wahrnehmung im Besonderen steht nun in enger Beziehung mit der unter 2. als Erklärungsdefizit des repräsentationistischen Forschungsprogrammes herausgestellten Subjektivität von Kognition. „Subjektivität" wird in den Diskussionen der APM eng assoziiert mit „Intentionalität", „Individualität", „Bewußtsein", „Ich", „Selbst", „mentalen Zuständen" oder einer „Erlebnisdimension". Und eben hier setzt auch die Dekonstruktion von Subjektivität durch die Churchlands, Dennett, aber auch Varela und Thompson an. In der KDP wird Subjektivität hingegen zunächst aus einer *Zweckbestimmtheit* der „Tätigkeit" eines „Organismus" abgeleitet und stellt zunächst ein Problem des Fragens nach dem Lebendigen und erst davon abgeleitet ein Problem des Fragens nach dem Bewußtsein dar (vgl. Ziemke 1994b). Für Kant beruht die Verwendung des Zweckbegriffes als „Naturzweck" allerdings lediglich auf einer „entfernten Analogie" mit dem menschlichen Handeln. Demgegenüber versucht der frühe Schelling diese Zweckbestimmtheit in Form einer „naturimmanenten Teleologie" zu globalisieren. Für Hegel schließlich wird eine Teleologie des Organismus, seines Lebensprozesses und der biologischen Gattung zum Ausgangspunkt für ein Verständnis der „Logik" des Lebens. Wie bereits bei Kant beruht diese Teleologie allerdings nicht auf einem äußerlich vorgegebenen Zweck, den Organismus und Gattung nun zu erfüllen hätte, sondern entspringt ihrer (zwecksetzenden) Tätigkeit selbst. So entfaltet sich eine solche „teleologische Tätigkeit", Hegels „Wissenschaft der Logik" zufolge, im Wechselspiel der Glieder eines Organismus als deren gegenseitige Reproduktion zum (Selbst-)Zweck der Selbstreproduktion des Organismus, im Lebensprozeß als „Aneignung" der objektiven Welt zum (Selbst-)Zweck dieser Selbstreproduktion und in der Fortpflanzung zum (Selbst-)Zweck der Reproduktion der Gattung (5,250ff). Auch Hegel verfolgt mit diesem teleologischen Ansatz eine Art „Dekonstruktion" des zu seiner Zeit herrschenden Subjektivitätsverständnisses, allerdings nicht mit dem Ziel, das Subjekt im Objekt aufgehen zu lassen, sondern beide im „objektiven Subjekt" oder „Subjekt-Objekt" zu vermitteln. Der globale Selbstzweck einer solchen „Selbstreproduktion" und die *vom Organismus selbst gesetzten* partikulären Zwecke im Rahmen seiner Verwirklichung (Ziemke 1992; Ziemke & Stöber 1992) können uns nun durchaus die Kriterien eines „effektiven Handelns" liefern, wie es in der Repräsentationismuskritik zum Verständnis von Kognition eingefordert wurde.

Es ist nun auch im Rahmen des repräsentationistischen Forschungsprogrammes völlig unkontrovers, daß Wahrnehmung wie Kognition überhaupt der Handlungs- oder besser Verhaltensregulation dient. Doch stehen sich Wahrnehmung und Verhalten aus repräsentationistischer Sicht weitgehend *äußerlich* gegenüber. Die Repräsentation ist ihrem Inhalt nach ausschließlich durch das Repräsentierte bestimmt. Erst im Nachinein wird die Repräsentation zur Verhaltensregulation genutzt. Allenfalls die Aufmerksamkeitssteuerung bestimmt, welche „Ausschnitte" einer gegebenen Wirklichkeit vordergründig zu repräsentieren sind. „Subjektivität" der Wahrnehmung würde demgegenüber „Zweckbestimmtheit" der Wahrnehmung bedeuten. Handlungen schließen nicht an Wahrnehmungen an, sondern bestimmen das Wahrgenommene (mit). Wahrnehmung ist durch ihren *Handlungsbezug* und *Handlungscharakter* bestimmt. „Handlungsbezug" meint dabei, daß Wahrnehmungen entsprechend der Zwecke der aktuellen Handlungen des Systems organisiert werden: *Was* wir wahrnehmen, hängt vom Handlungskontext der Wahrnehmung ab. „Handlungscharakter" meint, daß wir Wahrnehmungen als Verschränkung motorischer, sensorischer und „höherer", kognitiver Anteile verstehen müssen: *Wie* wir wahrnehmen, läßt sich nach dem Modell einer Handlung verstehen.

Wie diese „Zweckbestimmtheit" von Wahrnehmung gedacht werden kann, soll Gegenstand des nächsten Abschnitts sein. Doch wie schaut es mit der „Subjektivität" im Kontext des Mind-Body-problems aus, das für die APM von so vordergründigem Interesse ist? Das Körper-Geist-Problem taucht in den Systemen der KDP nicht auf. Hegel behandelt es lediglich in einer kürzlich von Wolff (1992) ausführlich diskutierten Anmerkung zum §389 der Enzyklopädie von 1830 als ein Scheinproblem, das nur dann entsteht, wenn die fundamentale Subjektivität des Lebendigen bereits verfehlt wurde. Die Schlußfolgerung wäre: Haben wir die Zweckbestimmtheit der Wahrnehmung einmal verstanden, werden wir vielleicht noch nicht im Einzelnen verstanden haben, wie die „Intentionalität", „Individualität" und „Bewußtheit" von Wahrnehmung zustandekommt; aber wir werden die *Logik* der Lösung dieses Problems „mitgeliefert" bekommen.

## 4. Was ist „Subjektivität der Wahrnehmung"?

Trotz der breiten, im letzten Abschnitt nur angedeuteten Kritik an einem repräsentationistischen Forschungsprogramm kann bis heute noch von keinem dezidierten Alternativkonzept zum Repräsentationismus gesprochen werden. Es scheint unter Kritikern unkontrovers, daß Kognition in ihrem Handlungsbezug und/oder Handlungscharakter zu verstehen ist. Was aber „das Kognitive" an der Handlung ausmacht, wenn es denn nicht die „Handlungssteuerung durch Repräsentationen", aber auch nicht die behavioristisch verkürzte Adaptivität des Verhaltens sein soll, ist weitgehend unklar: „If you're *not* a representationalist this is quite tricky since it is then not obvious what makes a phenomenon cognitive" (Fodor & Pylyshyn 1988). Angesichts dieser Ratlosigkeit scheint ein möglicher Weg auf der Suche nach einer Alternative zum repräsentationistischen Forschungsprogramm die Befragung der Philosophiegeschichte nach einem anderen Kognitionsverständnis zu sein. Schon nach der bisherigen Darstellung scheint die KDP im Allgemeinen und Hegels Philosophie im Besonderen hier vielversprechende Ansätze zu bieten. Gerade Hegel bietet uns ein Konzept der „Objektivierung von Subjektivität", wie es in einer Kognitionswissenschaft gefordert scheint, nimmt diese Objektivierung im Rahmen eines teleologischen Ansatzes vor, der die Anknüpfung an eine handlungsbezogene Repräsentationismuskritik möglich erscheinen läßt, und läßt uns hoffen, auch Ansätze zur Lösung der zentralen Probleme aktueller Diskussionen in der APM zu finden. Wiederum am Beispiel der Wahrnehmung soll im Folgenden die bei Hegel aufzufindende Alternative zu einem repräsentationistischen Kognitionsverständnis vor dem unverzichtbaren philosophiegeschichtlichen Hintergrund dargestellt werden. Allerdings hat eine solche Aufarbeitung zumindest zwei Voraussetzungen zu erfüllen, wenn sie Impulse für ein alternatives kognitionswissenschaftliches Forschungsprogramm liefern soll. Sie muß erstens in eine Sprache übertragbar sein, die den begrifflichen und formalen Anforderungen moderner Forschung genügt, und sie muß zweitens nachweisen, daß ein solche Alternative auch tatsächlich zur Grundlage von Theorien- und Methodenentwicklungen werden kann. Ansätze dafür, diese beiden Anforderungen zu erfüllen, sollen der nächste und der übernächste Abschnitt bieten.

Wir wollen Wahrnehmung, wie gleich zu zeigen sein wird, nicht nach der Analogie des „Beschreibens", sondern nach der des „Begreifens" zu begreifen versuchen. Dabei bedienen wir uns – wiederum zum Zwecke der Heranführung an das Problem in einem zunächst metaphorischen Sinne – der vielleicht (vielleicht auch nicht) zufälligen, aber glücklichen Doppeldeutigkeit von wörtlicher und übertragener Rede. „Be-Greifen" vermittelt uns in seiner wörtlichen Bedeutung eine sehr urspüngliche Form des wahrnehmenden Weltbezugs, der sehr verschieden von einem „Beschreiben" ist. Wir nehmen den Inhalt des „Be-Griffenen" nicht in uns auf, um es aspekthaft zu repräsentieren, sondern wir bemächtigen uns dieses Inhaltes, indem wir ihn mit unseren Händen ergreifen, an seinen Formen entlanggleiten, seine Details ertasten, seine Festigkeit, Schärfe oder Biegsamkeit mit dem Druck unserer Hände überprüfen. Wir lassen uns nicht nur von dem Gegenstand bestimmen, sondern stellen uns ihm ebenso entgegen. Wir passen den Gegenstand in unsere „Schemata" des „Be-Greifens" ein. Wir integrieren ihn in die Haltungen und Bewegungen unserer Hände, unserer Arme, unseres Körpers, die alles andere sind, als „Abbilder" des Gegenstands. Dem in der Tastwahrnehmung so offensichtlichen „Be-Greifen" in einem allgemeinmotorischen Sinne begegnen wir auch in den anderen Sinnesmodalitäten: So sind die Leistungen der Okulomotorik eine Grundbedingung für unsere visuelle Wahrnehmung; unsere auditorische Wahrnehmung beruht wesentlich auf der Motilität der vorwiegend effektorisch innervierten „äußeren Haarsinneszellen" und selbst die olfaktorische Wahrnehmung wäre ohne Atembewegung nicht denkbar. Auch das „Begreifen" im übertragenen Sinne, das wir traditionell vor allem unserem Denken zuschreiben, erfahren wir in den „internen" Prozessen unseres Wahrnehmens. Das „Einpassen" eines Wahrgenommenen in eine Szene oder ein „Wahrnehmungsfeld" läßt sich als ein solches „Ergreifen" und „Manipulieren" der Wahrnehmungsinhalte verstehen und ist zum Begreifen des Wahrnehmens unumgänglich. Und auch jenes „Begreifen" führt seinerseits in das wörtlich verstandene „Be-Greifen" zurück, indem es uns erlaubt, den Wahrnehmungsinhalt als Mittel und Gegenstand unseres Handelns den Zwecken dieses Handelns gemäß zu ergreifen.

Daß Wahrnehmung selbst in ihrem elementarsten Sinne etwas mit dem „Begreifen" des Verstandes – nun also mit begrifflichem Anspruch – zu tun haben könnte, ist heute nicht mehr selbstverständlich. Doch stellte die Frage nach dem „Anteil" von Sinnlichkeit und Verstand an der Wahrnehmung das zentrale Problem der neuzeitlichen Philosophie der Wahrnehmung dar. Am ehsten verträglich (aber keineswegs identisch!) mit einem repräsentationistischen Verständnis von Wahrnehmung ist im philosophiegeschichtlichen Kontext wohl der Sensualismus. John Locke (1898) betrachtet in seiner 1689/90 veröffentlichten Abhandlung „Über den menschlichen Verstand" neben der Selbstbeobachtung („reflection") die Sinneswahrnehmung („sensation") als die einzige Quelle unserer „Ideen" (101) als Objekte des Denkens (100). So wie im Sinne jenes Informationsverarbeitungsparadigmas alle Information schon in dem sensorischen Input gegeben ist und durch informationsverarbeitende Algorithmen lediglich expliziert werden kann, so sind auch jene „einfachen Ideen" dem Verstand (bzw. dem „mind") unhinterfragbar gegeben. Er kann sie auf vielfältige Art vergleichen, verallgemeinern und verknüpfen, doch bei ihrer Wahrnehmung verhält er sich völlig passiv (119f). Hervorgerufen werden jene „einfachen Ideen" im Geiste durch die Einwirkung der Eigenschaften der Körper. Jene Eigenschaften unterteilt Locke in „primäre Eigenschaften" (140, 150) und „sekundäre Eigenschaften" (141). Primäre Eigenschaften wie Größe, Gestalt, Zahl, Lage und Bewegung „sind in ihnen [den Körpern – A.Z.] vorhanden, wir mögen sie wahrnehmen oder nicht; und wenn sie groß genug sind, daß wir sie entdecken können, so erhalten wir durch diese eine Idee des Dinges, wie es an sich selbst beschaffen ist" (150). Sekundäre Eigenschaften hingegen können wir in „sinnliche Eigenschaften" und „Kräfte" unterteilen. Sinnliche Eigenschaften beruhen auf einer dem Körper innewohnenden Kraft, „vermöge seiner unsichtbaren primären Eigenschaften in eigentümlicher Weise auf irgendeinen unserer Sinne einzuwirken, und dadurch in uns die mannigfachen Ideen verschiedener Farben, Töne, Gerüche, Geschmacksarten etc. hervorzurufen" (150). Jene Kräfte unterscheiden sich allerdings nicht von denen, mit denen jene Körper auf andere Körper einwirken, so daß Locke auch jene Kraft zu den sekundären Eigenschaften der Körper rechnet, „vermöge seiner unsichtbaren primären Eigenschaften in der Größe, Gestalt, Textur und Bewegung eines anderen Körpers eine solche Veränderung zuwege zu bringen, daß dieser fortan auf unsere Sinne anders einwirkt, als er vorher tat" (150). Locke spricht hier auch von „unmittelbaren" und „mittelbaren" sekundären Eigenschaften (153). Die Tätigkeiten des Geistes (mind) bestehen lediglich in der Verknüpfung einfacher Ideen zu „komplexen Ideen", dem Vergleich einfacher oder komplexer Ideen zu „Relationen" und der Absonderung solcher Ideen voneinander zu „allgemeinen Ideen" (187). Das Ding mit seinen vielen Eigenschaften, das gleich zu diskutieren sein wird, erklärt Locke als „komplexe Idee" oder „Substanz" (ganz im

Sinne der Assemblymodelle) aus der Häufigkeit des gemeinsamen Auftretens einfacher Ideen: „Während der Geist, wie ich erklärt habe, mit einer großen Anzahl einfacher Ideen teils – insoweit sie an äußeren Dingen zu finden sind – durch die Sinne, teils durch Reflexion auf seine eigene Tätigkeit versehen wird, bemerkt er auch, daß eine gewisse Anzahl dieser einfachen Ideen beständig zusammen auftreten, und diese werden, weil sie mutmaßlich einem Dinge angehören, die Wörter aber den gewöhnlichen Wahrnehmungen angepaßt werden, und zum schnellen Gedankenaustausch dienen, zu einem Subjekt vereinigt und mit einem Namen belegt" (370).

In der rationalistischen Tradition hingegen, gegen die sich Lockes Sensualismus wendet, wurde Wahrnehmung schon immer wesentlich als Aktivität des urteilenden Verstandes aufgefaßt. Descartes (1980) sucht dies in seinen „meditationes de prima philosophia" aus den Jahren 1641/42 am Beispiel der Wahrnehmung eines Stückes Wachs deutlich zu machen, das zunächst in seiner Hand als hart, kalt, von bestimmter Farbe und Form, mit etwas Geschmack von Honig und Geruch von Blumen erscheint, mit dem Knöchel beklopft einen bestimmten Ton ergibt, an das Feuer gebracht aber Geschmack, Geruch und Gestalt verliert, in seiner Größe wächst, flüssig und warm wird und, wenn man darauf klopft, keinen Ton mehr von sich gibt. Es bleibt aber, so Descartes, dieses Stück Wachs, obgleich sich alles an ihm geändert hat, was unter Geschmack, Gesicht, Gefühl und Gehör fiel (II,16). Sein Schluß: „Es bleibt mir also nichts übrig, als zuzugestehen, daß ich, was das Wachs ist, nicht in der Einbildung haben, sondern nur denkend erfassen kann [...] – seine Erkenntnis [perceptio] ist nicht ein Sehen, ein Berühren, ein Einbilden und ist es auch nie gewesen, auch wenn es früher so schien, sondern sie ist eine Einsicht einzig und allein des Verstandes [solius mentis inspectio]" (II,19/20). Noch einleuchtender ist vielleicht das folgende Beispiel: „Doch da sehe ich zufällig vom Fenster aus Menschen auf der Straße vorübergehen, von denen ich ebenfalls, genau wie vom Wachse, gewohnt bin, zu sagen: ich sehe sie, und doch sehe ich nichts als die Hüte und Kleider, unter denen sich ja Menschen bewegen könnten! Ich urteile aber, daß es Menschen sind. Und so erkenne ich das, was ich mit meinen Augen zu sehen vermeinte, einzig und allein durch die meinem Geiste innewohnende Fähigkeit zu urteilen" (II,21). Die Sinnlichkeit wird also für Descartes in seiner Suche nach einer Quelle sicherer Erkenntnis zum ganz unwesentlichen Moment der Wahrnehmung.

Einen ersten Versuch zur Vermittlung des mit einem repräsentationistischen Wahrnehmungsverständnis durchaus verträglichen sensualistischen mit dem notwendigerweise anti-repräsentationistischen rationalistischen Standpunkts stellt Kants Vernunftkritik dar (1979). Verstand und Sinnlichkeit, so Kant, können nur „in Verbindung" Gegenstände bestimmen. „Die Fähigkeit (Rezeptivität), Vorstellungen durch die Art, wie wir von Gegenständen affiziert werden, zu bekommen, heißt Sinnlichkeit. Vermittels der Sinnlichkeit also werden uns Gegenstände gegeben, und sie allein liefert uns Anschauungen, durch den Verstand aber werden sie gedacht, und von ihm entspringen Begriffe" (Kant 1781,19). „Ohne Sinnlichkeit würde uns kein Gegenstand gegeben und ohne Verstand keiner gedacht werden. Gedanken ohne Inhalt sind leer,

Anschauungen ohne Begriffe sind blind" (52). Wenn auch der Verstand kein anderes Material als die Vorstellungen hat, müssen diese natürlich nicht immer aktuell als Empfindungen gegeben sein. Wahrnehmungen aber sind von Empfindungen begleitete Vorstellungen (113) und machen somit das „empirische Bewußtsein" (167) aus. Trotz dieser gegenseitigen Bedingtheit von Verstand und Sinnlichkeit „darf man aber doch nicht ihren Anteil vermischen, sondern man hat große Ursache, jedes von dem anderen sorgfältig abzusondern, und zu unterscheiden" (51f). Wir haben also die „Rezeptivität" der Sinnlichkeit strikt von der „Spontaneität" des Verstandes zu unterscheiden. Hinsichtlich der Wahrnehmung bedeutet dies: Der „Anteil" der Sinnlichkeit ist die Empfindung der „Materien", die in Raum und Zeit als den „reinen Formen der sinnlichen Anschauung" gemäß der transzendentalen Ästhetik eingeordnet werden; der „Anteil" des Verstandes hingegen ist die Vereinigung dieses „Mannigfaltigen" vieler Materien zu einem Gegenstand gemäß den Kategorien der transzendentalen Logik und der „Einheit der Apperzeption": „Nun drückt selbst diese Vorstellung: dass alle diese Erscheinungen, mithin alle Gegenstände, womit wir uns beschäftigen können, insgesamt in mir, d.i. Bestimmungen meines identischen Selbst sind, eine durchgängige Einheit derselben in einer und derselben Apperzeption als notwendig aus. In dieser Einheit des möglichen Bewußtseins aber besteht auch die Form aller Erkenntnis der Gegenstände, (wodurch das Mannigfaltige, als zu einem Objekt gehörig, gedacht wird). Also geht die Art, wie das Mannigfaltige der sinnlichen Vorstellung (Anschauung) zu einem Bewußtsein gehört, vor aller Erkenntnis des Gegenstandes, als die intellektuelle Form derselben, vorher, und macht selbst eine formale Erkenntnis aller Gegenstände a priori überhaupt aus, sofern sie gedacht werden (Kategorien)" (130f). Die Dualität der philosophischen Positionen zum Wahrnehmungsproblem bleibt also bei Kant im Grunde genommen als Dualität der „Anteile" von Sinnlichkeit und Verstand an der Wahrnehmung erhalten. Einem repräsentationistischen Forschungsprogramm würde ein solches Wahrnehmungsverständnis also durchaus eine Berechtigung zusprechen, sofern es sich auf die „Rezeptivität" von Wahrnehmung beschränkt, würde aber ebenso auf die Grenzen eines solchen Zuganges verweisen, wenn es um ihre „Spontaneität" geht. Die für ein nicht-repräsentationistisches Forschungsprogramm geforderte Integration dieser beiden Pespektiven würde man bei Kant allerdings vergeblich suchen.

Hegels „Phänomenologie des Geistes" vollzieht in der „Erfahrungsgeschichte des Bewußtseins" die Vermittlung oder den Übergang zwischen Sinnlichkeit und Verstand als den dualistisch isolierten „Anteilen" des Kantschen Wahrnehmungsbegriffs (2, 92ff). „Wahrnehmung" stellt hier allerdings zunächst eine (relative) Erfahrung des Bewußtseins auf seinem Weg zum „absoluten Wissen" dar. Diese Erfahrung erweist sich hier (wie auch in den folgenden „Gestalten" der Phänomenologie) als widersprüchlich und erfährt ihre „Aufhebung" durch die Reflexion des Bewußtseins selbst auf diese sozusagen „naive" Wahrnehmung. Das „Ding mit seinen vielen Eigenschaften", das die Wahrnehmung zunächst ganz im Sinne der philosophischen Tradition als ihren Gegenstand betrachtet, ist insofern widersprüchlich, als es einerseits das „Viele" oder „Auch" der Materien als „Allgemeine" der Wahrnehmung, andererseits aber ihre Zusammenfassung zum „Eins" des Dinges voraussetzt, einerseits die Unabhängigkeit jener Materien voneinander, andererseits aber ihre gegenseitige Bestimmtheit. Das Ding als „Auch" spielt lediglich die Rolle eines Mediums, in dem sich die vielen Materien bewegen, ein Medium, das ermöglicht, daß z.B. das Salz „weiß, und *auch* scharf, und *auch* kubisch gestaltet, *auch* von bestimmter Schwere ist", um Hegels (2,94) eigenes Beispiel zu verwenden. Diese Eigenschaften können aber, um bestimmt sein zu können, nicht schlechthin gleichgültig gegeneinander sein, sondern müssen sich von anderen Eigenschaften unterscheiden und sich auf andere Eigenschaften als entgegengesetzte beziehen. *Ein* Ding kann nicht gleichzeitig süß und bitter, wohl aber süß und scharf sein. Oder vielleicht auch: *ein* (einfarbiges) Ding kann gleichzeitig rot und gelb (orange) sein, nicht aber rot und grün. Hierfür muß die Bestimmung des Ding als „Eins" angenommen werden, die eben jene Unterscheidungen und Entgegensetzungen vornimmt. Für das Bewußtsein, so müßte man mit Hegel schließen, kann eine „Materie" auf keine andere Weise als diese bestimmt sein. Schließlich kommt aber auch die Bestimmung einer „Eigenschaft" jenen gleichgültigen „Materien" des Dinges als „Auch" noch gar nicht zu, sondern ergibt sich gerade eben aus dem Bezug auf das Ding als „Eins", als die diesem Ding „eigene" Materie. Es gibt keine Röte, Schärfe oder Schwere. Es gibt nur rote, scharfe und schwere *Dinge*. Das Ding mit seinen vielen Eigenschaften als Gegenstand der Wahrnehmung selbst ist also widersprüchlich, indem es sowohl Eins (nicht Vieles), als auch Vieles (nicht Eins) ist.

In seiner Reflexion über die Wahrnehmung (nicht als Wahrnehmung selbst!) sucht das Bewußtsein diesen Widerspruch aufzulösen, indem es sich selbst in der einen Hinsicht im Sinne Kants das „In-eins-setzen" der als gegeben vorausgesetzten vielen Materien zuschreibt, in einer anderen Hinsicht aber das Ding als „Eins" voraussetzt und sich selbst die Erzeugung der vielen Materien zuschreibt. Zunächst faßt das Bewußtsein das Ding als „Eins" auf und sieht sich somit gezwungen, all das, was jenem „Eins"-sein des Dinges widerspricht als seine Reflexion anzusehen. Explizieren wir dies mit Hegel weiter am Beispiel des Salzes: „Dies Ding ist also in der Tat nur weiß, an *unser* Auge gebracht, scharf *auch*, an *unsre* Zunge, *auch* kubisch, an *unser* Gefühl, und so fort. Die gänzliche Verschiedenheit dieser Seiten nehmen wir nicht aus dem Dinge, sondern aus uns; sie fallen uns an unserem von der Zunge ganz unterschiedenen Auge und so fort, so auseinander" (2,99). Im Gegensatz zu jenem Ding als Eins faßt sich also das Bewußtsein als das allgemeine Medium auf, das dem Ding als „Auch" entsprechen würde. Das Ding als „Eins" ist also „für es", indem es das Moment des „Auch", also die unabhängigen Materien als seine eigene Reflexion einbringt. Beide Bestimmungen beziehen sich aber, wie wir gesehen haben, notwendig aufeinander. Jene Materien erhalten ihre Bestimmung als Eigenschaften nur in ihrem Bezug auf das Ding als „Eins", das Ding ist „Eins" nur, insofern es gegen andere Dinge durch unterschiedene Eigenschaften bestimmt ist. Wenn aber die Eigenschaften Eigenschaften des Dinges sein sollen, so muß das Ding selbst „für es" ein Vieles solcher Eigenschaften und somit das „Auch" oder gleichgültige Allgemeine oder Medium dieser Eigenschaften sein. Das Bewußtsein schreibt nun sich selbst die Erzeugung des Dinges als „Eins" zu: „Das In-eins-setzen dieser Eigenschaften kommt nur dem Bewußtsein zu, welches sie daher an dem Ding nicht in Eins fallen zu lassen hat" (2,101). „Für es" ist also das Ding als „Auch" bzw. die unabhängigen Materien, indem es selbst das Moment des „Eins" konstituiert. Nun können wir allerdings das Spiel von vorne beginnen lassen: Damit aber das Ding mit vielen Eigenschaften „für es" werden kann, müssen jene Materien gegeneinander bestimmt und somit das Moment der ausschließenden Allgemeinheit an sich selbst haben. Das Bewußtsein muß, um das Eins konstituieren zu können, die Bestimmtheit des Dinges durch seine Eigenschaften festhalten etc.etc.

In dieser Reflexion über die Wahrnehmung macht das Bewußtsein mit seiner Wahrnehmung selbst also die folgenden (widersprüchlichen) Erfahrungen: Indem das Bewußtsein das „Auch" der vielen Materien konstituiert, wird „für es" der Gegenstand als „Eins", der jene Materien zu Eigenschaften macht. Indem es das „Auch" jener Materien „in-eins-setzt", werden jene Materien „für es" zu Eigenschaften des Dinges. Wahrnehmung ist so wesentlich „Prädikation". *Das Ding* mit seinen vielen Eigenschaften *ist* so eigentlich nicht ein dem Bewußtsein gegenüberstehender Gegenstand, sondern als Prädikation *die Wahrnehmung selbst*. Das Bewußtsein „repräsentiert" somit dieses „Ding mit seinen vielen Eigenschaften" nicht, sondern erzeugt es in seinen Interaktionen: „Es hat sich hiermit für das Bewußtsein bestimmt, wie sein Wahrnehmen wesentlich beschaffen ist, nämlich nicht ein einfaches reines Auffassen, sondern *in seinem Auffassen* zugleich aus dem Wahren *heraus in sich reflektiert* zu sein" (2,98).

Die Widersprüchlichkeit dieser beiden Perspektiven erweist diese Erfahrung des Bewußtseins nun aber als ein relatives Wissen, über das das Bewußtsein in Hegels „Phänomenologie" auf seinem Weg zum absoluten Wissen (dem wir hier nicht folgen können und wollen), aber auch der Hirnforscher auf dem Weg zu einer Kognitionstheorie (den wir hier durchaus vorbereiten wollen) hinausgehen muß. Das Bewußtsein sucht in seiner Reflexion über die Wahrnehmung die Auflösung jener Dualität nun in dem „absoluten Unterschied" der „verschiedenen Dinge": Statt das „Eins" und „Viele" zwischen sich und dem Gegenstand zu „verteilen", schreibt das Bewußtsein jene beiden Momente nun wechselseitig zwei Dingen zu. Reflexionslogisch wird somit „für" das Bewußtsein in seiner Wahrnehmung selbst dieser Erfahrung zufolge das eine Ding, indem es dessen Unterscheidung von dem anderen Ding als *Negation* dieses Dinges erzeugt. „Die verschiedenen Dinge sind also *für sich* gesetzt; und der Widerspruch fällt in sie so gegenseitig, daß jedes nicht von sich selbst, sondern nur von dem anderen verschieden ist. Jedes ist aber hiemit *selbst als ein Unterschiedenes* bestimmt, und hat den wesentlichen Unterschied von dem anderen *an ihm*" (2, 102). Von all jenen mannigfaltigen Eigenschaften sind nun nur noch diejenigen wesentlich, die das eine Ding von dem anderen unterscheiden und so den „absoluten Unterschied" zwischen ihnen ausmachen. Die sonstigen Eigenschaften hingegen werden unwesentlich. Das Ding ist somit als sein Verhältnis zu dem anderen Ding bestimmt, jenes Verhältnis aber ist gerade die Negation des Dinges als selbständigem Eins (2, 103). Das Ding ist in jenem Verhältnis „aufgehoben", wie Hegel sich ausdrückt. Wir erkennen somit, daß wir nicht Dinge, sondern ihre Unterschiede wahrnehmen. In einer heute vertrauten, wenn auch reduzierten Sprechweise haben wir es in unserer Wahrnehmung also nicht mit Figuren, sondern mit Figur-Grund-Unterscheidungen zu tun.

Das Hegelsche, aber im Grunde auch schon das Kantsche Wahrnehmungskonzept bietet uns einen Ansatz für ein nicht-repräsentationistisches Kognitionsverständnis. Man mag die „Rezeptivität" gegenüber den „vielen Materien" oder auch gegenüber dem nicht-prädizierten „Ding als Eins" als Repräsentation verstehen. Eine Wahrnehmung und somit eine Kognition kommt aber erst dann zustande, wenn das „Bewußtsein" selbst das jeweils entgegengesetzte oder „negative" Moment „spontan" erzeugt. Letztendlich aber erfordert eine solche Sichtweise, das „Ding" selbst in Form seiner Unterscheidung von einem anderen Ding zu negieren und Kognition als ein Unterscheiden und Negieren durch das Bewußtsein selbst zu verstehen. Kognition wäre somit nicht als „affirmative Wiederholung" im Sinne einer „Beschreibung" des Gegebenen zu verstehen, sondern ganz im Gegenteil als eine vom System selbst vollzogene „Negation" des Gegenstandes, ein konstruktives „Begreifen" des Gegenstandes. „Subjektiv" ist Wahrnehmung also genau in dem Sinne, daß die Wahrnehmung die Negation des Gegenstandes erzeugt (wie die Hand eine be-greifende Haltung oder Bewegung erzeugt) und somit das positive Moment „für es" werden läßt (so wie die Hand den Gegenstand mit jener Haltung oder Bewegung „für sie" ergreift).

Allerdings wurde mit diesen Wahrnehmungskonzepten der KDP bislang lediglich eine Alternative zu einem repräsentationistischen Wahrnehmungsverständnis gezeigt, nicht jedoch, inwiefern Subjektivität als „Zwecksetzung" im Sinne der KDP selbst oder als „Handlungsbestimmtheit" von Wahrnehmung im Sinne der Repräsentationismuskritik zum Tragen kommt. Dieser „tätigen Subjektivität" begegnen wir wohl nirgendwo in so eindrucksvoller Form wie in der Hegelschen „Phänomenologie". Doch wäre es recht aufwendig, der „Aufhebung" der Wahrnehmung in der Handlung in der Erfahrungsgeschichte des Bewußtseins zu folgen. Es wäre zu zeigen, wie die Unterscheidung der Dinge als Gegenstand der Wahrnehmung in ihrem Verhältnis als Gegenstand des Verstandes aufgehoben wird, wie sie im Widerspruch der Einheit dieses Verhältnisses und des Auseinanderfallens seiner Momente wieder auftaucht und so die „Gegenwelt" des Selbstbewußtseins erzeugt, in der das Bewußtsein sich selbst zum Gegenstand wird, und wie die Wiederholung dieser gesamten Bewegung in Form des sich seiner selbst bewußten Wissens als Vernunft endlich zu der „an und für sich seinenden Individualität" als entfalteter Vernunft führt, die wir als die Hegelsche „Handlungstheorie" interpretieren können (Ziemke 1994a, 242ff). Wir wollen diesen Weg etwas abkürzen und lediglich einen seiner essentiellen Aspekte herausstellen, indem wir ausgehend von der Zweckbestimmtheit des „In-eins-setzens" der vielen Materien die Zweckbestimmtheit der Unterscheidung verschiedener Dinge klarzumachen versuchen.

Bislang wurde lediglich behauptet, daß die Subjektivität von Wahrnehmung in einer Hinsicht als Erzeugung des Dinges als „Eins" unter Voraussetzung des „Auch" verstanden werden kann, nicht jedoch als Repräsentation eines gegebenen Dinges. Wie jedoch die Spezifikation dieses „In-eins-setzens" durch das Bewußtsein erfolgt, blieb unerwähnt. Weiterhin wurde gezeigt, wie Wahrnehmung in Aufhebung des Gegensatzes des „Für-es-seins" von „Eins" und „Vielem" als Unterscheidung verschiedener Dinge verstanden werden kann, nicht jedoch, nach welchen Kriterien diese Unterscheidung erfolgt. Die vorausgesetzten Materien können durch das Bewußtsein im Rahmen einer bestimmten Wahrnehmung prinzipiell in unübersehbar verschiedener Weise zu einem Ding zusammengesetzt werden. Den Ausweg, den uns Locke (ebenso wie die Assemblymodelle) bietet, ist ihre Zusammenfassung nach der Häufigkeit ihres gemeinsamen Auftretens. Die „Aufhebung" dieses Momentes der Wahrnehmung in der Handlung wäre demgegenüber ihr „In-eins-setzen" nach den Zwecken der Handlung: Die „subjektiven Zwecke" verwirklichen (objektivieren) sich in Form von Objekt-Mittel-Relationen. Sie legen also die Objekte des Handelns und die Mittel fest, die jene Objekte den Zwecken entsprechend verwandeln und aus ihnen den „ausgeführten Zweck" dieser Handlung (und gemäß Hegels Dialektik das Mittel für eine andere) machen. Wenn Wahrnehmung also tatsächlich durch ihren Handlungskontext bestimmt wird, so sollte das Bewußtsein unter den vielen „möglichen" Dingen eben die durch den Zweck bestimmten Mittel und Objekte als „Dinge mit vielen Eigenschaften" wahrnehmen. Ganz in diesem Sinne würde die Unterscheidung verschiedener Dinge also in der Weise erfolgen, daß das Bewußtsein die Mittel und Objekte seiner Handlungen von einem unbestimmten Hintergrund unspezifizierter „Materien" (oder einem Hintergrund als Ding mit vielen Eigenschaften) unterscheidet. Die in der Handlung „aufgehobene" Wahrnehmung hätte also die Mittel und Objekte der Handlung (oder, wie eine genauere Darstellung zeigen würde, Mittel-Objekt-Relationen – Ziemke 1994a) zum Gegenstand. Der Zweck der Handlung würde bestimmen, welche „Materien" zu einem Ding „in-Eins-gesetzt" werden bzw. welche Dinge unterschieden werden (wie eine Szene „segmentiert" wird). Die Erfüllung oder Nichterfüllung dieses Zweckes würde nicht zuletzt das Kriterium für eine „erfolgreiche" Wahrnehmung bieten, das unterscheiden würde, wie die gegebenen Materien „zweckmäßig" zu Mitteln und Objekten „in-Eins-gesetzt", wie sie als Dinge unterschieden (bzw. zu Mittel-Objekt-Relationen ins Verhältnis gesetzt) werden können. Wahrnehmung wäre somit durch ihren *Handlungsbezug* bestimmt. Der *Handlungscharakter* von Wahrnehmung würde etwa deutlich werden, wenn Wahrnehmung nicht unmittelbar auf eine aktuelle Handlung bezogen ist, sondern selbst ein (ggf. „kontemplatives") „Erkundungshandeln" darstellt, das über den „allgemeinen Zweck" spezifiziert werden könnte, die wahrgenommene Umwelt als Mittel „besonderer Zwecke" künftigen Handelns zu bestimmen.

Wie man ausgehend von diesem noch sehr abstrakten Ansatz zu neuen Experimenten gelangen könnte, die zur Grundlage neuer theoretischer Ansätze werden könnten, soll im nächsten Abschnitt gezeigt werden. Allerdings zeigt wiederum schon die aufmerksame Selbstbeobachtung, daß unsere Wahrnehmung sich nicht mit einem Nebeneinander von Dingen begnügt, sondern immer (auch) die in der genaueren Darstellung aufzuweisenden relationalen Bezüge verschiedener Dinge zum Gegenstand hat und zudem die Dinge selbst kontextabhängig in die Relationen ihrer Teile gliedert. Außerdem wäre über eine Rekonstruktion des Hegelschen Ansatzes zu klären, was denn genau unter dem in den Blick zu nehmenden Handlungskontext zu verstehen wäre, wie weit also etwa der Begriff des „Mittels" und des „Objekts" der Handlung zu fassen ist, inwiefern für den Handlungskontext der Wahrnehmung nur die aktuelle Handlung oder auch die Handlungsgeschichte und die Handlungsperspektive eine Rolle spielt, wie „Handlung" sinnvoll von „Verhalten" abzugrenzen wäre und wie der für diese Abgrenzung sicher fundamentale Zweckbegriff näher zu spezifizieren wäre.


## 5. Subjektivität der Wahrnehmung: Eine experimentelle und theoretische Perspektive neurobiologischer Forschung

Läßt sich nun die am Anfang des 4.Abschnitts gestellte Voraussetzung erfüllen, ein solches Wahrnehmungsverständnis zum Ausgangspunkt für neue Theorien- und Methodenentwicklungen zu machen? Sicher kann diese Frage an dieser Stelle noch nicht erschöpfend beantwortet werden. Es kann aber gezeigt werden, daß sich moderne Methoden und Theorien der neurobiologischen Forschung im Rahmen eines solchen nicht-repräsentationistischen Wahrnehmungsverständnisses reinterpretieren lassen und somit in dieser reinterpretierten Form zum Ausgangspunkt für ein nicht-repräsentationistisches Forschungsprogramm werden könnten. In den Neurowissenschaften selbst stehen den repräsentationismuskritischen Ansätzen zunehmend Versuche gegenüber, die die Voraussetzungen jenes repräsentationistischen Forschungsprogrammes durch die Entwicklung neuartiger theoretischer Modelle oder experimenteller Methoden zumindest dadurch implizit in Frage stellen, daß sie nicht in erster Linie die (durch den Beobachter erzeugten und nur ihm zugänglichen) Reizkorrelationen thematisieren, sondern die (vom System selbst erzeugten) „internen" Relationen des Systems. Theoretische Schwierigkeiten, die zu diesem Perspektivenwechsel zwingen, entstehen etwa durch das im ersten Aufsatz dieses Buches ausführlich diskutierte „Bindungsproblem". Wird ein neuronales Assembly etwa mit mehreren Objekten konfrontiert, so entsteht das Problem, daß zwar die Merkmale dieser Objekte „repräsentiert" werden können, nicht jedoch ihre Bindung zu einem Objekt. Auch die dort dargestellten experimentellen Arbeiten zur Organisation des visuellen Systems zeigen eine hochgradige Spezialisierung der verschiedenen Areale für bestimmte Reizparameter und legen die Unterscheidung verschiedener „Verarbeitungssysteme" oder „funktionaler Ströme" nahe. Es würde also auch im „realen Gehirn" zu einem „Bindungsproblem" kommen, da nicht entschieden werden kann, welche Merkmale zueinander bzw. zu einem Objekt gehören. Ausgedrückt werden könnten jene Bindungen durch system*interne* Korrelationen der Zeitstrukturen der Aktivitäten von Populationen merkmalselektiver Zellen untereinander, wie sie die „Korrelationstheorie der Hirnfunktion" von v.d.Malsburg (1981, 1986, 1987) vorschlägt: Die Auftrittswahrscheinlichkeit eines Aktionspotentials in einer merkmalselektiven Einheit wäre zu dem Zeitpunkt hoch, wenn ein Aktionspotential in einer merkmalselektiven Einheit auftritt, die Merkmale desselben Objekts „codiert", und sie wäre gering, wenn diese Einheit Merkmale eines anderen Objekts „codiert".

Der erste Schritt zu einer experimentellen Erforschung einer solchen Dynamik von Neuronenpopulationen in der Aktualgenese der Wahrnehmung ist offensichtlich die Entwicklung von Methoden, die die parallele Messung der Aktivität mehrerer Nervenzellen ermöglichen. Die bislang am meisten diskutierten Ergebnisse gelangen den Arbeitsgruppen um Singer und Eckhorn (Eckhorn et al. 1988, Gray et al. 1989, Engel et al.1992). Durch die parallele Messung mit zwei Mikroelektroden an anästhesierten, aber auch wachen Versuchstieren (Katze, Affe) konnten in der Aktivität von jeweils zwei Neuronenpopulationen mit der gleichen Orientierungsselektivität Oszillationen nachgewiesen werden, die unabhängig voneinander sind, wenn die Lichtbalken in ihren rezeptiven Feldern sich unabhängig voneinander bewegen, die sich untereinander synchronisieren, wenn die Lichtbalken sich kohärent bewegen, die aber am stärksten synchronisiert sind, wenn nur ein Lichtbalken beide rezeptive Felder überstreicht. Solche Synchronisationen können innerhalb bestimmter Kolumnen, zwischen verschiedenen Kolumnen und, was besonders wichtig ist, zwischen verschiedenen Hirnarealen und beiden Hirnhemisphären nachgewiesen werden. Die Synchronisation von Oszillationen könnte also das Prinzip sein, nach dem das Gehirn die Korrelation der Aktivitäten merkmalselektiver Einheiten erzeugt. Gegen diese Annahme spricht allerdings nicht nur, daß diese Ergebnisse in einigen anderen Labors nicht reproduziert werden konnten, sondern auch, daß sich über die Synchronisation von Oszillationen nur eine Bindung ausdrücken läßt, komplexe Wahrnehmungen aber komplexere Bindungsstrukturen voraussetzen (Ziemke 1994a, 198ff). Die Entwicklung von Methoden zur parallelen Messung einer großen Anzahl von Neuronen, wie sie im Einführungskapitel angesprochen wurden, wird auf diese Weise unumgänglich sein (etwa Aertsen et al. 1989). Eine Durchführung solcher Experimente an wachen und in einem genau zu bestimmenden Sinne „handelnden" Versuchstieren könnte die Grundlage für eine Methodologie zur Untersuchung sowohl des „Handlungsbezuges" als auch des „Handlungscharakters" der Wahrnehmung darstellen (etwa Aertsen et al. 1991).

Unschwer erkennt man nun in dem „Bindungsproblem", mit dem Assemblymodelle neuronaler Aktivität konfrontiert sind, das Problem des „In-eins-setzens" der vielen „Materien" aus der Hegelschen „Phänomenologie" wieder. Identifizieren wir die „Merkmale", denen gegenüber Zellpopulationen „selektiv" sind, mit diesen „Materien", so ist nicht einzusehen, wie diese Merkmale sich voneinander „unterscheiden" und auf *ein* Ding als Eigenschaft beziehen können, wenn wir nicht dem System unter Voraussetzung dieser Merkmalselektivität die Erzeugung des Dinges als „Eins" zuschreiben. Konzepte wie die Korrelationstheorie behandeln diesem Interpretationsrahmen zufolge also das „In-eins-setzen" der Merkmale zu einem „Ding mit vielen Eigenschaften" durch das Nervensystem. Schon diese Interpretation zeigt, daß wir ein „Korrelat" synchron feuernder merkmalselektiver Zellen nicht als „Objektrepräsentation" oder „Repräsentation des Dinges mit vielen Eigenschaften" auffassen, sondern in diesem „In-eins-setzen" der Merkmale oder Materien durch das System *selbst* das Werden der vielen Eigenschaften des Dinges *„für"* das System sehen sollten. Der Gegenaspekt der Zuordnung der „vielen" Materien zu einem gegebenen Ding als „Eins" durch das System ergibt sich aus einer Reinterpretation der Assemblykonzepte im Kontext der Ontogenese des Systems (Ziemke 1994a,b.) Die Vermittlung der beiden Sichtweisen wird möglich, wenn wir den Aspekt der „Szenensegmentation" gegenüber jenem der „Merkmalsbindung" betonen. In diesem Interpretationsrahmen ist das bestimmende Moment jenes Ansatzes die *Dekorrelation* einer anfangs kohärenten Aktivität zu zwei in sich korrelierten Korrelaten. Diese Dekorrelation würde nun einer systeminternen Unterscheidung entsprechen, durch die „für es", das Nervensystem der „Unterschied verschiedener Dinge" wird (ohne daß hierfür eine Repräsentation dieser Dinge unterstellt werden müßte). Das System erzeugt also in Form dieser Dekorrelation die Negation des „Dinges mit seinen vielen Eigenschaften", durch die „für" das System dieses Ding als Figur vor einem Grund und schließlich als Objekt in einer Szene wird. Entsprechend dieser Interpretation müßte die Korrelationstheorie lediglich dahingehend modifiziert werden, daß als „logischer Urzustand" des Cortex nicht die totale Dekorrelation, sondern die totale Korrelation angenommen werden müßte, wie sie etwa regional während eines epileptischen Anfalls auftritt, aber normalerweise durch weitreichende Inhibierungen unterbunden wird.

Die experimentellen Ergebnisse belegen nicht nur die „Bindung" der Aktivitäten merkmalsselektiver Zellen zu solchen Korrelaten bzw. die Dekorrelation verschiedener Korrelate untereinander, sondern auch den nicht-repräsentationistischen Charakter der entsprechenden Prozesse: Die gemessenen Korrelationen beruhen *nicht* auf einem „gemeinsamen Input", sondern auf einer „reziproken Aktivierung" der Aktivitäten der beiden jeweils gemessenen Zellpopulationen. Die Korrelate werden also nicht durch „Reizparameter" kausal erzeugt, beruhen nicht auf einer „Informationsaufnahme", stellen keine „Explikation" „implizit" gegebener Information dar, sondern werden vom System *selbst* erzeugt. Das Ding als „Eins" bzw. seine Unterscheidung von einem anderen Ding (oder der Figur vom Grund) wird also nicht aus den gegebenen „vielen" Materien abgeleitet, sondern beruht auf dem vom System selbst vollzogenen „In-eins-setzen" der Aktivitäten merkmalselektiver Zellen bzw. der Unterscheidung verschiedener Korrelate.

Zwingender würde diese Argumentation werden, wenn in den Experimenten ein reicheres Reizangebot verwendet würde, das nicht nur eine, sondern mehrere mögliche Bindungen von Merkmalen zulassen müßte – wenn also nicht nur die Alternative zwischen vorhandener und abwesender Bindung zweier Merkmale A und B, sondern – analog zu einem Vexierbild – auch die Möglichkeit der Bindung der Merkmale

A und C oder B und C (bzw. der für diese Merkmale selektiven neuronalen Aktivitätsparameter) bestehen würde. Dann würde deutlich werden, daß die Unterscheidung dieser Möglichkeiten, also das „In-eins-setzen" dieser Merkmale, also die „Segmentation" dieser simplen Szene durch das System selbst vollzogen wird. Um dann allerdings zu zeigen, daß diese Unterscheidung nicht *zufällig* erfolgt, sondern durch die Zwecke der *Handlungen* des Systems bestimmt ist, wäre es erforderlich, diese möglichen Bindungen in Beziehung zu den „Aufgaben" eines wachen, sich verhaltenden Versuchstieres zu bringen. Durch ein geignetes Training müßte in einer Aufgabe ein „Ding" mit den Eigenschaften A und B und in einer anderen Aufgabe ein „Ding" mit den Eigenschaften B und C zum Objekt (oder Mittel) des Handelns werden. Ein „Handlungsbezug" dieser einfachen Wahrnehmung würde dann vorliegen, wenn in der einen Aufgabe die für A und B selektiven Zellpopulationen, in der anderen aber die für B und C selektiven Zellpopulationen korreliert feuern würden. Wie diese Merkmale „in-Eins-gesetzt" werden, würde also von den Zwecken des Handelns abhängen. Eine Theorie, die einem solchen Ergebnis gerecht werden soll, käme dann nicht umhin, eben jenen Handlungsbezug von Wahrnehmung zu konzeptualisieren.

Die Denkformen der Hegelschen Phänomenologie könnten in diesem Rahmen aber nicht nur Anregungen für ein nicht-repräsentationistisches Forschungsprogramm liefern , sondern auch zur Klärung der eingangs angedeuteten Konzepte „Intentionalität", „Individualität", „Bewußtsein" beitragen: In unserer Darstellung bezieht sich die korrelierte Aktivität „merkmalsselektiver" Zellen dadurch auf gegebene Materien, daß es diese Materien „in-Eins-setzt" und somit bestimmt. Die Dekorrelation neuronaler Aktivität bezieht sich auf eine Szene, indem sie Dinge (Mittel und Objekte der Handlung bzw. ihre Relationen zueinander) unterscheidet (Intentionalität). Umgekehrt ist es eben dieser Prozeß des In-Eins-setzens bzw. Unterscheidens im kognitiven System, durch den diese Materien eben „für" das System zu den Eigenschaften eines Dinges bzw. der Unterschied verschiedener Dinge „für" das System werden (Individualität). In Bezug auf die handlungstheoretische Perspektive würden sich Intentionalität und Individualität also aus der Bestimmung der Mittel und Objekte des Handelns durch den Zweck der Handlung ergeben.


## 6. Negativität statt Repräsentation: Eine Logik der Subjektivität

Als eine weitere Voraussetzung für eine Anwendung der Hegelschen Denkformen als heuristische Basis für die Entwicklung eines nicht-repräsentationistischen Forschungsprogrammes wurde zu Anfang des 4. Abschnitts herausgestellt, daß die Sprache der Hegelschen Philosophie in eine Form übertragen werden kann, die einerseits auch ohne fundierte philosophische Vorkenntnisse nachvollziehbar ist und andererseits zur Grundlage von Modellierungsansätzen, zumindest aber einer „analysesprachlichen" Behandlung theoretischer Probleme werden kann. In diesem Rahmen ist es sicher nicht sinnvoll, der Hegelschen Begriffsentwicklung bis in die letzten Windungen zu folgen. Vielmehr sollte es uns um die (für Hegel „nur") abstrakte logische Struktur dieses Kognitionsverständnisses gehen: Vereinfacht gesprochen ist Hegels Kognitionsverständnis gerade das Gegenteil des repräsentationistischen. Während die Repräsentation als Ergebnis des Repräsentierens, die Beschreibung als Ergebnis des Beschreibens eine „Affirmation", eine „Wiederholung", eine „Bejahung", ein „logisches Bild" oder eben eine „Wieder-gegenwärtigung" der Tatsache oder des Gegenstandes ist, wird das Erkennen für Hegel gerade die „Negation", die „Verneinung", die Entgegenwärtigung des Gegenstandes. Diese Sprechweise scheint vom Standpunkt des modernen logischen Denkens möglicherweise „sinnlos". Würde dies nicht heißen, gerade das „falsche" logische Bild zu erzeugen, das ja per definitionem sinnlos ist? „Der Satz zeigt seinen Sinn. Der Satz sagt, wie es sich verhält, wenn er wahr ist. Und er sagt, daß es sich so verhält" (Wittgenstein 1969, 4.022). Hegels Prinzip der Negativität geht aber gerade von einer Reinterpretation des Verhältnisses von „wahr" und „falsch" aus. Sehen wir uns dazu ein längeres Zitat an und versuchen, es in Bezug auf unsere Diskussion zu interpretieren.

„Das *Wahre* und *Falsche* gehört zu den bestimmten Gedanken, die bewegungslos für eigene Wesen gelten, deren eines drüben, das andre hüben ohne Gemeinschaft mit dem anderen isoliert und fest steht. Dagegen muß behauptet werden, daß die Wahrheit nicht eine ausgeprägte Münze ist, die fertig gegeben und so eingestrichen werden kann. Noch gibt es ein Falsches, so wenig es ein Böses gibt [...] Das Falsche [...] wäre das Andre, das Negative der Substanz, die als Inhalt des Wissens das Wahre ist. Aber die Substanz ist selbst wesentlich das Negative, teils als Unterscheidung des Inhalts, teils als einfaches Unterscheiden, d.h. als Selbst und Wissen überhaupt. Man kann wohl falsch wissen. Es wird etwas falsch gewußt, heißt, das Wissen ist in Ungleichheit mit seiner Substanz. Allein eben diese Ungleichheit ist das Unterscheiden überhaupt, das wesentliches Moment ist. Es wird aus dieser Unterscheidung wohl ihre Gleichheit, und diese gewordene Gleichheit ist die Wahrheit. Aber sie ist nicht so Wahrheit, als ob die Ungleichheit weggeworfen wäre, wie die Schlacke vom reinen Metall, auch nicht einmal so, wie das Werkzeug von dem fertigen Gefäße wegbleibt, sondern die Ungleichheit ist als das Negative, als das Selbst im Wahren als solchem noch unmittelbar selbst vorhanden. Es kann jedoch darum nicht gesagt werden, daß das *Falsche* ein Moment oder gar ein Bestandteil des Wahren ausmache. Daß an jedem Falschen etwas Wahres sei – in diesem Ausdruck gelten beide, wie Öl und Wasser, die unmischbar nur äußerlich verbunden sind. Gerade um der Bedeutung willen, das Moment des *vollkommenen Andersseins* zu bezeichnen, müssen ihre Ausdrücke da, wo ihr Anderssein aufgehoben ist, nicht mehr verwendet werden." (2,38).

Zunächst muß einschränkend bemerkt werden, daß das moderne logische Denken weit davon entfernt ist, „das Wahre" und „das Falsche" als „eigene Wesenheiten" zu denken. Heute ist es selbstverständlich, Wahrheit und Falschheit auf das Verhältnis von „logischem Bild" und „Tatsache" zu beziehen, in Hegels Sprachgebrauch also auf das Verhältnis von „Wissen" und „Substanz". Ein logisches Bild/Wissen ist „falsch", wenn es „in Ungleichheit" mit der Tatsache/Substanz befindet; es ist wahr, wenn an die Stelle der Ungleichheit „Gleichheit" tritt. Fraglich ist jedoch, wie diese „gewordene Gleichheit" gedacht wird, ob sie also tatsächlich aus „dieser Unterscheidung" „geworden" ist, in welcher Form die „Ungleicheit" in der Wahrheit erhalten bleibt. Tatsächlich würde auch niemand die nach wie vor vorhandene „Ungleichheit" zwischen einer (wahren) Repräsentation und dem Repräsentierten leugnen. Eine Repräsentation *ist nicht* ihr Gegenstand. Ein logisches Bild *ist nicht* die Tatsache. Die Zeichen und ihre Verknüpfung sind unterschieden von der Tatsache als Verbindung von Sachverhalten. Ihre Gleichheit bezieht sich „lediglich" auf die „logische Form" der Abbildung, die „symbolische Entsprechung". Allerdings bestimmt diese Zuordnung völlig die Bedeutung des logischen Bildes, der Repräsentation, der Beschreibung und somit den *Inhalt* des Wissens. Die Natur der Zeichen, des „neuronalen Codes", das Medium der Repräsentationen ist für diesen Inhalt irrelevant. Im *Inhalt* des Wissens ist die „Ungleichheit mit der Substanz" eben *nicht* erhalten geblieben.

Nach Hegels Auffassung hingegen ist „das Falsche" als „Negatives" selbst der Substanz wesentlich, und zwar „teils als Unterscheidung und Bestimmung des Inhalts, teils als ein einfaches Unterscheiden, d.h. als Selbst und Wissen überhaupt". Nun ist selbst der Gedanke, daß „das Falsche" essentiell zur „Unterscheidung und Bestimmung des Inhalts" eines logischen Bildes ist, in den philosophischen Grundlagen der formalen Logik zumindest implizit mitgedacht: Nicht nur die Kontradiktion, sondern auch die Tautologie wird als „sinnlos" interpretiert, ist als Satz kein „logisches Bild", eben weil sie immer wahr ist, also nicht falsch sein kann. Allerdings spezifiziert das logische Bild nicht, was der Fall ist, wenn es falsch ist. Es drückt also nur die *eine* Seite der Unterscheidung aus. Es spezifiziert „das Wahre", nicht aber „das Falsche". Die Negativität des logischen Bildes bleibt *unbestimmt*. Mit dieser *Negativität* bleibt aber auch das „einfache Unterscheiden" „als Selbst und Wissen überhaupt" unbestimmt. Eben in dieser Bestimmung von Negativität geht Hegel über das klassische Denken vor und nach ihm hinaus. Wie dieses Negative „als das Selbst im Wahren als solchem selbst noch unmittelbar vorhanden" ist, haben wir bei der Darstellung des Wahrnehmungskapitels der Phänomenologie gesehen. Das Bewußtsein unterscheidet, welche Eigenschaften dem Ding zukommen und welche ihm nicht zukommen, indem es dem gegebenen Ding als „Eins" die vom Bewußtsein erzeugten „vielen" Materien zuordnet bzw. indem es die gegebenen „vielen Materien" zu dem vom Bewußtsein erzeugten Ding als „Eins" zusammenfaßt. Nimmt das Bewußtsein das Ding als „Eins" wahr (als „das Wahre"), so erzeugt es das „Nicht-Eins" der vielen Materien als „das Falsche". Nimmt das Bewußtsein die Materien als „Viele" wahr (als „das Wahre"), so erzeugt es das „Nicht-Viele" des Dinges als „Eins". Nimmt das Bewußtsein den Unterschied verschiedener Dinge wahr, so erzeugt es die Unterscheidung dieser Dinge als ihre Negation. Der Gegensatz von „Eins" und „Vielem" bzw. die Unterscheidung verschiedener Dinge ist hier die „Ungleicheit" von „Wissen" und „Substanz", von der Hegel schreibt: „Allein diese Ungleichheit ist das Unterscheiden überhaupt, das wesentliches Moment ist". Die Vereinigung von „Eins" und „Vielem" in der Wahrnehmung des einen Dinges mit seinen vielen Eigenschaften ist die Gleichheit, in der „die Ungleichheit als das Negative, als das Selbst im Wahren als solchem selbst noch unmittelbar vorhanden ist". Wahrnehmen ist so nicht „Repräsentieren" des einen Dinges und der vielen Materien, sondern Negation der Vielheit der Materien durch die Einheit des Dinges bzw. der Einheit des Dinges durch die Vielheit der Materien und letztlich die Negation der Dinge überhaupt durch ihre Unterscheidung. Und wiederum geht es darum festzuhalten, daß es hier nicht um irgendeine, sondern um eine *bestimmte* Negation geht, die ihre Bestimmung aus den Zwecken des Handelns gewinnt. Dieses Verständnis von Negativität verändert nicht zuletzt fundamental den Charakter der logischen Werte „wahr" und „falsch". Hegel verweist darauf, indem er schreibt, daß „das Falsche nicht mehr als Falsches ein Moment der Wahrheit" ist. Die notwendige Reinterpretation kann aber nicht an der zu Hegels Zeiten erst rudimentär entwikkelten Logik ansetzen, sondern muß von der modernen formalen Logik ihren Ausgangspunkt nehmen. Der einzige Versuch, jene „bestimmte Negation" Hegels zu der Idee einer transklassischen Logik zu entwickeln, sind die Arbeiten von Gotthard Günther (1958, 1976, 1979, 1980).

In seiner Dissertation aus dem Jahre 1933 versuchte Günther (1938) in Hegels Logik eine „neue Theorie des Denkens" aufzudecken. Das alte Denken, von dem sich diese Theorie abhebt, ist die Aristotelische Logik. In der Auseinandersetzung mit der modernen formalen Logik entwickelt Günther (1958, 1959) nun „Idee und Grundriß einer Nicht-aristotelischen Logik". Gekennzeichnet ist jenes Nicht-aristotelische Denken durch einen grundsätzlichen Wechsel der „Bewußtseinsthematik". Thema des Klassischen Denkens war das „Sein des Seienden", Thema des transklassischen Denkens ist das (klassische) Denken selbst oder die „Reflexion". Nach Meinung der Philosophen des Deutschen Idealismus kann jenes Denken des Denkens aber nicht mehr formal sein, da mit der Dualität von Subjekt und Objekt auch jene von Form und Inhalt aufgehoben wird. Diese Auffassung ist aber nach Günthers Meinung falsch. Er stellt ihr die folgenden Thesen gegenüber:

„1)    Die Reflexion auf die klassische Reflexionssituation impliziert eine neue, transklassische Logik, die keine einfache Iteration des traditionellen, identitätstheoretischen Denkens darstellt.

2)    Die Reflexion auf die Reflexion ist in dem gleichen Sinne formal wie ihr „Objekt", die erste Reflexion.

3)    Alle theoretischen Bewußtseins-(Reflexions-)prozesse sind grundsätzlich zweiwertig" (1958,374; 1976,155).

Die erste These schließt an Hegels „neue Theorie des Denkens" an. Die zweite These macht die Differenz zu Hegels Verständnis des Verhältnisses von Form und Inhalt aus. Die dritte These begründet die Möglichkeit und Notwendigkeit dieser Differenz. Was sich unter diesen Voraussetzungen grundsätzlich gegenüber dem klassischen

Formalismus ändert, ist der Charakter der logischen Werte. Da das Aristotelische Denken das Sein, den Gegenstand als das *Andere* des Bewußtseins, der Reflexion zum Gegenstand hat, muß der irreflexiv-positive Wert als „wahr" interpretiert werden, die Reflexion selbst aber, insofern sie jenes Sein nicht „abbildet", sondern lediglich etwas vortäuscht, was nicht der Fall ist, als „falsch". Insofern das transklassische Denken aber jene Reflexion selbst zum Gegenstand hat, macht die Kennzeichnung der „bloßen Reflexion" als „Falsches" keinen Sinn mehr. Ebenso kann das „Wahre" nur noch in Bezug auf jene erste Reflexion verstanden werden, „für" die es der Fall ist. Insofern letztlich die zweite Reflexion der ersten in ihrer Zweiwertigkeit analog ist, müssen wir aber auch sie in ihrer Reflexivität betrachten. Es ergibt sich folgende Interpretation der drei Wahrheitswerte als Minimalsystem einer Transklassischen Logik:

(1)   positiv                               =   irreflexiv
(2)   negativ                              =   einfach reflexiv
(3)   transklassisch-negativ   =   doppelt reflexiv

Erfüllt werden die in Günthers Thesen dargestellten Voraussetzungen durch eine dreiwertigen Logik als „System" von drei zweiwertigen Logiken. Wir unterscheiden im Rahmen dieses Systems ein logisches Subsystem der Werte 1 und 2 ($L_{1/2}$), eines der Werte 2 und 3 ($L_{2/3}$) und eines der Werte 1 und 3 ($L_{1/3}$). In jedem dieser Subsysteme soll der zahlenmäßig kleinere Wert als positiver oder designierende (wahrer) Wert aufgefaßt werden, der höhere als negativer oder nicht-designierender (falscher) Wert. Der Wert „1" würde nun in den Logiken $L_{1/2}$ und $L_{1/3}$ „wahr" sein, der Wert „2" in $L_{2/3}$ „wahr" und in $L_{1/2}$ „falsch" sowie der Wert „3" sowohl in $L_{2/3}$ als auch in $L_{1/3}$ „falsch". Die schematische Darstellung einer solchen Logik zeigt die Tafel.

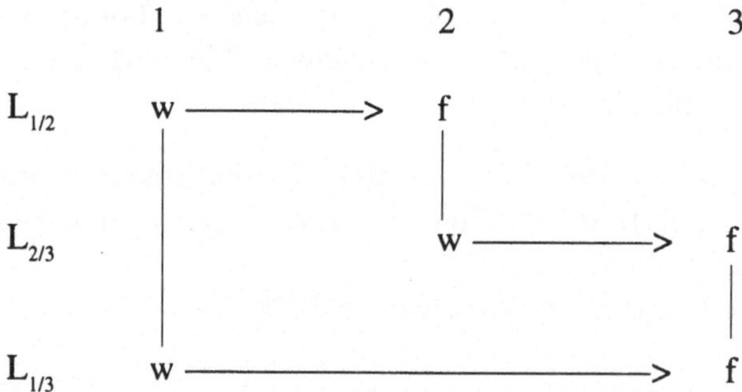

Tafel: Schema einer dreiwertigen Logik: „—>" = Ordnungsrelation, „——" = Umtausch- bzw. Koinzidenzrelation (Erläuterung im Text)

Diese Logik läßt sich nun wiefolgt interpretieren: Die Logik $L_{1/2}$ zugrundeliegende wahr-/falsch-Unterscheidung entspricht dem vom (beschriebenen) Bewußtsein *selbst* vollzogenen Akt des Unterscheidens und macht eben das „Für-es-sein" des Gegenstandes aus. Die den Logiken $L_{2/3}$ und $L_{1/3}$ zugrundeliegenden wahr-/falsch-Unterscheidungen hingegen sind von uns vollzogene Akte. Die in Logik $L_{1/3}$ erzeugten Unterscheidungen machen, wie Hegel es nennt, das „Für-uns-sein" des Gegenstands aus. Logik $L_{2/3}$ hingegen unterscheidet das „wovon" der Unterscheidung durch das Bewußtsein. Die beiden letztgenannten Logiken beschreiben so das „Für-uns-sein" des „Für-es-seins". Bezogen auf unsere Applikation der Hegelschen Denkformen auf die Neurobiologie würde also $L_{1/2}$ die den Kognitionen eines kognitiven Systems zugrundeliegenden Unterscheidungen konzeptualisieren, $L_{2/3}$ und $L_{1/3}$ hingegen die Unterscheidungen seines Beobachters, des Kognitionswissenschaftlers. Logik $L_{1/2}$ würde also beispielsweise die Unterscheidung zweier Dinge oder einer Figur von ihrem Grund durch dieses System erfassen, die Logiken $L_{1/3}$ und $L_{2/3}$ hingegen jeweils die Unterscheidung korreliert feuernder Zellpopulationen von der jeweils dekorrelierten Aktivität (Ziemke 1994a, 135f).

Kehren wir nun zu Hegels Interpretation des „Wahren" und „Falschen" zurück: Die Beziehung des „Wahren" „für uns" in $L_{1/3}$ und des „Wahren" „für es" in $L_{1/2}$ ist jene der „Koinzidenz". Das bedeutet: Das Wissen, das wir erzeugen und seine Wahrheit behaupten, ist ein Wissen derselben „Substanz", desselben Gegenstands, von dem das Bewußtsein sein Wissen erzeugt und seine Wahrheit behauptet. Doch die „Unterscheidung und Bestimmung des Inhalts" erfolgt gegen ein anderes „Falsches", aus einer anderen „Ungleicheit mit der Substanz" heraus. Das „Falsche" unserer Unterscheidung entspricht dem dritten, das „Falsche" der Unterscheidung des (beschriebenen) Bewußtseins dem zweiten Wert. Erst aus dieser Unterscheidung *wird* ihre Gleicheit mit der Substanz, also die Koinzidenz des Wahren. Die koinzidierenden Wahren „für uns" und „für es" sind also „nicht so Wahrheit, als ob die Ungleichheit weggeworfen wäre [...] sondern die Ungleicheit ist als das Negative, als das Selbst, im Wahren als solchem selbst noch unmittelbar vorhanden" (2,38). „Für uns" ist das „Für-es-sein" also nur insofern als wir neben der Koinzidenz des Wahren „für uns" und „für es" auch das „Falsche" beschreiben, das jener Negativität als „Selbst und Wissen" des (beschriebenen) Bewußtseins zugrundeliegt. Eben dies wird in der die beiden Beschreibungen „vermittelnden" Logik $L_{2/3}$ möglich. Die Beziehung des „Wahren" dieser Beschreibung zu jenem „Falschen" in Logik $L_{1/2}$ ist nun allerdings inhaltlich gesehen nicht mehr jene „Koinzidenz", sondern der „Umtausch": Was im Unterscheiden des Bewußtseins das Falsche, Negative ist, muß für uns das Wahre, Positive werden. Da eben die Negativität von Wahrem und Falschem das „Selbst und Wissen" des Bewußtseins und somit das „Für-es-sein" des Gegenstands ausmacht, müssen wir die „Selbständigkeit" jener wahr-/falsch-Unterscheidung des Bewußtseins „anerkennen". Wir müssen dem Bewußtsein die Unterscheidung von Wahrem und Falschem im gleichen Maße zuerkennen, wie wir dies uns selbst tun. Andernfalls verfehlen wir das „Für-es-sein".

In eben dieser Form kann eine transklassische Logik auch der Ansatz sein, eine Sprache zu entwickeln, in der sich formal explizite und empirisch operationalisierbare Modelle des Verhältnisses von „Mind" und „Brain" formulieren lassen, das die Konzepte von „Intentionalität", „Individualität", „Bewußtsein" und „mentaler Verursachung" so schwierig zu machen scheint. $L_{1/3}$ und $L_{2/3}$ entsprechen den Unterscheidungen, die der Neurowissenschaftler vollzieht, wenn er das Gehirn beobachtet, und die seinen mentalen Zuständen während dieser Beobachtung zugrundeliegen. $L_{1/2}$ hingegen entspricht den von diesem Gehirn selbst vollzogenen Unterscheidungen, die unter näher zu bestimmenden Bedingungen ebenso mentalen Zuständen zugrundeliegen. Unabhängig davon, wie die nähere Bestimmung dieser Bedingungen aussieht, entspricht aber $L_{1/2}$ der „Perspektive des Gehirns" und $L_{1/3}$ sowie $L_{2/3}$ der „Perspektive des Hirnforschers". Logisch gesehen ist die erstgenannte Perspektive, auf das Gehirn bezogen, eine „Perspektive erster Person" („Individualität"), die letztgenannte hingegen eine „Perspektive dritter Person" (als Beschreibung dieser „Individualität"). Die erstgenannte Perspektive bezieht sich auf die Gegenstände der Kognition des Gehirns („Intentionalität"), die letztgenannte auf das Verhältnis des Gehirns zu seinem Gegenstand in seinen Kognitionen (als Beschreibung dieser „Intentionalität").

Noch kann keine Rede von einer geschlossenen Formalisierung einer solchen Logik sein, obgleich Versuche in dieser Richtung in den letzten Jahren wesentliche Fortschritte gemacht haben (vgl. Ziemke & Kaehr 1995). Auch wird die Entwicklung einer solchen Sprache allein nicht die Lösung des Problems des „bewußten Erlebens" liefern. Jedoch wird sich in einer solchen Sprache die zentrale Schwierigkeit des „Mind-Body-Problems" auflösen lassen: das Problem der Subjektivität mentaler Zustände. Dennett (1992), Churchland (1986) oder auch Varela und Thompson (1992) behaupten gewiß zurecht, daß es nirgendwo im Gehirn eine „zentrale", allem Geschehen „übergeordnete" „Instanz" geben kann, in der die „Objektivität" neuronaler Prozesse in die „Subjektivität" eines Selbst „umschlägt". Vielmehr wird sich eine naturwissenschaftliche Theorie der Subjektivität ergeben, wenn wir Kognition im Kontext der Zweckbestimmtheit der Lebensprozesse biologischer Systeme bzw. menschlichen Handelns zu verstehen lernen, wenn wir eine Logik kognitionswissenschaftlicher Forschung entwickelt haben, die soetwas wie die „Negativität" von Kognition und ihre „Aufhebung" in der Handlung empirisch zu erforschen und theoretisch zu modellieren gestattet. „Subjekt" ist der Mensch nicht kraft eines Homunculus irgendwo im Cortex, sondern als „Organismus", als „Leib" in seinen biologischen und – was in dieser Darstellung ausgespart bleiben mußte – in seinem sozialen Kontext.


**Danksagung**

Diese Arbeit wurde unterstützt durch die DFG / GK KOGNET.

## Literatur

Aertsen,A./G.L.Gerstein/M.K.Harbib/G.Palm, Dynamics of neural firing correlation: modulation of 'effective connectivity', J.Neurophysiol. 61,900-917 (1989)

Aertsen,A./E.Vaadia/M.Abeles, Neural interactions in the frontal cortex of a behaving monkey: signs of dependence on stimulus context and behavioral state, J.Hirnforsch. 32,735-743 (1991)

Brooks,R.A., Intelligence without representation, Artificial Intelligence Report, Cambridge 1987 (zitiert nach Varela & Thompson 1992)

Churchland,P.M., Matter and Consciousness: A contemporary introduction to the philosophy of mind, Cambridge, London: MIT Press 1984

Churchland,P.S., Neurophilosophy, Toward a Unified Science of the Mind-Brain, Cambridge, London: MIT Press 1986

Descartes,R., Ausgewählte Schriften, Leipzig: Reclam 1980 (Zitate nach Gliederung der „meditationes")

Dreyfus,H.L., Die Grenzen künstlicher Intelligenz. Was Computer nicht können, Königstein/Ts 1985

Dreyfus,H.L./S.E.Dreyfus, Künstliche Intelligenz. Von den Grenzen der Denkmaschine und dem Wert der Intuition, Reinbek: Rowohlt 1987

Eckhorn,R./R.Bauer/W.Jordan/M.Brosch/W.Kruse/M.Munk/H.J.Reitboeck, Coherent oscillations: A mechanism of feature linking in the visual cortex? Multiple electrode and correlation analyses in the cat, Biol.Cybernetics 60,121-130 (1988);

Engel,A.K./P.König/A.K.Kreiter/T.B.Schillen/W.Singer, Temporal Coding in the visual cortex: new vistas on integration in the nervous system, Trends Neurosci. 15,6,218-226 (1992)

Fodor,J.A./Z.W.Pylyshyn, Connectionism and cognitive architecture: A critical analysis, Cognition 28,3-71 (1988)

Gerstein,G.L./P.Bedenbaugh/A.M.H.J.Aertsen, Neuronal Assemblies, IEEE Transact. Biomed. Engin. 36, 1, 4-14 (1989)

Gibson,J.J., Die Sinne und der Prozeß der Wahrnehmung, Bern 1973

Gray,C.M./P.König/A.K.Engel/W.Singer, Oscillatory responses in cat visual cortex exhibit inter-columnar synchronization which reflects global stimulus properties, Nature 338,334-337 (1989)

Günther,G., Eine neue Theorie des Denkens in Hegels Logik, Hamburg: Meiner 1938

Günther,G., Die aristotelische Logik des Seins und die nicht-aristotelische Logik der Reflexion, Zeitschr.f.philos.Forschung 12, 360-407 (1958)

Günther,G., Idee und Grundriß einer Nicht-Aristotelischen Logik, Hamburg: Meiner 1959

Günther,G., Beiträge zur Grundlegung einer operationsfähigen Dialektik, I-III, Hamburg: Meiner 1976, 1979, 1980

Hegel,G.W.F., Sämtliche Werke, Ed. Glockner, Stuttgart: Frommann 1932, im Text: ([Bd.], [Seite])

Kant,I., Kritik der reinen Vernunft, Leipzig: Reclam 1979 (Zitate nach der A-Ausgabe 1781 bzw. der B-Ausgabe 1787)

Lehky,S.R./T.J.Sejnowski, Network model of shape from shading: neural function arises from both receptive and projective fields, Nature 333, 452-455 (1988)

Locke,J., Über den menschlichen Verstand, Leipzig: Reclam 1898

Maturana,H.R., Erkennen. Die Organisation und Verkörperung von Wirklichkeit. Braunschweig, Wiesbaden: Vieweg 1982;

Neisser,U., Kognition und Wirklichkeit. Prinzipien und Implikationen der Kognitiven Psychologie, Stuttgart: Klett 1979

Palm,G., Associative Networks and Cell Assemblies, in: Palm,G. & A.Aertsen (eds.), Brain Theory, Berlin, Heidelberg: Springer 1986, 211-228

Sejnowski,T.J./C.Koch/P.S.Churchland, Computational Neuroscience, Science 241, 1299-1306 (1988)

Simon,H.A., Invariants of Human Behavior, Annu.Rev.Psychol. 41,1-19 (1990)

Varela,F.J., Principles of Biological Autonomy, New York, Oxford: North Holland 1979

Varela,F.J./E.Thomson, Der mittlere Weg der Erkenntnis, Bern, München: Scherz 1992

v.d.Malsburg,C., The Correlation Theory of Brain Function, Internal Report 81-2, Göttingen: MPI for Biophysical Chemistry 1981

v.d.Malsburg,C., Am I Thinking Assemblies? in: Palm,G. & A.Aertsen (eds.), Brain Theory, Berlin, Heidelberg: Springer 1986, 161-175;

v.d.Malsburg,C., Synaptic Plasticity as Basis of Brain Organization, in: Changeux, J.P. & M.Konishi (eds.), The Neural and Molecular Bases of Learning, New York: Wiley 1987

Wilson,K.L. (ed.), BCL Publications, Peoria: IBC (Micrographics) 1976

Wittgenstein,L., Tractatus logico-philosophicus, in: Schriften, Bd.1, Frankfurt a.M.: Suhrkamp 1969 (im Text nach Gliederung zitiert)

Wolff,M., Das Körper-Seele-Problem, Frankfurt am Main: Klostermann 1992

Zeki,S., The Visual Image in Mind and Brain, Scientific American, September 1992

Ziemke,A./K.Stöber, System und Subjekt, in: Schmidt,S.J.(Hg.), Kognition und Gesellschaft. Der Diskurs des Radikalen Konstruktivismus 2, Frankfurt a.M.: Suhrkamp 1992, 42-75

Ziemke,A., System und Subjekt. Biosystemforschung und Radikaler Konstruktivismus im Lichte der Hegelschen Logik, Braunschweig, Wiesbaden: Vieweg 1992

Ziemke,A., Was ist Wahrnehmung? Versuch einer Operationalisierung von Denkformen der Hegelschen „Phänomenologie" für kognitionswissenschaftliche Forschung, Duncker & Humblot 1994a

Ziemke, A., Teleologie der Wahrnehmung. Eine allgemeine Methodenkritik biologischer Forschung am Beispiel der Neurobiologie der Wahrnehmung, Philosophia Naturalis 2(1994b)

Ziemke, A. & R.Kaehr (Hg.), Realitäten und Rationalitäten, Selbstorganisation 6, Duncker & Humblot 1995

# Repräsentation und Bedeutung in der Sicht eines nicht-reduktionistischen Physikalismus

*Helmut Schwegler und Gerhard Roth*

Wir wollen in diesem Aufsatz zeigen, welche Rolle die Begriffe „Bedeutung" und „Repräsentation" im Rahmen eines nicht-reduktionistischen Physikalismus spielen können. Dessen Grundannahmen müssen deshalb zunächst kurz dargestellt werden.

## 1. Naturalismus

Wir vertreten einen naturalistischen Standpunkt mit der Annahme, daß alle erfahrbaren Phänomene über Wirkungszusammenhänge miteinander vernetzt sind. Demnach konstituieren mentale Phänomene keine separate Welt, sie sind in dieses umfassende Netz eingebunden. Mentale Aktivität zeigt Wirkung in unseren Handlungen, ist Anlaß für Bewegungen, beeinflußt unseren Hormonspiegel, bringt uns zum Schwitzen. Physische Vorgänge außerhalb des Körpers ebenso wie physiologische Prozesse im Körper beeinflussen ihrerseits den Geist, da er in ständiger Wechselwirkung mit anderen Vorgängen und Ereignissen steht. Es gibt keine bestimmbare ontologische Grenze zwischen dem Physischen und dem Mentalen. Das umfassende Netz gegenseitiger Beeinflussung widerspricht der Annahme ontologischer Brüche.

Ein naturalistischer Standpunkt braucht keine „Naturalisierung", da man nur etwas naturalisieren kann, was nicht eigentlich zur Natur gehört. Der Naturalismus führt keine Dualität ein, die im nachhinein wieder beseitigt werden muß. Ein vernünftiges Verständnis der Leistungskraft von Wissenschaft bedeutet, daß Wissenschaft nicht so etwas wie die „wahre Natur" der Dinge (ihre Substanz, ihr Wesen) erklären kann. Sie kann nur gesetzmäßige Zusammenhänge zwischen Phänomenen angeben. Es gibt keine Grenze, an der diese enden.

## 2. Theoriestücke und die Einheitsutopie

Die umfassende Vernetzung aller Phänomene ohne ontologische Brüche verlangt nach einer Theorie, die gleichermaßen ohne Brüche ist, in der insbesondere keine Widersprüche auftreten. Aber Theorien fallen nicht vom Himmel, sie müssen von einer Wissenschaftsgemeinschaft erarbeitet werden. Deshalb können wir von einer einheitlichen und umfassenden Theorie aller Phänomene nur als von einem utopischen Ziel reden. In der Zwischenzeit arbeiten wir mit Theoriestücken, und wir versuchen sie zu verbessern, zu erweitern und miteinander zu verbinden. Dabei werden Widersprüche verhindert durch Angabe von Geltungsbereichen, durch Korrespondenz- und Verträglichkeitsregeln und andere Maßnahmen, so daß die Theoriestücke gut koexistieren. Es wäre eine unzulässige Ontologisierung, wenn man von den gegenwärtigen Theoriestücken auf eine entsprechende Stückelung alles Seins schließen würde, z.B. von der hochentwickelten heutigen Physik auf eine unabhängige Welt der Dinge der heutigen Physik und der entsprechenden Unabhängigkeit einer von der heutigen Physik nicht erfaßten Welt des Mentalen.

Wie solche Theoriestücke koexistieren, kann selbst innerhalb der heutigen Physik beobachtet werden. Diese besitzt keine einheitliche, einem monolithischen Block gleichende Theorie, die alle Phänomene erklärt und vorhersagt, die sie bearbeitet. Selbst wenn auf dem Felde der Elementarteilchentheorie die Bemühungen um eine „grand unification" zu einem Erfolg kommen sollten, wird man keineswegs alles andere aus den Gesetzen der Elementarteilchen herleiten können. Das scheitert allein schon am ungeheuren Rechenaufwand. Andererseits ist zu betonen, daß man systematische Zusammenhänge (es geht nicht um Einzelrechnungen im Rahmen einer an vielen Fällen bestätigten Theorie) solange nicht als berechenbar, selbst nur „im Prinzip", ansehen darf, solange sie nicht in hinreichend vielen Fällen überzeugend berechnet sind. Es sind ganz unerwartete Überraschungen möglich. Das gilt nicht nur für einen Aufstieg von den Elementarteilchen zur Ebene der Atome und Moleküle als den nächstgrößeren Objekten, es wiederholt sich über die ganze Skala der Lineardimensionen bis hin zur makroskopischen Physik. Den Rechenschwierigkeiten stehen dabei auch noch konzeptionelle Probleme zur Seite. Ein Beispiel sind die Probleme zwischen Relativitätstheorie und Quantentheorie [siehe z.B. Maudlin 1994], ein anderes besteht in der ungeklärten Rolle des quantenmechanischen Meßprozesses im Hinblick auf die Verbindung von Quantenwelt und klassischer Welt [z.B. Bell 1992]. Ebenso ungeklärt ist immer noch, wie makroskopische Irreversibilität und mikroskopische Reversibilität zusammenpassen. Die Statistische Thermodynamik überwindet diese Probleme durch ad-hoc-Annahmen ebenso wie es die Quantenchemie mit den Schwierigkeiten aufgrund der quantenmechanischen Nichtlokalität macht. Weitere Beispiele ähnlicher Art könnten aufgezählt werden.

Die Physiker kommen mit all dem bestens zurecht. Sie kennen einigermaßen die Gültigkeitsbereiche, Übergangsgebiete werden durch ad-hoc-Regeln überbrückt, Widersprüche werden vermieden aufgrund eingeübter Vorsichtsmaßnahmen. All das funktioniert hervorragend; dennoch bleibt eine Unzufriedenheit bestehen. Ihretwegen bemüht man sich weiter um größere Vereinheitlichung, die ad-hoc-Annahmen und ähnliche Maßnahmen überflüssig macht. Die einheitliche und umfassende Theorie lockt als Utopie.

## 3. Physikalismus ohne Reduktionismus

Der Naturalismus dehnt diese Utopie auf die gesamte natur aus. Weil man aber die Utopie nicht auf die Schnelle realisieren kann, muß man in der Zwischenzeit mit einer Pluralität von Bereichstheorien leben, deren Zusammenhang durch pragmatische Prozeduren vermittelt wird, die eine Koexistenz ohne Widersprüche garantieren. Das bedeutet, daß heutige physikalische Theorien mit anderen Theorien koexistieren müssen, die nach der heutigen disziplinären Arbeitsteilung nicht zur Physik gerechnet werden. Warum nennen wir dann unser Konzept von Pluralität mit der Utopie einer Einheit einen Physikalismus? Nicht so sehr, weil die heutige Physik die am besten entwickelten Theorien beiträgt, sondern weil die physikalische Methodologie der koexistierenden Teiltheorien eine Fortsetzung und Erweiterung wert ist.

Darüber hinaus glauben wir, daß ein Zusammenkommen verschiedener Theorien physischer und geistiger Prozesse im Rahmen des der Physik zugrunde liegenden dynamischen Paradigmas stattfinden muß. In diesem Paradigma sind die Wechselwirkungen von Teilsystemen und Teilstrukturen wesentlich, die sich in Regeln („Gesetzen") der Gleichzeitigkeit und der zeitlichen Abfolge manifestieren. Dieses Paradigma steht in einem gewissen Gegensatz zu einem symbolisch-semantischen.

Unser Physikalismus heißt „nicht-reduktionistisch", weil wir die erwünschten Vereinheitlichungen nicht notwendigerweise nur in der Form der Reduktion „höherer" Schichten auf „tiefere" im Sinne der Mikroreduktion von Oppenheim und Putnam [1958, siehe auch Schwegler 1992] sehen. Es erscheint nicht unbedingt notwendig, daß das Mentale auf das „Physikalische" im Sinne der Gegenstände der heutigen Physik, insbesondere des heutigen Verständnisses von Molekülen, reduziert wird. Damit halten wir es ausdrücklich für möglich, daß die heutige Physik unvollständig ist und daß ein besseres Verständnis mentaler Prozesse nur im Rahmen einer erweiterten Physik erreicht werden kann.

Solche Erweiterungen hat die Physik in ihrer Geschichte mehrfach vollzogen. Es entstand eine Theorienstruktur, in der keineswegs das größere immer auf das kleinere reduziert ist. Es hat auch etliche Vereinheitlichungen zunächst getrennter Teiltheorien gegeben, die keineswegs immer Reduktionen im genannten Sinne waren.

## 4. Geist und Körper

Bezüglich des Mentalen kann man feststellen, daß derzeit nicht alles im Rahmen der heutigen Physik erklärt werden kann, ohne daß neue Begriffe hinzugefügt und damit neue Gesetze formuliert werden. Hier muß pragmatisch vorgegangen werden. Mentale Zustände und Aktivitäten sind nicht völlig irregulär, unvorhersagbar und unkalkulierbar; für sie können regelhafte, gesetzesartige Beziehungen aufgestellt werden. Darüber hinaus sind sie mit bestimmten neurophysiologischen Strukturen und Prozessen korreliert. Für diese Beziehungen und Korrelationen zusammenfassende, allgemeine Regeln zu formulieren, heißt eine Theorie aufstellen, von der gesagt werden kann, daß sie die beobachteten Phänomene „erklärt".

Gewisse Züge einer solchen Theorie sind bereits erkennbar. Wie an anderer Stelle ausführlich dargestellt wurde [Roth 1994, Roth und Schwegler 1995], sind mentale Prozesse stets mit einigermaßen *gleichzeitigen* neurophysiologisch zu beobachtenden Phänomenen korreliert. Mentale Prozesse ohne solche Korrelate gibt es nicht. Die an einer Person gemessenen neuronalen Korrelate erlauben es, im Rahmen meßtechnischer Grenzen Aussagen über die von der Person zum jeweiligen Zeitpunkt erlebten geistigen Prozesse zu machen. Bestätigt werden kann das am sichersten im Selbstversuch, aber das Ergebnis ist auch kommunizierbar. Eine zweckorientierte, aktive Variante solcher „Selbstversuche" ist das Bio-Feedback. In schwächerer, dafür aber allgegenwärtiger Form findet Ähnliches bei jedem echten „Lernen" statt.

Sehen wir bewußt Erlebtes als „Bedeutungshaftes" an, so heißt das, daß bedeutungshafte Zustände und Prozesse mithilfe der Visualisierung ihrer neuronalen Korrelate intersubjektiv nachweisbar sind. Die Forschung wird in der Zukunft mehr und mehr derartige Korrelationen finden. Unabhängig davon, wie streng auch immer diese Korrelationen sein mögen, können sie keine Reduktion des Mentalen auf rein Physiologisches sein. Mentale und bedeutungshafte Prozesse sind durch die heutigen physikalischen, speziell neurophysiologischen Gesetze allein nicht erklärbar, weil weder die Physik der Ionenkanäle noch die Chemie synaptischer Prozesse noch eine Theorie feuernder Netzwerke über die dafür nötigen Begriffe verfügt. Erst eine präzisere Formulierung allgemeiner Regeln der Korrelationen zwischen den Vorgängen, seien diese statistisch oder ein-eindeutig, wird erlauben den einzelnen Vorgang durch Unterordnung unter die Regel zu erklären. Das aber bedeutet in gewissem Sinne eine Erweiterung der heutigen Physik.

Wir möchten noch einmal betonen, daß eine solche Ergänzung und Erweiterung heutiger Physik und Physiologie keinen Anlaß gibt, an einen Dualismus von Welten zu glauben. Es gibt keine zwei a priori zu unterscheidene Substanzen, Körper und Geist. Diese Wörter sind lediglich Chiffren für jeweils eine Klasse von Betrachtungsweisen, Methoden, Messungen, die nicht streng voneinander geschieden, sondern aufs engste miteinander verbunden sind. Zwar fehlt uns noch die umfassende Theorie, aber wir können an ihr arbeiten. Und dann wird es nicht eine Theorie zweier Substanzen sein, sondern eine Theorie über ein Geist-Gehirn.


## 5. Repräsentation des Äußeren

Kognitive Systeme leben in einer Außenwelt und wechselwirken mit ihr über die sensorische und die motorische Peripherie. Sie müssen so wechselwirken, daß sie überleben, und wir beobachten an allen Arten, daß sie es zwar verschieden, aber immer sehr erfolgreich tun.

Ist es dazu notwendig, daß im mental-neuronalen System so etwas wie ein treues Bild des Äußeren vorhanden ist? Betrachten wir der Einfachheit halber nur die Zahl der Neuronen und ihrer synaptischen Verbindungen als ein Charakteristikum der Dynamik, so müssen wir schließen, daß die Dynamik viel mehr intern als durch äußere Einflüsse bestimmt ist. Die Hirnaktivität aufgrund innerer Prozesse steht zu derjenigen aufgrund äußerer Einwirkungen in einem Verhältnis 10 000 : 1 oder 100 000 : 1. Was in einem bestimmten Moment geschieht, hängt viel mehr von der inneren Geschichte als von äußeren Eingaben ab.

Geht man davon aus, daß die Dynamik eines kognitiven und mentalen Systems mit den sich ändernden Vorstellungen einer „Welt" verbunden ist, dann sollte man unterscheiden zwischen dem, was tatsächlich mit Ereignissen und Vorgängen draußen korreliert ist, und dem viel größeren Teil, der von einem „Gedächtnis" erzeugt ist, das sehr stark die Vorstellungen einer „Welt" aus Vergangenem, Gegenwärtigem und Zukünftigem beeinflußt.

Beim Tier sind zwar Vorstellungen und Erwartungen dem von außen beobachtenden Wissenschaftler nicht direkt zugänglich, dennoch ist ihre Existenz nicht ernsthaft zu bezweifeln. Sie sind als innere Eigenschaften anzusehen, über die eine Theorie hypothetische Behauptungen aufstellt, die sich durch Erklärungen und Vorhersagen bewähren müssen. Ohne Zweifel ist dies sehr schwierig für Tiere, die dem Menschen wenig verwandt sind, insbesondere wenn eine völlig andere Architektur des Nervensystems vorliegt wie bei allen Invertebraten. Einen Zugang findet man am ehesten im Bereich der Sensomotorik, weil dort die motorischen Aktionen gewisse Rückschlüsse auf die internen bedeutungshaften Vorgänge und die dabei erfolgte Verarbeitung mit den sensorischen Eingaben ermöglichen.

Um mit dem Sachverhalt der starken Dominanz innerer Wirkungen in der Dynamik adäquat umgehen zu können, schlagen wir einen deutlich verschiedenen Gebrauch der Wörter „Repräsentation" und „Bedeutung" vor. Zustände und Prozesse im Gehirn, die mit äußeren Zuständen und Prozessen korreliert sind, nennen wir *repräsentational*. Aktivitätsmuster der Retina, die durch visuelle Reize ausgelöst sind, sind hierfür ein Beispiel. Diese Definition von Repräsentationen durch Korrelationen impliziert keine „Darstellung" der Außenwelt. Das gilt auch für Aktivitätsmuster mit gewissen kartenartigen topographischen Strukturen; es sind bloße Korrelationen. Unsere Definition stimmt auch nicht überein mit dem klassischen Konzept der „Vorstellung" als eines „inhaltsvollen mentalen Zustandes" [vgl. Scheerer 1992]; diese fällt unter unseren Begriff der *Bedeutung*.

Repräsentationen sind das Rohmaterial aktiver neuronaler Bearbeitung, sie sind Randbedingungen der Hirndynamik.

## 6. Die Dynamik der Bedeutungen

Was meinen wir nun mit Bedeutung im Gegensatz zu Repräsentation? Wir benutzen das Attribut „bedeutungshaft" im Sinne von „Bedeutung-für-jemanden" (anstatt „Bedeutung-als-etwas") für alle mentalen Zustände und Prozesse, die eine nicht-behavioristische Psychologie braucht, um eine dynamische Theorie zu entwickeln. Bedeutungen sind stets *relational*, sie sind bezogen auf andere Bedeutungen, sie konstituieren ein Bedeutungsnetz, eine Bedeutungsdynamik. Es gibt nur Bedeutung zusammen mit anderen Bedeutungen. Bedeutungshafte Zustände sind Perzepte, Imaginationen, Erinnerungen, Wünsche, und sie sind stets emotionsgeladen.

Perzepte und Handlungen werden andererseits von neuronalen Prozessen hervorgebracht, unter Beteiligung der erwähnten Korrelationen mit (Repräsentationen) der Außenwelt. Diese Korrelationen sind ausgeprägt in der Nähe der sensorischen Peripherie. Während der zentralen Bearbeitung werden sie mehr und mehr abgeschwächt durch die Vermischung mit Beiträgen aus anderen Hirnteilen, so daß der Charakter einer Repräsentation verloren gehen kann. Gleichzeitig wird dabei Bedeutung erzeugt, ein Perzept geschaffen, werden Erwartungen und Handlungen hervorgebracht. Für eine erfolgreiche Handlung ist erforderlich, daß auch sie (und die mit ihr verbundene Erwartung) der Außenwelt entspricht, d.h. lebens- und überlebensfördernd ist. Dies in einer Abfolge sensomotorischer Schleifen zu erlernen ist eine Leistung des kognitiven Systems.

Betrachten wir als Beispiel einen einfachen bedeutungshaften Vorgang in einem einfachen Wirbeltiergehirn, den Beutefang von Amphibien. Bestimmte visuelle Reize stimulieren einen Salamander, das Perzept „Fliege" eines Beuteobjekts zu erzeugen. Dieser bedeutungsvolle mental-neuronale Zustand hängt von der Vorgeschichte des Tieres ab sowie von verschiedenen internen Einflüssen wie zum Beispiel einem Hungergefühl. Die Bedeutung „Fliege" verursacht einerseits eine Fanghandlung mithilfe des Motorsystems und verbindet andererseits diese Handlung mit der Erwartung eines erfolgreich abgeschlossenen Fangs. Diese Erwartung ist ebenfalls ein Bedeutungszustand.

Die physikalischen Folgen der Handlung in der Umgebung des Tieres können zu zwei Ergebnissen führen: Die Beute wird gefangen oder nicht. In den zwei Fällen kommt es zu unterschiedlichen sensorischen Reizeingaben. Im ersten Falle erzeugt das kognitive System das neue Perzept der konsumierten Fliege, wodurch die Erwartung bestätigt wird. Das kognitive System war in der Lage, eine mit der Außenwelt genügend korrelierte Handlung auszuführen. Im anderen Falle wurde diese Leistung nicht erbracht, es muß aber zunächst nichts passieren. Wenn aber dieser Fall wiederholt eintritt, dann beginnt ein Lern- oder Adaptionsprozeß, der die Bedeutungsdynamik verändert und damit auch die Erwartung und das Motorprogramm.

Man kann versuchen, dies im Rahmen einer dynamischen Theorie zu formulieren, welche Bedeutungen oder Bedeutungszustände als Kollektivzustände von neuronalen Teilsystemen ansieht. Prozesse in einzelnen Neuronen, die an solch einem kollektiven Zustand (einer kollektiven Neuronenaktivität) beteiligt sind, werden bedeutungshaft durch ihre Zugehörigkeit zum Kollektivzustand, der seinerseits im Rahmen der Bedeutungsdynamik in ein Netz anderer bedeutungsvoller Zustände eingebettet ist. Diese anderen bedeutungsvollen Zustände bilden einen Kontext, der die Einflüsse der Vorgeschichte ins Spiel bringt. Der Gesamtprozeß kann im Prinzip als kausal angesehen werden, auch wenn eine vollständige kausale Rekonstruktion aller Details, insbesondere hinsichtlich einzelner Neurone, aufgrund der hohen Komplexität kaum möglich sein wird.

Führen wir diese Gedankenlinie fort, so können wir eine Hierarchie von Ebenen der Bedeutungserzeugung formulieren:

— Auf der untersten Ebene befinden sich Prozesse an den Synapsenmembranen, insbesondere auch Prozesse an den Hebb- Synapsen, die als Koinzidenzdetektoren wirken können.
— Solche Prozesse haben nur Bedeutung im Kontext der Aktivität lokaler Neuronen-Assemblies (kortikale/tektale Module).
— Diese Assemblies wiederum haben nur Bedeutung im größeren Kontext der Aktivitäten größerer Gehirnteile (Kortex, Cerebellum, Tektum), und diese haben Bedeutung nur im Kontext der Wechselwirkung der Aktivitäten der verschiedenen Gehirnteile.
— Eine Aktivität des Gesamtgehirns hat nur Bedeutung im Kontext von Verhalten und Überleben.

Deshalb kann einer einzelnen Ebene keine „vollständige" Bedeutung unabhägig von den anderen zugeschrieben werden.

Ein letztes Wort zur Intentionalität. Betrachten wir das beschriebene Amphibien-Beispiel eines Beute-Perzepts als eines bedeutungshaften Zustands. Es veranlaßt eine Motorhandlung in Verbindung mit der Erwartung bestätigender Sinneseindrücke. Wir sehen daran, daß Bedeutung notwendigerweise intentional ist, weil sie auf etwas Nachfolgendes verweist. Dennoch ist Bedeutung immer eine innere Beziehung und bedeutet keine direkte Verbindung zu äußeren Ereignissen. Bedeutungshafte Zustände müssen nicht mental sein im engeren Sinne des Wortes, insbesondere nicht mit Bewußtsein ausgestattet. Sind sie dies, dann sind sie dennoch gleichzeitig physikalische Zustände. Im Rahmen unserer Theorie hat ein Geist-Gehirn-Dualismus keinen Platz.

## Literatur

Maudlin, T. (1994): Quantum Non-Locality and Relativity, Oxford: Blackwell.

Bell, J. (1992): Wider die „Messung", Phys.Blätter **48**, Nr.4, 267-273.

Oppenheim, P., und Putnam, H. (1958): Unity of Science as a Working Hypothesis, in: Feigl, H., Scriven, M., and Maxwell, G. (Eds.), Concepts, Theories and the Mind-Body Problem, Minnesota Studies in the Philosophy of Science, vol.2, p.3-36, Minneapolis: University of Minneapolis Press. Deutsche Übersetzung von V.Scholten in: Krüger, L. (Hg.), Erkenntnisprobleme der Naturwissenschaften, S.339-371, Köln und Berlin: Kiepenheuer und Witsch 1970.

Roth, G. (1994): Das Gehirn und seine Wirklichkeit, Frankfurt: Suhrkamp.

Roth, G., und Schwegler, H. (1995): Das Geist-Gehirn-Problem aus der Sicht der Hirnforschung und eines nicht-reduktionistischen Physikalismus, Ethik und Sozialwissenschaften, Heft 1/1995.

Scheerer, E. (1992): Mentale Repräsentation in interdisziplinärer Perspektive, Report No. 72/1992 der Forschungsgruppe „Mind and Brain" des Zentrums für interdisziplinäre Forschung (ZiF) der Universität Bielefeld.

Schwegler, H. (1992): Systemtheorie als Weg zur Vereinheitlichung der Wissenschaften, in: Krohn, W., und Küppers, G. (Hg.), Emergenz: Die Entstehung von Ordnung, Organisation und Bedeutung, S.17-56, Frankfurt: Suhrkamp.

# Interne Repräsentationen – Über die „Welt" generierungseigenschaften des Nervengewebes. Prolegomena zu einer Neurosemantik

*Olaf Breidbach*, Klaus Holthausen*, Jürgen Jost***

Was bedeutet Wahrnehmung anderes als die Repräsentation des Zustandes der Außenwelt im kognitiven Apparat eines Wahrnehmenden? Das Hirn ist der kognitive Apparat des Menschen. Wahrnehmung wäre also als außenreizinduzierte Veränderung im Erregungsgefüge dieses Organes zu zeichnen (Florey und Breidbach 1993). Fraglich ist allerdings, inwieweit das Konzept der Repräsentation eine zureichende Charakterisierung dieser außenreizinduzierten Erregungsveränderung ermöglicht (Vergl. Breidbach, dieses Buch).

Schon ein sehr vereinfachter Zugang zu einer physiologischen Analyse der neurophysiologischen Grundlagen eines Wahrnehmungsprozesses zwingt hier zu einer differenzierten Darstellung. Die physikalischen Veränderungen im Umfeld des Wahrnehmenden werden im Hirn nicht direkt abgebildet (Breidbach 1993). Das Hirn verarbeitet zunächst nur die Erregungsmuster der Sinnesorgane: In den höheren neuronalen Strukturen bilden sich etwaige Verschiebungen in den Erregungsspektren der entsprechenden Sinneszellen ab.

Schon auf dieser Ebene der Betrachtung des Wahrnehmungsvorganges zeigt sich insoweit eine Vorstellung, der zufolge sich im Hirn ein Außenreiz abbildet, als unzureichend (Aertsen 1993). Abgebildet werden in den höheren nervösen Strukturen nurmehr die Reizmuster der körpereigenen Sensorik. Die Regeln für eine Abbildung derart kodierter Außensignale sind dabei nicht direkt von den jeweiligen Veränderungen der – nicht körpereigenen – Physik im Umfeld eines Organismus abhängig; vielmehr „repräsentieren" sich etwaige Veränderungen der Umwelt primär als Reaktionen der körpereigenen Sensorik und erst sekundär – nach Maßgabe der internen Verrechnungseigenheiten eines Organismus – in Veränderung im Erregungsmuster des Nervengewebes.

So spiegelt sich in den ersten Transferstadien der visuellen Erregungsverarbeitung primär nicht die relative Ordnung der visuellen Signale im optischen Umfeld eines

---

*  Institut für Geschichte der Medizin, Naturwissenschaft und Technik – Ernst-Haeckel-Haus – Berggasse 7 – 07745 Jena (FRG)

** Mathematisches Institut – Ruhr-Universität – NA 5-30 – D-44780 Bochum (FRG)

Organismus, sondern vielmehr die räumliche Anordnung der Rezeptoren in der Netzhaut, die sich durch die beibehaltene räumliche Schichtung der neuronalen Projektionen von den ersten Verrechnungsebenen bis hin in die sensorischen Areale der Hirnrinde erhält. Die interne Repräsentation des visuellen Umfeldes ist damit Resultat einer somatotopischen Projektion der Sensorik. Entsprechend ist denn auch die im Großhirn nachzufassende Anordnung der frequenzkodierenden Neuronen in den akustischen Hirnzentren zunächst nur ein Abbild der räumlichen Schichtung der sensorischen Zellen im Bereich des Innenohres (Knudsen und Konishi 1978). Derartige Raumschichtungen, aber auch spezifische Teilkodierungseigenschaften der Sinneszellen, die nur bestimmte Eigenheiten eines Außensignales „abbilden", können hierbei bis in höchste Hirnbereiche erhalten bleiben. Die Segregation und Konservierung dieser Eigenheiten der signalkodierenden Zellen bis in die sensorischen Hirnrindenareale ist ein Prinzip der neuronalen Informationsverarbeitung: Die einzelnen Signalkomponenten werden selektiv, aber unter Beibehaltung der relativen Differenz einzelner diese Signalkomponente kodierender Neuronen in der entsprechenden sensorischen Bahn nach zentral vermittelt (Shepherd 1988). Insoweit bleiben auch in der Rindenregion des Cortex relative Auslenkungen im Ansprechverhalten der Sinneszellen repräsentiert. Entsprechend selektiv reagierende Neuronen können denn auch physiologisch charakterisiert werden (Creutzfeld 1983). Die distinkte, die relative Ordnung im Muster der reizregistrierenden Zellen erhaltene Projektion der Sensorik in das Hirn eröffnet die Möglichkeit einer selektiven Verabeitung der entsprechenden Eingangsfunktionen und einer präzisen Überlagerung der verschiedenen Signalteilkomponenten der reizdetektierenden Sinneszellen.

Zudem zeigt sich, daß etwa schon auf Ebene der Netzhaut das Erregungsgefüge von zentral nach außen projizierender Nervenelemente das nach zentral weitergeleitete Erregungsmuster wesentlich bestimmt; sich also die Repräsentation des Außenreizes schon in den sensorischen Bahnen abhängig von den internen Zuständen des Zentralnervensystems modifiziert (Breidbach 1993.). Noch komplexer wird die Überlagerung verschiedener Erregungsbereiche in den Hirnrindenarealen selbst. Auch in dem primären visuellen Hirnrindenareal ist nur ein Teilbereich der in den Cortex projizierenden Fasern, etwa 1/3 der Gesamtanzahl, direkt sensorischen Ursprungs (Creutzfeld 1993). Verbindungen zwischen den einzelnen Hirnrindenarealen, die nicht direkt an die Sensorik angebunden sind und Erregungseingänge von den entsprechenden contralateralen Hemisphärenregionen bestimmen wesentlich die neuroanatomische Charakteristik des sensorischen Hirnrindengewebes (Cajal 1908, 1911). In höheren, an diese sensorischen Rindenregionen gekoppelten Arealen des Großhirns überwiegen diese rindeninterne Erregungsschübe vermittelnden Fasern noch stärker. D. h., die zunächst weitgehend somatotopische Repräsentanz der sensorischen Projektionen verwischt sich in den Verrechnungsinstanzen des sensorischen Cortex zusehends. Der Abbildcharakter der sensorischen Projektionen geht also in den höheren Hirnverrechnungsbereichen sehr schnell verloren (Abeles 1991). Die neueren Darstellungen der Verrechnungseigenschaften des visuellen Cortex zeigen denn auch die Vernetzung der verschiedenen Areale auf, deren Funktionalität erst die adäquate Reizverarbeitung im Großhirn ermöglicht.Noch deutlicher wird dies im Bereich des Riechhirnes, wo auch schon auf den ersten Verrechnungsebenen eine etwaige topologische Schichtung von Reizantwortcharakteristika verloren ist (Skarda and Freeman 1987).

Es zeigt sich hier insgesamt, daß sich in den sensorischen Hirnrindenbereichen schon sehr rasch verschiedene Erregungseingänge überlagern und zu komplexen, nicht mehr eindeutig auf bestimmte Außenreizkonfigurationen zu beziehenden Reaktionsmustern im Hirngewebe verdichten. In den sensorischen Hirnrindenarealen werden nicht nur die verschiedenen, zunächst separat abgebildeten Reizkomponenten eines aufgenommenen Außenreizes in verschiedener Weise übereinander gelagert und zu komplexeren Reaktionsspektren einzelner, sogenannter komplexerer Neuronen verdichtet.

Derartige komplex kodierenden Zellen wären dann – analog dem Großmutterneuronen-Konzept (Barlow 1972) – als Kommandoeinheiten zu fassen, die dann etwaige komplexere Reizkonfigurationen direkt in bestimme motorische Programme umzuschalten hätten.

Die reale Situation scheint allerdings um einiges komplexer. Auf dieser Ebene der Überlagerung verschiedener Eingabebereiche verwischt sich die qua Körperoberfächenanordnung vorgegebene topologische Ordnung der Rezeptorprojektionen. Das etwa im primären visuellen Areal noch aufzufindende Muster der Netzhautprojektionen verliert sich in den höheren, eine Vielfalt von Erregungseingängen assozierenden Rindenarealen. Hinzu kommt, daß entsprechende assoziative Hirnregionen nicht allein an die sensorischen Hirnareale gekoppelt sind, sondern sie Erregungseingänge auch von anderen Hirnrindenbereichen erhalten. Die in diesen Eingängen transportierte Erregung ist in der gleichen Sprache kodiert wie die letztlich durch Veränderung der sensorischen Eingangsregion induzierte Umschichtung im Antwortverhalten der jeweils nachgeordenten Neuronen. Innerneuronal repräsentiert ist damit jeweils eine komplexe Summierung von binneninduzierter Erregung (als solche bezeichnen wir die nicht direkt von sensorischen Eingangssignalen induzierten Erregungsveränderungen cortikaler Neuronen). Hierbei ist der hohe Grad der innerneuronalen Durchmischung im Cortex zu berücksichtigen. Über eine Folge von weniger als fünf Neuronen ist jedes cortikale Neuron mit jedem anderen Neuron verschaltet (Braitenberg und Schüz 1991). Demnach zeigt sich der Cortex als ein Gewebe, das auf eine komplexe Durchmischung von Erregungseingängen hin ausgelegt scheint. Ein Signal $x$, das sich in einem Neuron dieses Gefüges abbildet, streut sich demnach regelrecht über den Cortex aus.

Diese Streuung folgt nach Regeln, die sich in einer Darstellung der neuronalen Textur, den interneuronalen Verbindungen, des Chemismus, und der Physiologie der Einzelneuronen kennzeichnen lassen. In einem modellhaft vereinfachenden Zugang reicht es aber aus, diese verschiedenen Funktionen nurmehr als differente getaktete Erregungskopplungen zu betrachten und von daher ein Gefüge von logisch sequentiell organisierten Erregungssequenzen mit unterschiedlichen Oszillationsmodi anzunehmen.

Ein einen „ruhigen" Cortex erregendes Eingangssignal durchläuft demnach eine komplexe Kaskade von Neuronen und kann so ein Gefüge auch räumlich distinkter Nervenzellen aktivieren (Ojemann 1990, 1991). Eine zweite durch ein etwaiges Außensignal verursachte Veränderung im Erregungsgefüges der sensorischen Neuropils überlagert sich diesem ggf. schon komplexen Muster von Erregungen und so fort.

Der Cortex ist nun keine tabula rasa, vielmehr trifft eine etwaige außenreizinduzierte Erregung in ein komplexes Gefüge binneninduzierter Erregungsschübe, dem sie sich überlagert, und führt damit ggf. zu Veränderungen im Erregungsprofil einzelner Teilregionen im Nervensystem, die dann ihrerseits – abhängig von den Projektionspräferenzen dieser jeweiligen Regionen – weitere Erregungsveränderungen im Cortex generieren können.

Eine etwaige chaotische Hintergrundaktivität hat hierbei durchaus ein positive Bedeutung für die Funktionsweise des Hirnes. Sie kann es ermöglichen, unerwünschte Erregungen und die durch diese induzierten Antwortkaskaden im Nervengewebe (die wir über Attraktoren beschreiben) zu schlucken und zu unterdrücken. Ferner fordert sie Attraktoren, die sich durchsetzen, eine fehlertolerante Stabilität ab; schließlich kann – wie von Skarda und Freeman gefordert (Skarda and Freeman 1987) – ein chaotischer Attraktor ein optimaler Grundzustand sein, um bei einem spezifischen Eingangsstimulus einen Antwortattraktor zu induzieren: Das Eingangssignal überlagert sich dem Grundrauschen und läuft so in eine Transiente, die in einen Attraktor führt, der der bloßen „Primärerregung" unerreichbar wäre.

Hierbei ist es keineswegs notwendig, etwaige Erregungsveränderungen nur in einem topologischen Ordnungsgefüge zu sehen. Schon Monakow postulierte 1914 die Existenz dynamischer Erregungsrepräsentationen. In den letzen Jahren konnten Moshe Abeles und seine Arbeitsgruppe in ihrer Charakterisierung von Erregungskopplungsfunktionen auch physiologische Evidenz für die Existenz derartiger Erregungsrepräsentationen in einem komplexen raum-zeitlichen Gefüge erarbeiten. (Abeles 1982, 1991). Ausgangspunkt entsprechender physiologischer Ansätze ist ein gegenüber dem skizzierten Bild einer sich in hierarchischen Schichtungen bewegenden Selektion von Erregungsteilkomponeten differentes Bild der Grundorganisation des Cortex (Palm 1982). Für ein Verständnis der neuronalen Kodierung komplexerer Reizzustände reicht denn auch ein repräsentationistisches Modell nicht zu.

Die Idee eines Commanderneurons, das an der Spitze einer etwaigen Hierarchie von im Bild klassischer logischer Operatoren zu zeichnenden Reizselektionsinstanzen stünde, hat sich für die Interpretation etwa der Codierung visueller Außenreizkonfigurationen nicht bewährt (Zeki und Shipp 1989). Eine entsprechende Vorstellung erwuchs aus Analysen von Antwortcharakteristika einzelner Neuronen innerhalb der sensorischen Bahnen (Hubel 1982). Schon nur wenig aus diesem Eingangsbereich herausführende physiologische Registrierungen lassen derartige Zuordnungen von

Veränderungen in der Außenreizkonfiguration und dem Antwortverhalten einzelner Neuronen nicht mehr zu (Krüger 1983).

Das alternative Konzept, das mit komplexen assoziativen Erregungsüberlagerungen in den Hirnrindenbereichen rechnet, geht von einer differenzierteren Analyse der Verknüpfungseigenschaften der die Hirnrinde bildenden Neuronen aus (Braitenberg und Schüz 1991). Der hohe Grad innerneuronaler Durchmischung, der sich in einer neuroanatomischen Darstellung aufweist, ist nurmehr in einem statistischen Ansatz zu rekonstruieren. Hierheraus ergibt sich die Folgerung, daß Aktivierung von Einzelneuronen in der Hirnrinde zu einer komplexen Überlagerung von Aktivierungszuständen der einzelnen Neuronen führt, die nicht mehr einfach als Abbildung von Außenreizen verstanden werden können.

Daraus folgt, daß wir mit dem klassischen Konzept der Abbildung die realen Prozesse des Wahrnehmens in nur unzureichender Weise beschreiben können. Es ist nicht zulässig, das Hirngewebe als eine Art Wachs zu betrachten, in das mittels der Sensorik Außenweltkonfigurationen eingeprägt werden könnten. Vielmehr ist jede derartige Prägung ein dynamischer Vorgang, dessen Intensität und Qualität wesentlich von der Binnenbestimmtheit des Hirngewebes geprägt ist. Der Außenreiz entspricht demnach einem Tropfen, der in ein Gefäß eingeführt wird. Den Effekt, den der Tropfen in diesem Gefäß bewirkt, hängt dabei wesentlich von dem Füllungszustand des Gefäßes und auch von den Bewegungen ab, denen dieses Gefäß unterworfen ist; je nach dem Füllungszustand und der Lage des Gefäßes bringt der Tropfen den Inhalt des Gefäßes zum Überlaufen, oder er verfließt im Ganzen des Gefäßinhaltes, und kann dort erst dann effektiv werden, wenn weitere Tropfen den Flüssigkeitsspiegel in einen kritischen Bereich anheben (Vergl. Carpenter 1846: 277f).

Dies Bild skizziert eine Interpretation, derzufolge Erregungseingaben in das Hirn nicht primär danach gewichtet werden, was und inwieweit sie einen Außenreiz abzubilden vermögen. Vielmehr wichtet das Hirn die in es geführten Erregungen nach Maßgabe der eigenen physiologischen Charakteristika. Ein erster Ansatz zu der Beschreibung dieser Erregungsverrechnungcharakteristika fand sich durch Anwendung der zunächst für technische Systeme entworfenen Shannonschen Informationstheorie (Shannon und Weaver 1976). Diesem Ansatz folgend wird nun auch das Nervensystem als ein Erregungstransfersystem beschrieben, das eine in es eingebrachte „Information" nurmehr möglichst störungsfrei an eine Ausgaberegion zu transferieren habe, um so ein möglichst »objektives« Bild der Außenweltkonfigurationen zu ermöglichen (Wiener 1968). Diese Vorstellung ist zu einem Verständnis von Wahrnehmungsprozessen unzureichend. Information ist keine äußere Qualität, die in diesem Nervensystem nur transferiert wird (Linsker 1988). Die Effizenz des Systems würde auch nicht in der möglichen Unterdrückung von Störungen dieses Informationstransfers gemessen (Ash 1967). „Störungen", d.h. binneninduzierte Reaktionen der Neuronen und reizinduzierte Erregungsmuster entsprechen innerneuronal beide nurmehr einer Impulsfolge neuronaler Reaktionen. Das Wahrnehmungssystem operiert mit Größen, die durch eine Überlagerung dieser beiden Erregungsqualitäten abzuleiten sind. Hierbei ist die Grunderregung des Systems bestimmend für die Wichtung etwaiger Erregungseingänge, die sich zu dem jeweiligen Grunderregungsmuster nur addieren (Holthausen et al.1993).

Das Nervensystem schafft sich, nach dem hier gewählten Bild, seine eigenen Bewertungskriterien für die Wichtung einer etwaigen Erregungsumlagerung; mehr noch, auch die Bildung entsprechender Wichtungsfunktionen vollzieht sich in der Münze, in der der Erregungstransfer selbst erfolgt. Kann uns dieses Bild ein adäquateres Verständnis von Verrechnungsfunktionen in unserem Nervengewebe zu zeichnen erlauben?

Der Neocortex des Menschen besteht aus miteinander wechselwirkenden Modulen (macro-columns) von jeweils etwa 10.000-30.000 Neuronen (Mountcastle 1976). Innerhalb dieser Module und zwischen diesen Modulen sind die cortiko-cortikalen Verknüpfungen in einem konstanten, örtlich variierenden Grundmuster angelegt, das sich durch eine statistische Verteilung der innerneuronalen Kontakte auszeichnet. Etwas vereinfacht entspricht der Cortex demnach einem modulär organisierten neuronalen Netz mit einer stochastischen Verknüpfung seiner Einzelelemente (Szentagothai 1975; Braitenberg 1978; Swindale 1990; Schüz 1992; Hellwig et al. 1994). Die Modellierung der Eigenschaft zellularer Automaten zeigt, daß diese bei einer stochastischen Ausgangserregung spontan Oszillationsmuster bilden (Kürten 1988, 1989). Ganz entsprechend sind auch die Erregungstransferfunktionen neuronaler Netze als Überlagerung derartiger Oszillationen zu beschreiben (Harth et al. 1970; Anninos 1972). Diese entstehen dadurch, daß die ursprüngliche Erregung sich nach Maßgabe der Binnencharakteristika in dem System selbst reproduziert und hierbei die systemintrinsischen Verrechnungscharakteristika des Systems, dessen Erregungsantwort zusehend disponieren, so daß sich das System schließlich in einer Erregungsdynamik findet, die seine Eigenverrechnungscharakteristika kennzeichnet (Breidbach 1995). MacGregor hat die Bedeutung des Prozesses der Wechselwirkung sequentieller Konfigurationen in derartigen Neuronennetzwerken aufgezeigt (1993). Dabei wurden die neuroelektrischen Wechselwirkungen innerhalb entsprechender Module auf die Kompatibilität wechselwirkender Oszillationsmodi zurückgeführt, die ihrerseits wieder von den synaptischen Verbindungen der Module abhängen.

In einer Modellierung der Aktivitätsmuster derartiger neuronaler Netze kann deren Erregungstransferverhalten eingehender studiert werden.

Die Modelldynamik wird durch Differenzengleichungen vom Evolutionstyp beschrieben. – Für Zwecke der theoretischen Analyse könnte man diese auch durch Differentialgleichungen ersetzen; dies würde die für die vorliegenden Zwecke wesentlichen qualitativen Eigenschaften des betrachteten Systems nicht entscheidend beeinflussen –. Zum Studium der kurzfristigen Dynamik kann man hierbei die Markoveigenschaft annehmen, der zufolge der nachfolgende jeweils nur vom gegenwärtigen Zustand des Systems, nicht aber von dessen weiterer Vorgeschichte abhängt. Zur

Modellierung der längerfristigen Entwicklung des Systems müssen dann allerdings die Kopplungsgrößen (die Synapsenstärken) zwischen den einzelnen das System konstituierenden Elementen durch Lernregeln modifiziert sein. Je nach Wahl der Lernregeln kann dies dazu führen, daß die Markoveigenschaft nicht mehr gültig bleibt.

Die Modellierung zeigt, daß entsprechende neuronale Netze sich durch ein charakteristisches Binnenaktivitätsmuster auszeichnen, das durch Variationen der lokalen Verknüpfungsmuster bestimmt wird (Holthausen et al. 1993). Die Systeme schwingen sich hierbei in eine durch komplexe Erregungsüberlagerungen gekennzeichnete Dynamik ein, die wesentlich durch die jeweiligen Verknüpfungseigenschaften eines entsprechenden Netzes bedingt ist. Die Schwingungen des Systems und ihre Überlagerungsmuster werden hierbei durch lokale Charakteristika der einzelnen Neuronen bestimmt, die Wichtung der jeweiligen innerneuronalen Kontakte, Schwellenfunktionen, Abkling- und Refraktärzeiten.

Ein etwaiges Neuron wird zu einem Zeitpunkt $t$ nur dann aktiviert, wenn die Gesamtheit der es erreichenden Erregung über dem für das Neuron charakteristischen Schwellenwert liegt. In der Kopplung entsprechender Neuronen entsteht im System damit eine Erregungstextur, deren Einzelkomponenten zwar unmittelbar von den Aktivitätszuständen innerhalb der jeweiligen Kopplungsradien abhängen, die somit aber mittelbar von allen Mikrozuständen des Gesamtsystems abhängt. Das Gesamtschwingverhalten eines solchen Systems läßt sich über einen statistischen Ansatz bestimmen. Die Experimente zeigen, daß die durch einen festen Eingangsstimulus induzierten Erregungsmuster des Systems nicht einfach durch die Summe der Einzelantworten individueller Elemente bestimmt werden kann. Das Ansprechverhalten einzelner Neurone variiert vielmehr auch bei einer Folge gleichwertiger Eingangssignale. Es zeigt sich aber, daß die Schwingungseigenschaften einer durch eine derartige Summe von Einzelneuronen bestimmter Systemkomponenten auch bei quantitativ differenten oder unterschiedlich lokalisierten Antworten erhalten bleiben.

Die dynamischen Eigenschaften eines derartigen Systems lassen sich charakterisieren. Hierzu sehen wir von der Topologie des System selbst ab. Diese Topologie definiert eine das System kennzeichende Erregungsdynamik. Diese Dynamik läßt sich als Schwingung in einem Zustandsraum beschreiben. Dieses Schwingungsverhalten ist nun analytisch über die Darstellung von Trajektorien und dynamischen Attraktoren zu kennzeichnen. Diese Beschreibung benennt damit die Wahrscheinlichkeit, mit der das System auf einen beliebigen Ausgangszustand $S_1$ nach einer charakteristischen Reaktionszeit $\Delta t$ einen Eigenzustand $S_2$ annimmt. Über diesen probalistischen Ansatz sind die Eigenzustände des zu kennzeichnenden neuronalen Netzes zu beschreiben. Die Änderung des Mikrozustandes des Systems – die Variation der Kopplungscharakteristika eines Neurons – kann das probalistische Gefüge des Systems verschieben. Insoweit können Variationen der Parameter eines einzelnen Neurons das Antwortverhalten des Gesamtsystems verändern. Die Wichtungsfunktion für diese Zustandsveränderung ist somit eine Funktion der augenblicklichen Systemkonfiguration. Eine in dies System eingebrachte Erregung wird nach Maßgabe dieser Konfigurationsbedingungen gewichtet. Haben wir damit einen Ansatz gefunden, die Informationsverarbeitungscharakteristik in einem derartig dynamischen System adäquat zu beschreiben?

Die Dynamik eines Systems kennzeichnet sich über die diese abbildenden Attraktoren $m_k$. Ein Ereignis $z$ bildet sich dann in dem System ab, wenn es eine Zustandsveränderung in $m_k$ induziert. Damit ergibt sich im System eine Bewertung von $z$. $z$ wird genau dann registriert, wenn es zu einer Umlagerung in den Attraktoren des Systems führt. D.h. das Netz bildet in seiner Dynamik $z$ nicht einfach ab, sondern wichtet mögliche Zustandsveränderungen über seine Binnenerregungscharakteristika.

Was und wie wichtet nun eine derartige Zustandsveränderung? Die klassische Informationstheorie setzt voraus, daß ein Ereignis des Außenraumes sich innerhalb des Erregung aufnehmenden Systems repräsentiert, d.h. daß ein externer Beobachter eine Korrelation zwischen Außenreiz und einem veränderten Reizungszustand des Systems feststellt (Shannon und Weaver 1976). Zugleich kann der externe Beobachter damit die Qualität der Abbildungsfunktion registrieren. Entsprechend faßt sich die Binnenerregung denn auch als Störung, die dadurch beschrieben werden kann, daß die objektive Wahrscheinlichkeit bestimmt wird, mit der ein Außenreiz die Attraktorenlandschaft des Systems bestimmt.

Im Hirn hat ein derartiger externer Beobachter allerdings keinen Platz. Eine vollständige Theorie der Wahrnehmung müßte vielmehr nach internen Wichtungsfunktionen suchen, über die das neuronale System seine Zustandsveränderungen bewertet und von daher dann nicht binneninduzierte Eigenzustände identifizieren könnte (Linsker 1988). In einem komplexen parallel organisierten Verrechnungsgewebe könnte diese Bewertung nur durch ein dem Eingangsmodul nachgeschaltetes Modul geschehen, das die Funktion eines derartigen, allerdings intern zu definierenden, Beobachters annähme.

Entsprechend wurde denn auch das Modell von Holthausen und Breidbach konzipiert (Holthausen et al.1992). Besondere Bedeutung gewann in diesem Modell die lokale Variation der Kopplungscharakteristika der verschalteten Neuronen. Derartige lokale Variationen in den Gestaltcharakteristika wurden durch Unsymmetrien der synaptischen Kopplung zwischen Neuronen und die Mehrstufigkeit der internen Verrechnungsprozesse erfaßt. Diese Topologie führt zu Rückkopplungsschleifen in den interagierenden Neuronen und damit zu einer ausgeprägten Nichtlinearität der die entsprechenden Systeme kenzeichnenden Dynamiken. Derartige komplexe Wechselwirkungscharakteristika sind mit den bisher in der Theorie neuronaler Netze und zur Simulation kognitiver Funktionen verwandten mathematischen Methoden nur beschränkt abbildbar. Diese Zugänge beruhen typischerweise auf Linearisierungsansätzen oder gehen – um die Methoden der statistischen Mechanik einbringen zu können – von symmetrischen Kopplungen zwischen den Neuronen aus. In derartigen Beschreibungen lassen sich allerdings nur Einzelaspekte der komplexen Dynamik entsprechender Systeme erkennen, in denen sich die – im mathematischen Sinne – globalen Strukturen völlig aus dem Blickfeld verlieren. Ein adaequater Zugang zur Beschreibung der Systemdynamik gewinnt sich hier allein unter der Perspektive einer nichtlinearen Theorie und bei Nutzung des entsprechenden mathematischen Instrumentariums (Conley 1978; Smoller 1983; Rabinowitz 1986)

Wie ist nun ein Erregungstransfer zwischen einem Netzwerk erster (I) und einem Netzwerk zweiter Ordnung (II) zu verstehen? Die komplexe interne Dynamik der beiden Netze I und II läßt es nicht zu, eine derartige Erregungskopplung von I nach II als einfachen Transfer des Erregungszustandes von I in II zu kennzeichnen. Das Verhalten derart gekoppelter Systeme ist komplizierter.

Die Antwortcharakteristika, die Dynamik eines Netzes sind durch eine Menge A von Attraktoren $a_i$ definiert, die bei stochastischer Anregung mit den Wahrscheinlichkeiten $q_i$ auftreten. Ein Außenreiz überlagert sich diesen Attraktoren in I. Seine Abbildung ist demnach abhängig von der internen oder subjektiven Wahrscheinlichkeit $q_i$ der Attraktorenverteilung. In einer zweiten Ebene (II) wäre das Ausscheren von A über eine Darstellung der Variation der Wahrscheinlichkeitswerte, mit denen die einzelnen Attraktoren auftreten, zu messen.

Wie dargelegt, ist die Erregungsantwort eines parallel geordneten, in seinen Kopplungen asymmetrisch organisierten Verechnungssystems auf einen Eingangsreiz keineswegs eine eineindeutige abbildungstreue Repräsentation. Vielmehr wird dieser Eingangsreiz den internen Erregungsabfolgen überlagert und als dieses Kondensat interner und außeninduzierter Ereignisse verarbeitet. Dieser Prozeß führt zur Kondensierung und Verschlüsselung der Reizeingangscharakteristika. Dieser Verschlüsselungsprozeß sollte dabei – sowohl als Ganzes wie auch in den Übergängen zwischen verschiedenen Verrechnungsschichten – variationellen Optimalitätskriterien entsprechen, die informationstheoretisch interpretierbar sind. So sollte ein Reizidentifikationsprozeß (ein „Erkennen") derart strukturiert sein, daß die Eingangssignale so repräsentiert sind, daß eine etwaige durch sie zu erhaltende „Information" möglichst groß wäre.

Das Modell von Holthausen und Breidbach baut auf den von Pfaffelhuber (1972), Legéndy (1975) und Palm (1981) entwickelten Ansätzen auf, bei denen die Trennung zwischen objektiven (aber dem erkennenden Hirn zunächst unwesentlichen) Wahrscheinlichkeiten und die Bereitstellung von Optimalitätskriterien (Evidenz) für Inputmengen mit überlappenden Attributen wesentlich ist. Schon 1972 hatte Pfaffelhuber eine Erweiterung der klassischen Kommunikationtheorie vorgenommen, indem er zwischen einer objektiven Außenwelt, der ein Wahrscheinlichkeitsraum mit objektiven Wahrscheinlichkeiten zugeordnet wird, und dem Empfänger, dessen Zustände durch subjektive Wahrscheinlichkeiten gekennzeichnet sind, unterschied. Für unser Modell ist dieser Ansatz auszuweiten.

Das hier beschriebene mehrschichtige neuronale Netz ist als ein sich in sich selbst abbildendes System zu kennzeichnen. Auf einen externen Beobachter ist demgemäß zu verzichten. Dem Netz sind primär keine objektiven Wahrscheinlichkeiten bekannt.

Es muß vielmehr allein mit den Werten einer subjektiven Wahrscheinlichkeit, d.h. mit Variationen in den internen Repräsentationen von Erregungszuständen arbeiten. Das Modul, in dem sich $z$ zunächst abbildet, rezipiert zwar einen Außenreiz, doch wird der Zustand dieses Moduls in einem konsequent parallel operierenden System ja nicht schon direkt als eine derartige Abbildung eines Außenreizes gekennzeichnet, vielmehr wird die außenreizinduzierte Veränderung in I erst durch die Abbildung von A in die nächste Ebene des neuronalen Netzes bewertet.

Gewichtet werden diese auf Grund der endogenen Charakteristika des Systems variierten Attraktorenzustände nur nach Maßgabe der subjektiven Wahrscheinlichkeiten. D.h. der externe Maßstab der klassischen Kommunikationstheorie, die Referenz auf das Objekt, ist für ein derartiges System nicht handhabbar. Es kann eine Bewertung der Binnenzustände nur nach Maßgabe seiner Binnenzustände treffen. Ist damit aber noch eine Strukturierung von Zuständsveränderungen möglich, die ein derartige gebautes System auf Außenreize hin reagieren läßt oder internalisiert sich ein derartiges System?

Anlehnend am Formalismus von G. Palm (1981) können wir nun eine Funktion definieren, über die der Wert einer entsprechenden auf einen Außenreiz erfolgenden Reaktion des Netzes I bewertet werden kann. Eine entsprechende Funktion müßte eine Quantifizierung von Zustandsveränderungen ermöglichen, über die das System eine interne Bewertung von Veränderungen in I erreichen kann. In II bilden sich die Attraktoren $a_i$ mit Wahrscheinlichkeiten $q_i$ ab. Zwei Ereignisse $z_{i1}$, $z_{i2}$, die sich in I niederschlagen, sind dann gleich, wenn sie sich in II in dem gleichen Attraktor abbilden. Zur Kennzeichnung der Eindeutigkeit dieser Abbildung führte Palm (1981) den Wert der Evidenz ein. Als zusätzlichen Wert, der Aussagen über die Schärfe der Eindeutigkeit einer entsprechenden Abbildung, erlaubt wurde die 'surprise' eingeführt. Sie ist eine Art Evidenzfunktion für die Evidenz selbst. Die surprise gibt ein Maß für die Qualität der Antworten eines Systems. Sie bewertet die Streuung der Systemantworten.

Erhöhung der Evidenz bedingt also eine Eindeutigkeit des Antwortverhalten in II, erhöhte Surprise qualifiziert die Abbildung neuer Zustände von I in II. Damit ist es möglich, die Reaktion von II auf I zu quantifizieren. Das System besitzt insoweit eine interne Wichtungsfunktion, um eine Zustandsveränderung in I zu qualifizieren. Wir hätten damit Bewertungsfunktionen, über die ein interner Beobachter Ausagen über den Zustand von I erhalten kann. Damit wäre in einem rein internen Wichtungsvorgang eine etwaige Veränderung in I zu bewerten. Referenz für II bildet dabei der stochastische Erregungszustand in der Startphase des Systems. II kann über ihn die interne Charakteristik von I abbilden. Etwaige Änderungen dieser Abbildungscharakteristik sind für II als Variationen der Erregungstextur von I deutbar, die auf einer externen Stimulation von I beruhen.

Diese Überlegungen lassen sich nun in einem Modell überprüfen. Ausgangsbasis dieses Modell ist ein neuronales Netzwerk, das durch ein zweidimensionales Gitter charakterisiert ist, dessen Variablen nach deterministischen Regeln in diskreten Zeitschritten aktualisiert werden. Das qualitative Verhalten des Netzes ist unabhängig von der Zahl der gewählten Variablen stets gleich: nach einer Transientenphase erreicht das Netz einen zyklischen Zustand, d.h. nach jeweils L zusätzlichen Zeitschritten wiederholen sich die Werte aller Variablen, über die das Netz verfügt.

Die dynamische Beschreibung dieser Netzwerke erfordert statistische Methoden, etwa die Messung der Konfigurationen im Zustandsraum (Phasenraum) dieser Netze (Derrida 1987). Für stochastisch gewählte Anfangsbedingungen (Aktivitäts- und Erregungsverteilung) wird jeweils der dazugehörige dynamische Attraktor ermittelt, den das Netz über die Transientenphase erreicht. Jeder Attraktor $a_j$ erhält dann ein statistisches Gewicht $W_j$, das die Wahrscheinlichkeit für das Auftreten des Attraktors bei einer zufällig gewählten Anfangsverteilung beschreibt. Die Dynamik des Netzwerkes läßt sich also durch die Auflistung aller Attraktoren $a_j$ und ihrer Gewichte $W_j$ charakterisieren. Die Zustandszyklen können als die Antwort des Netzes auf einen Stimulus interpretiert werden, der durch die Anfangskonfiguration repräsentiert wird.

Als assoziatives System hat das Netz dabei keinen unmittelbaren externen Input, sondern wird durch die Wichtung eines externen Stimulus – Variation der Ausgangsbedingung in I – in eine veränderte Aktivitäts- und Erregungskonfiguration versetzt. Als Assoziationsprozeß wird hierbei die Transientendynamik betrachtet, d.h. einem ursprünglichen Zustand $m_i$ wird auf Grund der deterministischen Dynamik ein Attraktor $a_j$ zugeordnet. Die Dynamik entspricht dabei einer Mustererkennung und läßt sich als die Abbildung eines Musterraumes M auf die Menge der Attraktoren beschreiben. Die Klassifikation der Muster erfolgt dabei so, daß der Musterraum M in disjunkte Teilmengen zerlegt wird.

Assoziative Systeme wie der Cortex bestehen aus einer großen Zahl diskreter Module, die untereinander vernetzt sind. Die in einem Attraktor gespeicherte „Information" sollte also zwischen zwei verschiedenen Netzwerken übertragen werden können.

Als Modell für die Vernetzung von Modulen wird ein zweischichtiges Netzwerk betrachtet. Die Netzwerkschicht I wird durch eine stochastisch gewählte Anfangskonfiguration aktiviert, während die Schicht II zu Beginn ruht. Ein Teil der Aktivität in Schicht I wird durch Kopplung auf Schicht II übertragen. In Schicht I wird nach Ablauf der Transientenphase ein Attraktor $a_i$ aktiviert, der – dem Modell entsprechend – mehrfach durchlaufen wird, so daß sich darin enthaltene Aktivitätsmuster auf Schicht II übertragen können. Die Neuronen in Schicht I werden dann deaktiviert, so daß sich in der nunmehr ungestörten Schicht II ein Attraktor $b_j$ einstellen kann. Ein und derselbe Attraktior $a_i$ wird dabei über viele verschiedene Transienten ereicht, deren charakteristische Erregungsmuster verschiedene Attraktoren $b_j$ in II induzieren können.

Im Fall eines einschichtigen Netzwerkes faßt ein Attraktor mehrere verschiedene Muster $m_i$ zu einem gemeinsamen Output $a_i$ zusammen. Dieser Output kann zum Beispiel einer motorischen Reaktion auf einen Stimulus bei einem natürlichen System entsprechen. Die jeweils durch die Abbildung in $a_i$ bestimmte Teilmenge von Erregungszuständen in I definiert eine Gruppe von Stimuli, die für das Netz zu demselben Output führen. Diese Teilmengen werden im weiteren Ereignisse genannt.

Die Information eines Ereignisses $x$ hängt nach der klassischen Informationstheorie von der Wahrscheinlichkeit Q ab, mit der die Antwort auf einen Stimulus $x \, \varepsilon \, X$ erwartet wurde. Diese (subjektiven) Wahrscheinlichkeiten Q entsprechen im Netzwerk den Gewichten Wj der Attraktoren. Die tatsächliche Häufigkeit der beobachteten Objekte (Muster $m_i$ oder Attraktoren $a_i$ ) werden durch objektive Wahrscheinlichkeiten $p_i$ bestimmt. Die Häufigkeit dieser Eingaben bezieht sich dabei nicht auf die Häufigkeit realer Objekte der Außenwelt, sondern stellt eine Zählung gleichartiger Stimuli dar, die das assoziative System erreichen.

Ein Netzwerk, dessen Attraktorgewichte $W_j$ bekannt sind, und das stochastisch erregt wird, läßt sich als eine diskrete Nachrichtenquelle betrachten. Ein außenstehender Beobachter kennt die Wahrscheinlichkeiten $Q_j$, mit der die einzelnen Attraktoren $a_j$ auftreten, eine genaue Vorhersage über die Reihenfolge der Aktivierung ist jedoch nicht möglich. Es ist also sinnvoll, analog der klassischen Informationstheorie ein Maß für die Unsicherheit über den Informationsfluß der diskreten Nachrichtenquelle zu suchen. Dieses Maß sollte eine kontinuierliche Funktion H der Wahrscheinlichkeiten $Q_j$ sein, die folgende Eigenschaften aufweist:

1.  Sind alle $Q_j$ gleich, sollte H eine monoton wachsende Funktion von der Anzahl n der Attraktoren der Nachrichtenquelle sein.

2.  Wird die Unsicherheit in dem zweistufigen Prozeß ermittelt, z.B. wenn zuerst geprüft wird, ob der Attraktor $a_i$ aufgetreten ist, sollte sich die resultierende Unsicherheit H als gewichtete Summe der Einzelresultate darstellen lassen. Demnach kann jedem Attraktor ein Informationsmaß zugeordnet werden, Ein Muster $m_i$, das im Netzwerk durch den Attraktior $a_i$ repräsentiert wird, d.h. das zu der Teilmenge X gehört, die mit der Wahrscheinlichkeit $Q(X)= Q_j$ gewichtet wird, erhält dann den Informationswert (-log $Q_j$). Bei der Berechnung der mittleren Information der Menge der Muster M sind nun die Wahrscheinlichkeiten $p_j$ zu berücksichtigen, mit der die Muster $m_i$ auftreten. Dabei sind demnach Parameter aus zwei Wahrscheinlichkeitsräumen zu berücksichtigen. Insoweit bildet sich ein Ereignis nicht einfach im Zustandsraum eines Systems ab sondern diese Abbildung wird ihrerseits in einen Zustandsraum des Systems geplottet. Die interne Wichtung des Systems „ereignet" sich demnach nach Maßgabe der Binnencharakteristik des Systems. Die damit bedingte Variation des Eingangssignals ist demnach nicht eine einfache Störung im Sinne der Shannonschen Informationstheorie, sondern dieser interne Abgleich ersetzt eine externe, systemintrinisch nicht zu rekonstruierende Wertung des Systemzustandes

Reicht dieser Formalismus zu, um etwaige Zustandsveränderungen in I durch II zu erfassen und gleichartige Zustände in I zu definieren?

Die Netzwerkschichten I und II verfügen über zwei verschiedene Attraktormengen A und B. Ein Attraktor $a_i \in$ A aus Schicht I kann als Output dieser Netzwerkschicht, als Reaktion auf einen Stimulus verstanden werden. Die in Schicht I aktivierten Neuronen bewirken eine Reizung der Neuronen in Schicht II. Die Reizung wird im Modell – wie schon beschrieben – für eine bestimmte Zeitdauer fortgeführt (Induktionsphase). In Anschluß an diese Phase wird die Netzwerkschicht I als ruhend betrachtet, so daß nur noch die ungestörte Schicht II vorliegt (Read-out-Phase). Der resultierende Attraktor $b_j$ aus II kann als Antwort der Schicht II auf den Input durch Schicht I betrachtet werden.

Eine häufige Wiederholung dieses Experimentes führt zur Messung von Korrelationen zwischen den Attraktormengen A und B. Damit wird die Wahrscheinlichkeit $R_{ij}$ bestimmt mit der auf eine Aktivierung des Attraktors $a_i$ in Schicht I eine Aktivierung des Attraktors $b_j$ in Schicht II erfolgt.

Die Wahlfunktionen, über die sich bestimmte Zustände in I an die Attraktoren $b_j$ in II koppeln, sind hierbei zum einen von den statistischen Gewichten der Attraktoren in I, zum anderen aber von den internen Wichtungen der Attraktoren $b_j$ in II abhängig. Messungen zeigen die Wahrscheinlichkeiten $R_{ij}$, mit der ein Attraktor $b_j$ in II durch eine Menge von Attraktoren $a_i$ angeregt wird. Abweichungen von dieser Wahrscheinlichkeit, die durch stimulusinduzierte Veränderungen in A verursacht werden, lassen sich registrieren. Der Wert der Evidenz erlaubt eine Skalierung, in der die Abbildungseigenschaft einer Matrix bewertet werden kann. Die Information, die $b_j$ aus $a_j$ gewinnt entspricht:

$$p_i \, R_{ij} \, \log Q_j.$$

Die informationstragenden Größen leiten sich dabei aus den Attraktorgewichten des betrachteten dynamischen Systems ab.

Die Übergangswahrscheinlichkeiten in den Attraktorenkopplungen des zweischichtigen neuronalen Netzwerkes hängen von den Abständen der Attraktoren $a_i$ aus I und $b_j$ in II ab. Eine physikalische Beschreibung der Übergangswahrscheinlichkeiten erlaubt demnach eine Charakterisierung der Abbildungseigenschaften eines zweischichtigen Netzwerkes. Zustandsveränderungen in I induzieren in Abhängigkeit von der Kopplungswahrscheinlichkeit in II Variationen in der Summe der Wahrscheinlichkeiten des Auftretens von Attraktoren in II, die sich über die Größen Surprise und Evidenz charakterisieren lassen.

Variable und konstante Bedingungen von I sind demnach in II charakterisierbar. Die innere Repräsentation definiert sich demnach als Abbildungsbezug zwischen den Netzwerkebenen. In einem weiteren Schritt sind nun lokale Verschiebungen in der Konnektivität in ein solches System einzufügen. Damit variiert das Antwortverhalten in der entsprechenden Schichtzuordnung. Optimale Abbildungsqualitäten lassen sich durch Optimierung der Surprise- und Evidenzwerte in II erreichen. Damit ergibt sich die Möglichkeit, entsprechene Systeme durch Evolution oder über Lernregel zu optimieren und entsprechend die Abbildungseigenschaften derartiger Systeme zu verbessern.

Entwicklungsbiologische Daten zeigen, daß sich die synaptischen Verbindungen im embryonalen Hirn zunächst auf stochastische Weise, strukturiert durch die repetitiv angelegten Muster von Zellgrundgestalten, anlegen, und sich die definitiven Bahncharakteristika erst sekundär aus diesem Grundgefüge möglicher Verbindungsbahnen herausschneiden. Insoweit ist es sinnvoll, zwischen primär endogen, d.h. entwicklungsbedingten Variationen der Verknüpfungscharakteristika der Neuronen und den außenreizinduzierten Veränderungen in der synaptischen Gewichtung, und entsprechend die – durch Optimalitätskriterien geleitete – Evolution eines Systems von dessen Tuning über Lernregeln zu unterscheiden (Toulouse et al. 1986; Kerszberg et al. 1992).

Die interne Repräsentation der stimulusinduzierten Erregungsveränderungen in I erfolgt nach Maßgabe zweier Wahrscheinlichkeitswerte: der Wahrscheinlichkeit einer Kopplung von I und II und der subjektiven Wahrscheinlichkeit in II selbst.

Die Wahrscheinlichkeit der Kopplung der Erregungszustände in I und in II ist dabei allerdings von den Wahrscheinlichkeiten der Attraktorverteilung in I abhängig; ein etwaiger Stimulus wird die Transientencharakteristik in I verändern, und variiert damit ggf. die Wahrscheinlichkeit für das Auftreten der Attraktoren in I . II „sieht" allerdings nicht auf diese internen Wahrscheinlichkeiten in I, diese werden ihm nur als Variation der Kopplungsfunktion an I bewertbar. Diese Bewertung vollzieht sich in einer Variation der inneren Wahrscheinlichkeiten in II. II „sieht" allein diese, seine innere Wahrscheinlichkeit; Variationen dieser Wahrscheinlichkeit sind die internen Manifestationen eines über I nach II vermittelten Außenreizes. Verschiebungen in der Eingabe in I werden demnach in II gewichtet. Zwei sich in I abbildende Ereignisse a und b sind dann gleich wenn sie sich in II in einer gleichen Attraktorencharakteristik – ohne Variation der inneren Wahrscheinlichkeit – manifestieren. Hier zeigt sich denn auch eine kategorialisierende Funktion: Die Erregungsvariationen im vorgeordneten Modul werden nach Maßgabe der intrinsischen Erregungscharakteristik bewertet.

Die Bewertungsfunktionen für ein Ereignis $z$ in II sind also primär binnenbestimmt. Das bedeutet nun, daß sich eine durch $z$ verursachte Veränderung der Erregungsfolgen in I zwar in II abbildet, hierbei jedoch nach den internen Charakteristika der von dem Input in I entkoppelten Schicht des neuronalen Netzes verändert wird.

Genau dies ermöglicht es II, differente Erregungscharakteristika in I zu wichten. Die Wichtung erfolgt letzthin über die Wahrscheinlichkeitsmatrix R. Das Ereignis $z$ ist II nicht bekannt. II registriert nur die Variationen in I, die nun nach Maßgabe der I-intrinsischen Verrechnungseigenheiten zu einer Umwichtung in $b_j$ führen oder nicht. Das bedeutet, daß die Abbildung von I nach II eindeutig, aber eben nicht umkehrbar ist; erst in II werden die Ordnungsstrukturen definiert, die nun eine Zuordung verschiedener zi erlauben. Eine Reaktionsveränderung zi in I entspricht genau dann einem zweiten Ereignis $zk$ , wenn die beiden sich in einem gleichen Set von $b_j$ niederschlagen. In II werden demnach die Inputsituationen in I einander zugeordnet. In II formulieren sich damit die Kategorien, an Hand derer die Erregungseingaben zu ordnen sind.

Stabilität der Erregungsdynamik wäre in diesem Sinne als qualitative Erhaltung versus qualitative Zustandsübergänge zu verstehen, wobei zur Analyse dieser Zustandsübergänge beispielsweise die Katastrophentheorie von R. Thom zur Verfügung stände (Thom 1972; Arnold 1984). Dies ist abzugrenzen vom Stabilitätsbegriff der insensitiven Abhängigkeit von Anfangsbedingungen versus chaotisches Systemverhalten.

Ein derart parallel verarbeitendes System schafft sich somit eine innere Repräsentation, die als Referenz für eine dann ansetzende Ausgabefunktion oder ggf. auch weitere Klassifizierungsschritte genutzt werden kann. Wahrnehmung läßt sich demnach nicht im Sinne der klassischen Informationstheorie als eine einfache Repräsentation von Reizeingabebedingungen fassen. Vielmehr definiert sich ein derart operierendes System seine Ordnungskategorien, nach denen es etwaige Eingangsfunktionen definiert, nach Maßgabe seiner internen Dynamik.

Hierbei erwachsen aber nicht nur distinkte Ordnungseinheiten. Vielmehr folgert aus der Darstellung der interen Dynamik eines derartigen Systems auch die Existenz von Relationen zwischen den gewonnenen Ordnungskategorien. Einzelne Attraktoren könne sich völlig distinkt verhalten oder sich in ihren Einzugsbereichen überlappen. Aus diesem Verhalten der Attraktoren zueinander folgern Ordnungsstrukturen in der Zuordnung der durch diese Attraktoren definierten Ordnungsfunktionen. Es ergeben sich distinkte Abbildungen von inneren Repräsentationen oder Teilüberlagerungen etwaiger Repräsentationen, die sich insoweit in Grenzbereichen ineinander überführen. Die Art der Abhängigkeit der Attraktoren zueinander definiert damit ein erstes Relationsgefüge, das Schichtungen zwischen einzelnen Attraktoren darzustellen erlaubt. Das System generiert damit erste Momente einer inneren Logik.

In dem angedeuteten qualitativen Sinne fassen wir das Gefüge der Attraktoren und Transienten eines parallelverarbeitenden Systems als den internen Repräsentations- und Kategorialisierungsmechanismus dieses Systems auf. Dies hat einige gravierende Konsequenzen: Beipielsweise können in dieser Betrachtungsweise physikalisch identisch realisierte Systeme interne Bedeutungen durch ganz verschiedene derartige Gefüge kodieren. Der Repräsentationsmechanismus ist jeweils individuell und nicht aus der Verteilung der Eingangsreize ableitbar. Das System strukturiert die erhaltene Information nach seinen eigenen Kriterien. Trotzdem bedeutet dies keineswegs, daß dieses Gefüge nicht mit allgemeinen Methoden analysierbar ist. Qualitative Relationen zwischen den Attraktoren und Transienten können durch algebraische Invarianten analysiert, klassifiziert und im jeweiligen Fall prognostiziert werden (Milnor 1963; Spanier 1966; Smoller 1983; Jost 1995). Im Sinne dieser Invarianten bleibt dann trotz möglicherweise drastischer und umfassender quantitativer Änderungen des internen Zustandes die Identität des Systems gewahrt. Diese Identität des Systems wird also keinesfalls durch eine gleichbleibende physikalische Realisierung des Gehirns als einer Ansammlung einer über längere Zeiträume erhaltenen Menge von Neuronen, sondern durch invariante interne qualitative Beziehungen bestimmt, die sich zwar in den Neuronen realisieren, sich aber nicht in einem topologisch definierten Set individueller Nervenzellen fixieren.

Damit folgt für die 'performance' eines derartigen Wahrnehmungssystems folgender Aufbau: Ein Ereignis $x$ induziert eine Veränderung im Erregungsgefüge eines primären „sensorischen" Moduls S. Schon dort wird aber das Ereignis $x$ nach Maßgabe der Binnendynamik dieses Moduls verrechnet. Eine Bewertung der Ansprecheigenschaften von S erfolgt auf der Ebene eines nachgeschalteten Moduls, in dem die primär induzierten Variationen der Attraktorenlandschaft in S in die Attraktorenlandschaft dieses nachgeordneten Moduls N abgebildet werden. Die Art der Projektion von S auf N erstellt Ordnungskategorien, in denen sich das intern definierte Reizrepräsentationsgefüge fängt. Die hierbei aufzuzeigende Ordnung definiert zugleich eine Hierarchie von Wechselwirkungen in den einzelnen Teilzuständen des Systems.

Eine Abbildung in einem Attraktorengefüge kann mit einer Latenz $l$ anliegende Attraktoren koaktivieren und so über die primäre Abbildung ein ganzes Gefüge von Erregungen freisetzen. Die Beschreibung des Verhaltens eines derartigen parallel operierenden Modells rückt in große Nähe zu der Darstellung der kognitiven Aktivitätsmuster, wie sie James Mill im Anfang des vorigen Jahrhunderts formulierte.

Der Außenreiz war ihm nurmehr der Anlaß einer Wahrnehmung, die nach Maßgabe des wahrnehmenden Organes kodiert werde. „There is the organ, there is the antecedent of the sensation, the external object, as it is commonly denominated, to which the sensations is referred as an effect of its cause" (Mill 1869: 8f). Wahrnehmungszustände zeichnen sich demnach dadurch aus, daß sie an eine externe Referenz gebunden sind. Jedoch – fährt Mill fort – „by the absence of their objects, something remains." (Mill 1869: 51). Diese sich bildenden Spuren der „sensations" entsprechen nach Mill den Ideen, „a class of feelings distinct from the sensation" (Mill 1869: 52) Diese „sensations and ideas, which are essential to some of the most important operations of our minds, serve only as antecedents to more important consequents" (Mill 1869: 103). Ihre Assoziation bilde ganze Ideenzüge, in deren Aufweis sich die innere Sprache rekonstruieren lasse, in denen sich die Welt fängt, die wir zu sehen meinen. Diese Welt ist durch die internen Vorgaben des beobachtenden Systems strukturiert.

Die Brücke eines derart binnenbestimmten Systems nach außen ist schmal. Die Qualität einer Empfindung sagt zunächst nurmehr, daß ein externes Referenzobjekt für die innere Erregung existiert. Die Qualifizierung dieses Objektes ist allerdings Resultat der inneren Ordnungsstrukturen, in die eine entsprechende Objektwahrnehmung eingewoben wird. Die Struktur einer derartigen Weltsicht ist aus den internen Operationen des sich auf Grund dieser Außenreferenz organisierenden Systems zu erklären.

Eine Analyse des Wahrnehmens führt demnach zu einer Analyse dieser internen Kodierung von Ordnungsfunktionen. Unsere These ist, daß sich die Regeln einer entsprechenden Kodierung in der neuronalen Struktur etablieren. Einen ersten Zugang zum Verständnis der Repräsentation von Welt in einem derart assoziativen Gewebe haben wir hier skizziert. Die Analyse hat allerdings weiter die Strukturierungsfunktionen von internen Repräsentationen aufzudecken und zu zeigen, inwieweit sich in der Selbstorganisation der inneren Repräsentation auch eine innere Logik der Zuordnung etwaiger Abbildungszustände bildet. Erste Konturen eines entsprechenden Versuchs, die die Kategorialisierung von Wahrnehmungsgefügen als Resultat einer internen Repräsentation der Dynamik eines assoziativen Systems skizzierten, wurden dargestellt. Die Regularitäten in dem Verhältnis der Attraktoren, der Effekt einer über eine zweite Schicht hinausführenden Abbildung von Binnenstruktureigenschaften eines neuronalen Systems bleiben allerdings noch aufzuweisen. Die sich in diesem Entwurf abzeichende Neurosemantik scheint allerdings in einer physikalischen Sprache, in der Charakterisierung der Verrechungseigenschaften eines derartig assoziativen Systems beschreibbar zu sein. Hierbei war zunächst zu zeigen, daß derartig assoziative Systeme die Außenwelt nicht einfach abbilden, sondern vielmehr ihre Welt nach Maßgabe der internen Dynamik ihres Verrechungsgefüges strukturieren.

## Literatur

Abeles, M. (1982) Local Cortical Circuits. An Electrophysiological Study. Berlin.

Abeles, M. (1991) Corticonics. Neural Circuits in the Cerebral Cortex. Cambridge, U.K..

Aertsen, Ad (1993) Dynamic coupling in cortical neural networks. In: Gielen, S., Kappen, B. (Hrsg.) Proceedings of the International Conference on Artificial Neural Networks – ICANN '93. Berlin, S.3-10.

Anninos, P.A. (1972) Cyclic modes in artificial neural nets. Biol. Cybern. 11: 5-14.

Arnold, V.I. (1984) Catastrophe Theory. Berlin.

Ash, R. (1967) Information Theory. New York.

Barlow, H.B. (1972) Single units and sensation: A neuron doctrine for perceptual psychology? Perception 1: 317-394.

Braitenberg, V. (1978) Cell asemblies in the cerebral cortex. In: Heim, R., Palm, G. (Hrsg.) Theoretical Approaches to Complex Systems. Lecture Notes in Biomathematics 21. Berlin S. 171-188.

Braitenberg, V., Schüz, A. (1991) Anatomy of the Cortex. Statistics and Geometry. Berlin.

Breidbach, O. (1993) Expeditionen ins Innere des Kopfes. Von Nervenzellen, Geist und Seele. Stuttgart.

Breidbach, O. (1995) Innere Repräsentationen. In: Fehr, M. (Hrsg.) Platons Höhle. Hagen, im Druck.

Cajal, S. Ramón y (1908) Studien über die Hirnrinde des Menschen. vergleichende Strukturbeschreibung und Histogenesis der Hirnrinde. Anatomisch- physiologische Betrachtungen über das Gehirn. Struktur der Nervenzellen des Gehirns. Leipzig.

Cajal, S. Ramón y (1911) Histologie du Système Nerveux de l'Homme et des Vertébrés. Consejo superior de inverstigaciones cientificas. Instituto Ramon y Cajal. Madrid 1972.

Carpenter, W.B. (1846) Principles of Human Physiology. [3]London.

Conley, C.C. (1978) Isolated Invariant Sites and the Morse Index. CBMS Reg. Conf. Ser. Math. 38. Providence.

Creutzfeld, O. D. (1983) Cortex Cerebri. Berlin.

Derrida, B. (1987) Valleys and overlaps in Kauffman«s model. Philosophical Magazine B 56: 917-923.

Florey, E., Breidbach, O. (1993) Das Gehirn – Organ der Seele? Zur Ideengeschichte der Neurobiologie. Berlin.

Harth, E.M., Csermely, T.J., Beek, B., Lindsay, R.D. (1970) Brain Functions and neural dynamics. J. Theoret. Biol. 26: 93-120.

Holthausen, K., Bode, M., Breidbach, O. (1992) Evolution of restricted parameter constellations in artificial neuronal networks – entropy and coupling charactersitics. Proc. 20$^{th}$ Göttingen Neurobiol. Conf.. Stuttgart, S. 738.

Holthausen, K., Bode, M., Breidbach, O. (1993) Dynamical phase transitions in time-summating neural networks. Proc. 21th Göttingen Neurobiol. Conf.. Stuttgart, S. 880.

Hubel D.H. (1982) Exploration of the primary visual cortex, 1955-78. Nature 299: 515-524.

Jost, J. (1995) Riemannian Geometry and Geometric Analysis. Berlin.

Kerszberg, M., Dehaene, S., Changeux, J.-P. (1992) Stabilization of complex input-output functions in neural clusters formed by synapse selection. Neural Networks 5: 403-413.

Knudsen, E.I., Konishi, M. (1978) A neural map of auditory space in the owl. Science 200: 795-797.

Krüger, J. (1983) Simultaneous individual recordings from many cerebral neurons: techniques and results. Rev. Physiol. Biochem. Pharmacol. 98: 177-233.

Kürten, K.E. (1988) Critical phenomena in model neural networks. Physics Letters A 129: 157-160.

Kürten, K.E. (1989) Dynamical phase transitions in short-ranged and long-ranged neuronal network models. J. Phys. France 50: 2313-2323.

Legéndy, C.R. (1975) Three principals of brain function and structure. Intern. J. Neuroscience 6: 237-254.

Linsker, R. (1988) Self-organization in a perceptual network. IEEE Computer 21: 105 – 117.

Mill, J. (1869) Analysis of the Phenomenon of the Human Mind. 2London.

Milnor, J. (1963) Morse Theory. Princeton.

MacGregor, R.J. (1993) Composite cortical networks as systems of multimodal oscillators. Biol. Cybern. 69: 243-255.

Monakow, C.v. (1914) Die Lokalisation im Grosshirn und der Abbau der Funktion durch kortikale Herde. Wiesbaden.

Mountcastle, V.B. ( 1979) An organizing principle for cerebral function. In: Schmitt, F.O., Worden, F.G. (Hrsg. ) The Neurosciences fourth Study Program. Cambridge, Mass., S. 21-43..

Ojemann, G.A. (1990) Organization of language cortex derived from inverstigations during neurosurgery. Seminars in the Neurosciences 2: 297-306.

Ojemann, G.A. (1991) Cortical organization of language. J. Neuroscience 11: 2281-2287.

Palm, G. (1981) Evidence, information, and surprise. Biol. Cybern. 42: 57-68.

Palm, G. (1982) Neural Assemblies. An Alternative Approach to Artificial Intelligence. Berlin.

Pfaffelhuber, E. (1972) Learning and information theory. Int. J. Neurosci. 3: 83-88.

Rabinowitz, P.M. (1986) Minimax Methods In Critical Point Theory with Applications to Differential Equations. CBMS Reg. Conf. Ser. Math. 65. Providence.

Schüz, A. (1992) Randomness and constraints in the cortical neuropil. In: Aertsen A., Braitenberg, V (hrsg.) Information Processing in the Cortex: Experiments and Theory. Berlin, S. 3-21.

Shannon, CE, Weaver, W. (1976) Mathematische Grundlagen der Informationstheorie. München und Wien.

Shepherd, G.M. (1988) Neurobiology. New York und Oxford.

Skarda, C.A., Freeman, W.J. (1987) How brain makes chaos in order to make sense of the world. Behavioral and Brain Sciences 10: 161-195.

Smoller, J, (1983) Shock Waves and Reaction-Diffusion Equations. New York, Heidelberg, Berlin.

Spanier, E.H. (1966) Algebraic Topology. New York.

Swindale, N.V. (1990) Is the cerebral cortex modular? TINS 13: 487-492.

Szentagothai, J. (1975) The 'module-concept«in cerebral cortex architecture. Brain Res. 95: 475-496.

Thom, R. (1972) Stabilité structurelle et morphogénèse. Reading, Mass..

Toulouse, G., Dehaene, S., Changeux, J.-P. (1986) Spin glass model of learning by selection. Proc. Natl. Aad. Sci. USA 83: 1695-1698.

Wiener, N. (1968) Kybernetik. Reinbek.

Zeki, S., Shipp, S. (1989) Modular connections between areas V2 and V4 of macaque monkey visual cortex. Eur. J. Neurosci. 1: 494-506

# Hinter den Spiegeln des Repräsentationismus

*Martin Kurthen*

## 1. Alternative zu was?

Eine Alternative zum Repräsentationismus suchen wir nur, wenn wir mit dem Repräsentationismus selbst unzufrieden sind. M.a.W.: wir haben den Eindruck, daß „Repräsentation" als Konstrukt innerhalb der Kognitionstheorie nicht das leistet, was es leisten sollte. Was also sollte es leisten, und warum scheitert das Konstrukt? Um dies zu beantworten, muß zunächst geklärt werden, was „Repräsentation" überhaupt sein soll. Es gibt einen trivialen und harmlosen Sinn von „Repräsentation", der hier nicht das Ziel irgendeiner Kritik sein wird. Er findet sich z.B. bei Roitblat (1982: 354): „After an experience has ceased, some change must endure to mediate subsequent effects of that experience: That change, whatever its form or substance, is what is meant ...by a representation." Wenn das Verhalten eines Organismus *nach* einer bestimmten Erfahrung anders ist als *vorher*, dann soll diese Verhaltensänderung auf eine andere Veränderung zurückzuführen sein, naheliegenderweise auf eine Veränderung im Organismus, die dann als „Repräsentation" bezeichnet wird. Abgesehen davon, daß der Ausdruck „Repräsentation" irreführend ist, solange nicht klar wird, von welcher Art diese „andere Veränderung" sein kann, ist die hier waltende Vorstellung trivial und harmlos. Eigentlich wird ja nur gesagt: es hat sich etwas am Verhalten verändert, also hat sich etwas am Organismus verändert. Da kann ich zustimmen, denn für mich ist das Verhalten auch etwas am Organismus. Aber ernsthaft: der Repräsentationsbegriff wird erst verfänglich, wenn er etwas stärker mit problematischen Zusatzbedeutungen aufgeladen ist. Dazu gehört die Vorstellung von einer geordneten Wiedergegenwärtigung: wenn Re-Präsentation statthat, dann wird etwas, das an anderer Stelle (wahrscheinlich an seinem ursprünglichen Ort) bereits irgendwie präsent war, wieder (also nachträglich und noch einmal) gegenwärtig an der repräsentierenden Stelle. Die Art und Weise, in der wiedergegenwärtigt wird, bewahrt eine bestimmte Information über das Präsentierte – das ist das „Geordnete" an der Repräsentation, meist verwirklicht in einer wie auch immer gearteteten Kartierungsbeziehung, s. Roitblat (1982: 353f). Denn zum einen wird nur mittels einer solchen Bewahrung die Repräsentation *als Wiedergegenwärtigung des Präsentats kenntlich,* zum anderen kann die Repräsentation ohne diese Bewahrung nicht die ihr zugeschriebene Rolle in den kognitiven Prozessen des Organismus wahrnehmen. Die kognitive Rolle der Repräsentation ist aber, vereinfacht gesagt, die: die Aktivität der Repräsentation im kognitiven System ist schuld daran, daß das System sich so verhält, als ob es über das Präsentat etwas wüßte. Ein Verhalten, das dem Außenstehenden als abhängig von Informationen über das Präsentat erscheint, ist faktisch (also im kognitiven System selbst) hervorgebracht von der Repräsentation dieses Präsentats (s. Newell 1980). – Was sollen nun solche Repräsentationen (als Konstrukte) leisten? Hier kommt es im folgenden nur auf eines an: mittels der „Repräsentation" soll die *Intentionalität* kognitiver Systeme erklärt werden. Intentionalität ist das Verfügen über intentionale Zustände wie Meinungen, Wünsche etc. Intentionale Zustände sind charakterisiert durch einen semantischen Gehalt, der in Form eines Satzes ausgedrückt werden kann (z.B. „Es wird regnen") plus eine bestimmte Einstellung des Subjekts dieses Zustandes zu jenem Inhalt (eben die des Meinens, Wünschens, Befürchtens etc.). Intentionale Zustände sollen repräsentational sein, d.h. wir als Außenstehende sollen intelligentes Verhalten mittels der Zuschreibung von intentionalen Zuständen erklären können. Wir sagen z.B. „Sie nimmt den Regenschirm aus dem Schirmständer, weil sie befürchtet, es werde regnen". Ihr Verhalten ist eine Funktion von Information über die mögliche Gestaltung des Wetters, und schuld an diesem Verhalten ist ein repräsentationaler intentionaler Zustand in ihr. Wenn wir nun noch annehmen, daß wir als Außenstehende nicht nur Alltagsmenschen sind, sondern auch Kognitionswissenschaftler, die eine wissenschaftliche Erklärung suchen, dann sind wir schon nahe bei dem, was man als Repräsentationale Theorie des Geistes (RTG) bezeichnen kann (paradigmatisch: Fodor 1987, Pylyshyn 1984, Newell 1980), bei der Auffassung also, daß die zunächst alltagspsychologischen „intentionalen Zustände" auch in einer wissenschaftlichen Theorie intelligenten Verhaltens, die Kognition als Verrechnen symbolischer Repräsentationen begreift, überlebt haben werden. Wozu ich nun eine Alternative suche, ist eben die These, daß die Repräsentationalität uns hilft, die Intentionalität zu verstehen (um es vorwegzunehmen: mir scheint, daß vielmehr die Intentionalität uns hilft, die Repräsentationalität zu verstehen). Dabei geht es mir nicht darum zu zeigen, daß es Repräsentationen „nicht gibt" (dies wäre auch eine anti-repräsentationistische These). Was „es gibt", ist Gegenstand der Ontologie, und ich werde mich hier nicht an die Frage wagen, was es überhaupt heißen mag, daß es „etwas gibt" (geschweige denn daß es Repräsentationen gibt). Mir geht es um Theorienbildung in einer empirischen Wissenschaft (der Kognitionswissenschaft), genauer gesagt um die Frage: wie kann man intentionales Verhalten kognitiver Systeme erklären, wenn nicht im Rückgriff auf Repräsentationen? Dabei ist noch zu beachten, daß „repräsentationistische Erklärung von Intentionalität" mindestens zweierlei bedeuten kann. Zum einen kann man versuchen zu zeigen, wie – d.h. aufgrund welcher Eigenschaften und Beziehungen – bestimmte Elemente eines repräsentationalen Systems auch bestimmten intentionalen Gehalten zugeordnet werden können. Zum anderen kann man sich fragen, wie *überhaupt* Intentionalität als Repräsentationalität erklärt werden kann. Ersteres wäre eine Theorie des intentionalen *Erfolgs* oder Gelingens (s. Bogdan 1989 für einen ähnlichen Gedankengang), letzteres wäre die Frage nach der *Intentionalität selbst*. Intentionaler Erfolg wird wahrscheinlich schon in einer Beschreibung der funktionalen Architektur eines repräsentationalen Systems in Beziehung zu seiner Umwelt erklärbar (womöglich unter Berücksichtigung bestimmter Entwicklungsaspekte), während Intentionalität selbst nur durchsichtig wird, wenn man eine repräsentationistische *Bedeutungstheorie* anbieten kann. – Mir geht es hier um eine Theorie der Intentionalität selbst, und ich erwähne die Differenz von Intentionalität und intentionalem Erfolg hauptsächlich zur Sensibilisierung für Versuche, eine Theorie des intentionalen Erfolgs als eine Theorie der Intentionalität zu verkaufen (s. Bogdan 1989 über Fodor 1987). Da muß man also auf der Hut sein.


## 2. Repräsentationismus ist out

Nun ist nicht schon im vorhinein entschieden, daß Intentionalität nicht als Repräsentationalität erklärt werden kann. Ich habe an anderer Stelle (Kurthen 1992) ausführlich erklärt, warum ich den Repräsentationismus für unzureichend halte. Da es in diesem Artikel aber weniger um die Kritik am Repräsentationismus geht als vielmehr um einen alternativen -ismus, möchte ich mich hierzu kurz fassen. Zum einen kann man auf *interne* Probleme des dogmatischen Repräsentationismus – etwa bei Fodor (1987) – hinweisen und argumentieren, Repräsentationalität allein reiche nicht aus zur Erklärung von Semantizität (s. Cummins 1989 und Kurthen 1992: 128-144). Wenn Intentionalität im Kern Semantizität ist, dann muß eine repräsentationistische Theorie der Intentionalität eine Erklärung der Bedeutungshaftigkeit der repräsentationalen Items enthalten: irgendwo in der Theorie muß auch eine *Bedeutungs*theorie für das postulierte repräsentationale System vorkommen. Fodor (1987) hat dies Problem gesehen und versucht, eine kausale Bedeutungstheorie zu formulieren, die mit den sonstigen Thesen der Repräsentationalen Theorie des Geistes harmoniert. Ganz kurz gesagt, nimmt er an, daß Symboltypen in der Sprache des Geistes (also dem mentalen repräsentationalen Träger) diejenige Eigenschaft ausdrücken, deren Instantiierungen zuverlässig die Vorkommnisse des mentalen Symbols verursachen. Es gibt aber Hinweise darauf, daß ein solches Vorgehen in ein Dilemma führt: entweder wird eine volle Bedeutung mentaler Symbole nur gewonnen, wenn Aspekte der Repräsenationalen Theorie des Geistes wiederum vorausgesetzt werden. Dies ist aber unzulässig, da die kausale Theorie des Gehalts die RTG überhaupt erst plausibel machen soll. Oder man vermeidet diese Zirkularität um den Preis eines Steckenbleibens auf halbem Wege dergestalt, daß nicht ein bedeutungsvolles Symbol, sondern nur ein protosemantischer „psychophysischer Begriff" erreicht wird. Die Argumentation ist dort im einzelnen recht verwickelt (s. Fodor 1987: 120-122, Kurthen 1992: 129-140, Cummins 1989: 59-66), daher muß hier ein grobes Nachzeichnen genügen: Fodor nimmt an, daß ein Symbol – etwa eine mentale Pferd-Repräsentation – eine Eigenschaft ausdrückt – etwa die Eigenschaft, ein Pferd zu sein – wenn alle Verkörperungen dieser Eigenschaft –

also alle Pferde – und nur die Verkörperungen dieser Eigenschaft Vorkommnisse des Symbols verursachen. Fehlrepräsentationen wie z.B. Kuh-verursachte Pferd-Repräsentationen sind asymmetrisch abhängig von der kausalen Verbindung zwischen Pferden und Pferd-Repräsentationen (d.h. die Fehlrepräsentation ereignet sich nur vermöge der vorbestehenden Verbindung in der gelungenen Repräsentation, aber nicht umgekehrt). Mißlingende Pferd-zu-Pferdrepräsentation-Verbindungen sind dadurch zu erklären, daß nicht die optimalen psychophysischen Bedingungen des Evozierens einer Pferdrepräsentation vorlagen. Dabei ergibt sich allerdings das Problem, daß eine solche psychophysische Spezifizierung immer nur auf Wahrnehmungsvorkommnisse aber nicht das Vorkommen begrifflicher Aktualisierungen garantieren kann. Die Pferde-Bedingungen legen vielleicht fest, ob ein Pferd sehe, aber nicht, ob ich das Pferd auch *als* Pferd sehe, also den Begriff „Pferd" appliziere. Man gelangt so nur zum „psychophysischen Begriff", also zu einer isolierten Pferd-Repräsentation in einer geistigen belief box, deren Aktualisierung nicht unser intentionales Verhalten erklären kann (wir werden ein Pferd nur dann satteln, wenn wir es *als* Pferd erkannt haben). Der psychophysische Begriff gelangt nicht über die Schwelle des zu erklärenden vollwertigen Kognizierens. Aber dieses volle Kognizieren mit einem mentalen Korrelat des Begriffs „Pferd" setzt die Existenz eines Systems von bedeutungshaften Repräsentationen schon voraus (s. Cummins 1989: 65): gemäß der RTG erkennen wir das Pferd als Pferd dadurch, daß wir *auf der Grundlage von* repräsentiertem und natürlich semantisch charakterisierbarem Wissen das Pferd-Vorkommnis in der belief box in die richtigen Inferenzen einbauen. Dann ist aber die Theorie des Gehalts zirkulär (s. Kurthen 1992: 138). – Im Unterschied zu einer solchen internen Kritik kann aber auch ein Blick von *außerhalb* der ganzen analytischen Diskussion Hinweise auf die Gründe des Scheiterns des Repräsentationismus geben. Denn vielleicht ist es nicht die explanatorische Armut des Repräsentationismus, die eine volle Erklärung der Semantizität vereitelt; vielleicht sind es verfehlte Grundannahmen, auf denen der Repräsentationismus selbst nur „reitet". Ein solcher Punkt „außerhalb" ist z.B. die Heideggersche Daseinsanalyse im frühen (1927) Hauptwerk „Sein und Zeit" (Heidegger 1976). Dort hatte Heidegger die Vorstellung einer primären Getrenntheit und Konfrontation von Welt und kognitivem System (bzw. Subjekt) als eine späte – moderne – Verkennung und Verstellung der ursprünglichen Einheit von verständigem Seiendem und Welt im In-der-Welt-sein interpretiert (s. hierzu ausführlich Kurthen 1992 und Kurthen 1994). Im In-der-Welt-sein steht verständiges Seiendes nicht in einer *Relation* (des In-seins) zur Welt; In-der-Welt-sein ist vielmehr ein Konstitutivum des Verständig-Seienden dergestalt, daß Welt als eine *Weise* des Verständig-Seienden aufgefaßt wird, *von etwas angegangen zu werden* (die „Bewandtnis"). Das in einer Bewandtnisganzheit situierte primordiale Verstehen denkt Heidegger als eine Praxis, in der Welt und verständiges Seiendes überhaupt noch nicht auseinandergetreten sind. In einer solchen „primordialen Kognitionssituation" entfällt die Notwendigkeit jeglichen Re-Präsentierens, da gar nicht erst ein vom verständig Seienden abgesondertes Präsentiertes gegeben ist, das andernorts („im" kognitiven System) nochmals präsent werden müßte. Ursprüngliches Verständig-Sein ist für Heidegger praktisch, zweckhaft, geschichtlich und unthematisch: es entspringt einer handlungs- und bewandtnisorientierten Vorvertrautheit mit dem als Welt Begegnenden. Wenn das so ist, dann kann Repräsentation niemals zur *Erklärung* von Kognition (als Verständig-Sein) herangezogen werden, da Verständig-Sein vor aller Absonderung von Welt und kognitivem System einsetzt. Dennoch kann mit Hilfe des Repräsentationsbegriffs eine derivative und degenerative Weise des Verständig-Seins adäquat *beschrieben* werden (s.u.).

Heidegger mag die ganze philosophische Denkhaltung der Neuzeit nicht, in der er den Repräsentationismus blühen sieht (seine Argumente richten sich oft gegen den erkenntnistheoretischen Repräsentationismus, aber das liegt m.E. daran, daß die neuzeitliche Philosophie überwiegend auf dem Feld der Erkenntniskritik agiert. Im Grunde zielt Heidegger auf den Repräsentationismus überhaupt, also den Repräsentationismus als Aspekt einer Metaphysik). Es ist der von Heidegger an Descartes erläuterte „subjektivistische Aufstand" des Menschen, der den Weltbezug eines kognitiven Systems auch heute noch als Repräsentation erscheinen läßt. Der Mensch bestimmt sich selbst als Vorstellenden und als ausgezeichnetes subiectum, das sich Seiendes als Objekt entgegenstellt (s. Heidegger 1961). So wird Seiendes nur noch in der re-praesentatio als Vorgestelltes des Subjekts präsent. – Von der von Heidegger durchgeführten Dekonstruktion des repräsentationistischen Weltbezugs (s. auch Kurthen 1992: 221ff) können wir Kognitionswissenschaftler uns keineswegs mit dem Hinweis befreien, unser Repräsentationismus sei ja ein „naturwissenschaftlicher" und kein „metaphysischer". Denn Naturwissenschaft ist selbst Metaphysik in dem Sinne, daß sie in die Tradition des Fragens nach dem Wesen des Seienden gehört und ihre Antworten auf diese Fragen schon je nach Grundvoraussetzungen ausrichtet, die selbst nicht mehr Gegenstand der Naturwissenschaft sind (auch dies zeigte Heidegger, s. die Zusammenfassung in Kurthen 1986: 120-130). Wenn nun das Repräsentationale eine Spätform des Kognizierens ist – und das Repräsentationistische eine abkünftige Form des Denkens über das Kognizieren – dann könnte eine Alternative zum Repräsentationismus in einer Rückwendung zum Präpräsentational(istisch)en gesucht werden. Eine Schilderung dieser primordialen Kognition wird heute nicht selten in Heideggers „Sein und Zeit" gefunden (s.o. und Kurthen 1994). Ich möchte im folgenden die Differenz von präpräsentationaler und repräsentationaler Kognition etwas näher betrachten und dabei argumentieren, daß eine Erklärung von Kognition als Intentionalität in der Tat im Rückgang auf das Präpräsentationale zu finden ist. Die z.B. heidegger-inspirierte Intuition, die diesen Rückgang nahelegt, ist recht simpel: Repräsentationalität ist abkünftig (und Repräsentationismus erst recht). Kognition dagegen ist primordial, d.h. sie ist Wesensmerkmal auch desjenigen Menschen, der noch nicht als subiectum „aufgestanden" ist. Also kann Kognition nicht *als* Repräsentationalität *erklärt* werden. Sie wird vielmehr durchsichtig in der Begrifflichkeit der primordialen – also prärepräsentationalen – Verfassung desjenigen Wesens, das wir – ebenfalls abkünftig und verkürzt – als „kognitives System" bezeichnen. Das Repräsentationale ist nur eine spiegelnde und verheißungsvolle Oberfläche; das Land der eigentlichen Kognition liegt hinter den Spiegeln.

## 3. Kontext und Antitext des Repräsentationismus

Der Repräsentationismus als Grundannahme speziell der RTG steht nicht allein; er ist vielmehr eingebettet in eine Dreier- (oder Vierer-)Sequenz von Haltungen, die ich hier geringfügig anders als zuvor (Kurthen 1992, 1994) kennzeichnen möchte:

1.  Der Konfrontationismus als die Vorstellung, das kognitive System und seine Welt seien primär als zwei separate (wenn auch interagierende), miteinander konfrontierte Entitäten aufzufassen dergestalt, daß das kognitive System sich die Welt gegenüberstellt. Kognition ist – konfrontationistisch gedacht – die Art und Weise der Überwindung dieser Separation im Dienste einer Weltbewältigung.

2.  Der Repräsentationismus steht in dieser Sequenz in der Mitte bzw. an zweiter Stelle: die Überwindung der Welt-Organismus-Trennung geschieht *vermittels* der geordneten Wiedergegenwärtigung von Aspekten der Welt im kognitiven System.

3.  Der Rationalismus: diese Wiedergegenwärtigung ist bevorzugt nach dem Modell des theoretischen Wissens und objektiv-distanzierten Hinsehens zu konstruieren.

4.  Der Symbolismus und Computationalismus: die „rationale" Wiedergegenwärtigung läuft auf symbolischen – zeichenhaften – Repräsentationen, und Kognizieren ist das Verrechnen solcher Repräsentationen.

Diese vier Grundhaltungen sind m.E. den im Dunstkreis der RTG flottierenden kognitionswissenschaftlichen Ansätzen ganz überwiegend zu Recht zugeschrieben worden (s. auch Lischka 1989, Dreyfus 1985). Repräsentationismus und Symbolismus sind explizite Grundannahmen der RTG, während der Konfrontationismus und der Rationalismus eher implizit bleiben. Der Konfrontationismus wird oft als so selbstverständlich angenommen, daß er gar nicht eigens thematisiert wird; überdies wird er noch bestärkt durch den ebenfalls ubiquitären Individualismus, die These also, das Kognizieren eines Systems sei allein im Rückgriff auf die Zustände und Prozesse dieses Systems selbst zu begreifen (Burge 1979 und 1990 zur Kritik). Der Rationalismus ergibt sich womöglich einfach daraus, daß der Kognitionswissenschaftler sein eigenes (wissenschaftliches) Kognizieren – bewußt oder unbewußt – als paradigmatisch auffaßt; jedenfalls ist es ganz überwiegend das szientifisch gefärbte, nur wissenwollende Sich-Richten auf Welt, das in der Kognitionswissenschaft modelliert wird (Derrida 1977, Lischka 1987, Kurthen 1993a).

Wie sähe nun ein Gegenmodell aus? Diese Frage wurde in der Kognitionswissenschaft spätestens in den 80er Jahren virulent, ohne daß den Kognitionswissenschaftlern selbst die begrifflichen und theoretischen Ressourcen zur Erstellung eines Gegenmodells unmittelbar zur Verfügung gestanden hätten. Daher griff man meist auf philosophische Ansätze zurück, die primär nicht als Beiträge zur Kognitionswissenschaft konzipiert gewesen waren, etwa auf Heidegger (Dreyfus 1985, Winograd & Flores 1986, Agre 1988), Maturana (Winograd & Flores 1986) oder Wittgenstein (Dreyfus 1985). Ob der Konnektionismus (Smolensky 1988) innerhalb der Kognitionswissenschaft ein Gegenmodell etablieren kann, ist fraglich, denn der Konnektionist ist keineswegs frei von konfrontationalistischen und repräsentationalistischen Verpflichtungen (Kurthen 1992 und 1994). Im Grunde läßt sich ein Gegenmodell recht einfach entwerfen, indem man die obigen vier Grundannahmen umkehrt (s. Kurthen 1992: 330-357):

1.  Welt und kognitives System stehen nichtrelational in einem primordialen Beisammen, d.h. die kleinste Einheit der kognitionswissenschaftlichen Erklärung ist nicht das abgesonderte kognitive System, sondern die jeweilige Einheit von kognitivem System und Weltausschnitt. Interagierend bilden beide einen funktionalen (im teleologischen Sinne, s.u.) Zusammenhang, innerhalb dessen allein Kognitivität gestiftet wird.

2.  Durch die erste Gegenannahme entfällt die Notwendigkeit einer Re-präsentation. Denn wenn Welt nicht das Andere (und insofern Absente) des kognitiven Systems ist, dann bedarf es auch nicht einer Wiedergegenwärtigung von Welt – sie ist ohnehin „schon da" im kognitiven System, oder besser (und in Anlehnung an Heidegger): das kognitive System ist immer schon da, nämlich in-der-Welt. Welt und kognitives System scheinen ineinander auf, eines zeigt sich im andern: sie sind füreinander „Phänomene" (das *phainesthai* als Sichzeigen und Aufscheinen).

3.  Das Kognizieren erscheint dann als das *tätige* Aufgehen in einem kognitiv relevanten Kontext. Denn das *theoretische* – nur hinsehende – Kognizieren ist ja das Wiedergegenwärtigungswissen par excellence. Die Einheit von kognitivem System und Welt zeigt sich aber gerade in der gestaltkreisähnlichen Verzahnung beider, in der Praxis ihrer Interaktion. Das kognitive Aufgehen-im-Kontext ist gestaltet als eine *teleologisch* gefärbte Praxis, also als das *gerichtete* Tätigwerden des existenziell beteiligten kognitiven Systems. Das heißt zunächst nur, daß bestimmte Einwirkungen der Welt und bestimmte eigene Verhaltenäußerungen für das Systems selbst nochmals eine Relevanz besitzen, also eine Dienlichkeit zum Erreichen eines Systemzustandes, mit dessen Erreichen eine Verkettung von Verhaltensmustern zunächst endet (ein „Ziel"zustand, könnte man sagen). Kognition, das wäre die These, kann nur einsetzen, wo solche Relevanz für das kognitive System ins Spiel kommt (s. Kurthen 1992: 343-355).

4. Der Computationalismus entfällt dann zwangsläufig wegen der Absagen an Konfrontationalismus, Rationalismus und Repräsentationismus. – Ich habe andernorts (Kurthen 1992 und 1994) versucht, ein solches Gegenmodell ausführlicher zu beschreiben (mit einem klaren Schwerpunkt bei der Teleologie).

Hier möchte ich nur selektiv auf zwei Aspekte des in der Entwicklung unserer faktischen kognitiven Systeme (der Menschen also) zu postulierenden Übergangs vom primordialen zum derivativen Kognizieren eingehen. Das primordiale Kognizieren sei im Gegenmodell dargestellt, das derivative in den vier Grundannahmen der Kognitionswissenschaft (s.o.). Unter der Vorstellung, daß das derivative Kognizieren eine Degenerationsform des primordialen ist, müßte der Übergang von letzterem zu ersterem rekonstruierbar sein. Der erste Aspekt (Abschnitt 4) betrifft nun einfach die Kennzeichnung des primordialen und des derivativen Kognizierens insgesamt unter Bündelung aller „Prämissen". Der zweite Aspekt (Abschnitt 5) geht auf die Rolle und Stellung des Sprachlichen in dem postulierten Übergang. Dabei ist noch folgendes zu beachten: unser eigenes Kognizieren (das Kognizieren der Menschen des auslaufenden 20. Jahrhunderts) ist sowohl primordial – insofern wir „alltäglich" noch als in-der-Welt-seiende Daseine in Bewandtniszusammenhängen aufgehen können – als auch derivativ – insofern wir selbst, nicht nur als (Kognitions)Wissenschaftler, an das Repräsentationistische, Rationalistische etc. „verfallen" sind (s.u. Abschnitt 5). Wenn nun eine genetische Betrachtung der Kognition an einem Übergang vom Primordialen zum Derivativen entlanggehen kann, stellt die Rekonstruktion dieses Übergangs eine Entwicklungserklärung (Dretske 1988: 92f) der derivativen Kognition dar. Dies ist insofern bedeutsam, als das vermutete Mißlingen der RTG *als derjenigen Theorie, die Kognition derivativ auffaßt*, darauf zurückzuführen ist, daß sie Intentionalität *qua Repräsentationalität* erklären will (Cummins 1989, Kurthen 1992). Die genetische Betrachtung der Kognition würde hingegen (richtigerweise) insofern Repräsentationalität *qua Intentionalität* erklären, als sie eine Intentionalität schon in der primordialen Verfassung von kognitivem System und Welt vorfindet, in deren Beschreibung repräsentationistische (konfrontationistische etc.) Kategorien noch gar nicht greifen würden.


## 4. Flüssige und kristallisierte Kognition


Koch (1990) hat dem derivativen Kognizieren in der Gestalt des Repräsentation(al)ismus einen *Präsentationalismus* entgegengestellt. Dabei greift er auf den in *Sein und Zeit* explizierten Begriff des Phänomens zurück als das, was „sich an ihm selber zeigt" (s. Koch 1990: 172-175). Phänomene zeigen sich dem Vernehmenden (unser „kognitives System"), nicht indem sie in dessen Bewußtsein re-präsentiert werden, sondern indem der Vernehmende schon je „draußen" bei den Phänomenen *ist*. Der Vernehmende ist „in der Wahrheit", nämlich in der Offenbarkeit der Phänomene. An die Stelle eines repräsentationalistischen Bewußtseinsbegriffs tritt ein präsentationalistischer Wahrnehmungsbegriff (Koch 1990: 174). Die Dinge werden als solche gesehen, die „selber selbstpräsentierend" sind, also primär keiner Re-Präsentation bedürfen. Die unmittelbare Präsentation kann dabei ohnehin nicht als eine Relation zwischen einem Ding und einem „mit Subjektivität besetzten Gesichtspunkt" (Koch 1990) gelten, da am Subjekt gar kein Zustand als ein als entsprechendes Relatum identifizierbares Etwas aufzuweisen ist (hier steht eine Rezeption Quine'scher Thesen im Hintergrund, die ich andernorts – Kurthen 1992: 208-217 – zusammengefaßt habe). Auch Koch denkt das Selbstpräsentieren der Dinge als ein Sichzeigen *(phainesthai)* im Kontext einer Praxis, oder, heideggerisch, in einem Bewandtniszusammenhang. So umfaßt Kochs Idee des Präsentationalismus das primordiale Kognizieren als ein nicht-konfrontationistisches, nicht-repräsentation(al)istisches, nicht-rationales (im obigen Sinne) Geschehen. Mein eigenes Bild des Übergangs vom primordialen zum derivativen Kognizieren war das eines Wechsels des Aggregatzustands vom *Flüssigen* zum Festen, und zwar zum *Kristallinen* (Kurthen 1992: 417-420). Wie in einem Kristallgitter gibt es im derivativen Kognizieren umschriebene und abgesonderte Einheiten, die in bestimmbaren und geregelten Beziehungen zueinander stehen. Im primordialen Kognizieren dagegen ist noch nicht einmal das Verstehen zu etwas Sprachlichem kondensiert, geschweige denn das Zeichenhafte (das „Sehen-lassen" in einem Verweisungszusammenhang) zu einem repräsentationistischen Stehen-für. Denn es ist vor allem die sprachliche Bedeutung, die in der Heraufkunft der RTG in jeder Hinsicht erstarrt oder kristallin wird: „Sie wird zu einer (repräsentationalen) *Beziehung* zwischen Entitäten, die einander (realistisch) *„gegenüberstehen"*, und sie kommt *umschriebenen* Symbolen oder „Zeichen zu, die einem regelbestimmten Sprachsystem (rationalistisch) *zugeordnet* werden" (Kurthen 1992: 417, Hervorhebungen neu). Aber wenn Kognitivität im Kern Intentionalität (als Semantizität) ist, dann ist die Kristallisation von Bedeutung zugleich eine Kristallisation von Kognition (zur Bedeutung s.u. Abschnitt 5). Das primordiale Kognizieren (in der Umkehr der vier kognitionswissenschaftlichen Grundannahmen, s.o.) ist flüssig, das derivative (der RTG) hingegen kristallisiert. Wenn es zutrifft, daß die RTG eine Theorie des intentionalen Erfolgs, nicht aber der Intentionalität selbst sein kann (s. Abschnitt 1), dann ist diese Einschränkung womöglich darin begründet, daß Intentionalität selbst ursprünglich und wesentlich Flüssigkeit *ist*, während der bloße intentionale Erfolg am Kristallinen immerhin noch „ablesbar" bleibt. Abgesehen von der entscheidenden Kristallisation von Bedeutung findet eine Erstarrung der Kognition aber auch in anderem Sinne noch statt: die Kognition der RTG ist als ein nur *synchronisch*, nicht historisch oder genetisch betrachtetes Phänomen (s. Cummins 1989: 80-86) in einer Momentaufnahme „eingefroren", während flüssige Kognition sich gerade in der *Bewegung* des „interessierten" kognitiven Systems aus seiner Vergangenheit (Millikan 1984) über seine Gegenwart in seine Zukunft (Bigelow & Pargetter 1987) konstitu-

iert: insofern das kognitive System existenziell beteiligt ist, agiert es in Hinblick auf
seine (angestrebten) zukünftigen Zustände. Nur in dieser Bewegung des interessierten kognitiven Systems entsteht Intentionalität; dem eingefrorenen System der RTG
kann diese Intentionalität nur nachträglich angepappt werden (Kurthen 1992). Ferner
erstarrt in der RTG die Verschränkung von kognitivem System und Welt. Während in
der primordialen Kognition das verständige Wesen mit dem Kontext, in dem es auf-
geht, flüssig und zirkulär – nicht unähnlich dem Weizsäckerschen Gestaltkreis – in-
teragiert (sofern dieser Ausdruck angemessen ist), kondensieren Welt und kognitives
System in der RTG zu (Konglomeraten von) auseinandergetretenen Entitäten, die ein
Gesamt von in der Synchronie statischen und starren Abbildungsbeziehungen ausbil-
den. In Anlehnung an die teleologische Semantik (hier v.a. McGinn 1989: 155) kann
man auch sagen: in der derivativen Kognition sind das Wollen und Können zum Denken und Wissen erstarrt (obgleich auch ein derivatives Wollen und ein primordiales
Denken vorkommen dürften bzw. sinnvolle Konstrukte sein könnten). Dies wäre die
rationalistische Erstarrung: das Zurücklehnen und Verharren in der Position des un-
beteiligten Beobachters statt des flexiblen konkreten Agierens im Geheiß von Bestre-
bungen und Zielsetzungen. Die entscheidende Kristallisation bleibt aber die der Zeichen oder Symbole im Zuge der Heraufkunft und Degeneration des Sprachlichen.


## 5. Die Sprache selbst ist schuld

Wer Zeichenhaftigkeit oder eine Protosemantik *vor* den sprachlichen Zeichen sucht,
kann auf Arbeiten aus der analytischen Philosophie (z.B. Millikan 1984, Dretske
1988), aber auch aus der Hermeneutik (z.B. Heidegger 1976) zurückgreifen. Bleiben
wir hier bei Heidegger. In der Daseinsanalyse von *Sein und Zeit* wird das Zeigen des
Zeichens als ein Verweisen begriffen, welches in seiner Zuhandenheit gründet (Heidegger 1976: 76-87). Das Verwiesensein ist ein Bewenden-haben, ein Auf-sich-haben
mit etwas: das Zuhandene hat den Seinscharakter der „Bewandtnis". Das Zeichen ist
also primär kein bloß Vorhandenes, sondern selbst ein Zeug, das anderes Seiendes in
seiner Verwiesenheit in die Umsicht hebt und so sein Auf-sich-haben aufscheinen läßt.
Be-deuten ist allgemein der Bezugscharakter von Verweisungen innerhalb einer
Bewandtnisganzheit; das Bezugsganze nennt Heidegger die „Bedeutsamkeit". Das
Dasein (das Seiende in der Weise des Menschlichen) als in-der-Welt-seiendes legt Bedeutsamkeit schon je aus und versteht sie (im Sinne eines vorprädikativen, unthema-
tischen Vertrautseins-mit). Dieses primordiale Verstehen bildet sich in der Tätigkeit
der Auslegung (Heidegger 1976: 148), in der die vorerschlossene Welt hinsichtlich der
Bewandtniszusammenhänge „ausdrücklich" wird. Das derart verstandene hat die
Struktur des „Etwas *als Etwas*", nämlich *als* eingebettet in die eigenen Verweisungs-
bezüge. Heidegger nennt dies das „existenzial-hermeneutische Als" im Unterschied
zum bloß „apophantischen Als", wie es in der dann *sprachlichen* Ausdrücklichkeit der

*Aussage* zum Vorschein kommt. In der sprachlichen Aussage wird das existenzial-hermeneutische Womit des Zutunhabens zum bloßen Worüber abgeblendet, und das in der Aussage Bestimmte kommt nur noch als Vorhandenes in den Blick (Heidegger 1976: 158). Das Als der Aussage verbindet nur noch einzelne Aspekte des Vorhandenen, so daß die Aussage aus der Bewandtnis und ihren Verweisungen zurücktritt zum „puren Hinsehen" des Theoretischen. Verstehen, Zeichenhaftigkeit, Be-deuten etc. kommen also nicht mit der Sprache in die Welt. Die Bedeutsamkeit ist schon je artikuliert, gegliedert; die Sprache ist nur das nachträgliche Zu-Wort-Kommen dieser Artikulation (Heidegger 1976: 161).

So kristallisiert Kognition in der Versprachlichung, im Übergang vom existenzial-hermeneutischen zum apophantischen Als. In der gestaltkreis-ähnlichen Verschränkung im In-der-Welt-sein ist Bedeutung noch flüssig als ein momentanes, handlungsabhängiges Sehenlassen von Verweisungen. Im apophantischen Als hat der Aussagende sich schon von dem in der Aussage Bestimmten getrennt: seine Worte *stehen* nur noch *für* das Bestimmte, Bedeutung ist im Stehen-für zu einer Relation zwischen separierten Entitäten geronnen. Semantizität erscheint nun als Repräsentationalität. Nun sind aber sprachliche Aussagen zunächst selbst wieder „Wahrheits-Zeug" (Koch 1990: 213), also Zuhandenes. „Aber das Faktum, daß 'Wahrheits-Zeug' zuhanden ist, gespeichert, weitergesagt, gedruckt, gekauft, gestohlen, vernichtet und seinerseits, wie das in ihm entdeckte Seiende, wahrgenommen und erinnert werden kann, ermöglicht ein indirektes epistemisches Verhältnis zu den Dingen, das man mit Fug und Recht ein repräsentational vermitteltes nennen darf" (Koch 1990: 214). Der Aussagesatz ist zunächst noch zuhanden, während das Seiende, welches er thematisiert, vorhanden ist. „Die logische Tätigkeit ist daher in zweierlei Hinsicht tendenziell täuschend: Sie läßt Wahrheit als etwas Zuhandenes, Statisches, Verfügbares und in der Folge die Dinge als an ihnen selbst ursprünglich vorhandene erscheinen" (ebda.). In einem weiteren Schritt kann dann das Wahrheits-Zeug „Aussage" selbst nur noch als Vorhandenes genommen werden. Dies wäre das aussagende, letztlich auch wissenschaftliche *Sprechen über die Sprache*: die Linguistik, die Psychosemantik, die Kognitionstheorie. So wie im Hervorgang von Sprache erst das Repräsentationale *als Repräsentationales* in die Welt kam, so im Hervorgang des Sprechens über die (vorhandene) Sprache das *Repräsentationistische*. Sprache schickt sich in Repräsentation, und das Sprechen über die Sprache schickt sich in den Repräsentationismus. Wenn wir die Sprache benutzen, um nach der Sprache selbst zu fragen, dann kann Bedeutung zunächst nur als kristallisierte, repräsentationale erscheinen. So verwundert der primäre Anschein von Plausibilität nicht, den wir den Positionen zuerkennen möchten, die Sprache, Bedeutung, Intentionalität als repräsentational darstellen: Sprache ist ja repräsentational oder verfällt an die Repräsentation. Aber dies ist eben abkünftig, da jegliche kristallisierte Repräsentationalität nur aus vorgängiger flüssiger Bedeutung und Intentionalität hervorgehen kann (s. Kurthen 1992: 420).

Es scheint also, als sei die Sprache selbst schuld am Repräsentationismus. In Anlehnung an den späteren Heidegger (z.B. 1959) gesprochen: die Sprache (als Sprache des Seins) verstrickt uns (als die vom Sein in Anspruch Genommenen) in unser Geschick. Sie selbst schickt uns in die kristallisierten, derivativen Modi des Kognizierens – und des Kognizierens der Kognition. So führt sie uns aber nicht tückisch in die Irre, sondern hält uns nur den repräsentationalen Spiegel vor: sie zeigt sich so, wie wir sie in dieser Epoche verdienen, hält aber auch immer die Möglichkeit eines anderen Anfangs bereit. Dieser andere Anfang kann aber hier nicht mehr zum Thema werden, denn er wäre gewiß nicht *wissenschaftlich*, während hier aber der Grund der *Wissenschaft* von der Kognition ein wenig ausgeleuchtet werden sollte.

## 6. Genetische Kognitionstheorie

Wenn primordiale Kognition in einer nichtrepräsentationalen Verschränkung von kognitivem System und Welt statthat, dann kann sie nicht qua Repräsentationalität (oder Konfrontation oder Rationalität) erklärt werden, da sie schon in einer Welt anzutreffen war, deren Verfassung den repräsentationistischen, konfrontationistischen und rationalistischen Kategorien schlichtweg keinen Angriffspunkt bot. Kognition ist einfach älter und ursprünglicher als all das. Primordiale Kognition und primordiale Intentionalität erklären vielmehr die Repräsentationalität als Resultat einer Kaskade von Abblendungen (s.o.). Die Semantizität, die in der RTG den synchronisch eingefrorenen Repräsentationen nachträglich angepappt werden soll und trotz aller Bemühungen nicht recht haftenbleiben will, *ist schon* (oder besser: *noch*) *da,* man sieht sie nur nicht – teils, weil sie in der *Geschichte* und dem *Arbeiten* dieser nur als kristallisiert betrachteten Repräsentationen liegt, teils, weil sie wirklich nur den letzten Rest des primordialen Bedeutens darstellt.

Die in Abschnitt 3 in Aussicht gestellte Entwicklungserklärung der derivativen Kognition kann aber die Geschichte der Semantizität vielleicht auch im vertrauten Jargon der analytischen Philosophie wiedererzählen. Die „Bedeutung", die dann in einer genetischen Kognitionstheorie bemüht wird, muß nichtrepräsentational sein, sie muß quer durch Welt und kognitives System verlaufen, sie muß irgendwie den entscheidenden Faktor der Bewandtnis bewahren, und sie muß vor allem indifferent sein gegen die sprachlich/vorsprachlich-Dichotomie. All diese Voraussetzungen erfüllt das Konzept der Bedeutung als *Rolle* (Sellars 1974, zusammenfassend Kurthen 1992: 404-416) im Kontext einer teleologischen Semantik (Millikan 1984 und 1993, McGinn 1989). Sellars (1974) hatte vorgeschlagen, „bedeutet" nichtrelational zu fassen als eine „Spezialform der Kopula", als ein bestimmtes „ist": „x bedeutet y" heißt dann nicht „x steht für y" o.ä., sondern „x ist ein z", d.h. ein sprachliches Item mit einer bestimmten Rolle, welche sich auf einer bestimmten Ebene so beschreiben läßt, als „stehe" x „für" y oder „repräsentiere" es. „Rot" steht nicht für die Eigenschaft, rot zu sein; „rot" nimmt eine bestimmte sprachliche Rolle wahr, es *ist* ein sprachliches-Item-mit-der-und-der-Rolle und insofern *bedeutet* es. Was es bedeutet, läßt sich in manchen Kontexten am leichtesten durch die Beschreibung „steht für die Eigenschaft, rot zu sein" kennzeichnen. Kognitionswissenschaftlich wird die Rolle dann aus der Sprache selbst in ein kausales, begriffliches oder computationales Netzwerk transformiert (und aus der Bedeutung des sprachlichen Items wird der semantische Gehalt eines mentalen oder intentionalen Zustands, s. Kurthen 1992: 386-404 zu diesen „Rollensemantiken"). Die Rolle hat nun nicht nur den Vorteil, daß sie Bedeutung oder Gehalt nichtrelational und insofern nichtrepräsentational zu fassen hilft; sie ist auch, da rein funktional bestimmbar, in sprachlichen wie nichtsprachlichen, intentionalen wie nichtintentionalen, mentalen wie nichtmentalen Kontexten gleichermaßen zuschreibbar. Sie ist die optimale Kandidatin für eine (Entwicklungs-)Erklärung des Intentionalen aus dem Nichtintentionalen, des Symbolischen aus dem Präsymbolischen etc., denn sie gleitet widerstandslos über all diese kategorialen Grenzen. Den Aspekt der Bewandtnis bewahrt eine Rollenssemantik, wenn sie die Rollen sprachlicher oder intentionaler Items nur in Hinblick darauf betrachtet, daß sie zugleich *Funktionen* im teleologischen Sinne sind, also Eigenschaften, deretwegen diese Items faktisch da sind bzw. reproduziert worden sind (s. Millikan 1984). Ob eine naturalistische Entwicklungserklärung der derivativen Kognition im Rahmen einer teleologischen Rollensemantik wirklich gelingen wird, hängt von vielen und teils ungelösten Klein- und Kleinstproblemen ab; dies soll hier nicht abgewogen werden (s. Kurthen 1992 als Argumentation *pro* von meiner Seite; für prominentes *contra* z.B. Fodor 1990 und 1991). Jedenfalls gilt: die spiegelnde Oberfläche des Repräsentationalen ist ein Explanandum, nicht ein Explanans der Kognitionstheorie. Das rechnende Denken (Heideggers Ausdruck) und das rechnende Denken dieses Denkens in der Wissenschaft der Kognition sind unsere Selbstdarstellungen (obgleich wir, nebenbei, in Wirklichkeit schon gar nicht mehr die rechnenden Subjekte sind, s. Kurthen 1993b). Insofern ist der Repräsentationismus als Jargon wertvoll und „treffend" – treffend zur *Beschreibung eines* abkünftigen, wenn auch lange beherrschenden *Kognitionsmodus*. Sollen doch die weniger schicken Disziplinen die mühsame *Erklärung der Kognitivität* aus dem vorprädikativen Sumpf heraus leisten. Der repräsentationistische Narziß bleibt diesseits der Spiegel.


## Literatur

Agre, P.E. (1988): The dynamic structure of everyday life. MIT AI Lab; Technical Report 1085.
Bigelow, J., Pargetter, R. (1987): Functions. Journal of Philosophy 84: 181-196.
Bogdan, R.J. (1989): Does semantics run the psyche? Philosophy and Phenomenological Research 44: 687-700.
Burge, T. (1979): Individualism and the mental. Midwest Studies in Philosophy 4: 73-121.

Burge, T. (1990): Individuation and causation in psychology. Paper presented at the conference on „Mental Causation". ZiF, Bielefeld, 14.3.1990.

Cummins, R. (1989): Meaning and mental representation. Cambridge; MIT Press.

Derrida, J. (1977): Limited Inc. abc... Glyph 2: 162-154.

Dretske, F. (1988): Explaining behavior. Cambridge; MIT Press.

Dreyfus, H.L. (1985): Die Grenzen künstlicher Intelligenz. Königstein; Athenäum.

Fodor, J.A. (1987): Psychosemantics. Cambridge; MIT Press.

Fodor, J.A. (1990): A theory of content and other essays. Cambridge; MIT Press.

Fodor, J.A. (1991): Replies. In: Loewer, B., Rey, G. (eds.): Meaning in mind. Fodor and his critics. Cambridge, Oxford; Basil Blackwell, pp. 255-319.

Heidegger, M. (1959): Unterwegs zur Sprache. Pfullingen; Neske.

Heidegger, M. (1961): Nietzsche Bd. 1und 2. Pfullingen; Neske.

Heidegger, M. (1976): Sein und Zeit. Tübingen; Niemeyer.

Koch, A.F. (1990): Subjektivität in Raum und Zeit. Frankfurt a.M.; Klostermann.

Kurthen, M. (1986): Synchronizität und Ereignis. Essen; verlag die blaue eule.

Kurthen, M. (1992): Neurosemantik. Stuttgart; Enke.

Kurthen, M. (1993a): Zur Sprachlichkeit des Unbewußten angesichts der orthodoxen Kognitionswissenschaft. In: Tress, W., Nagel, S. (Hrsgg.): Psychoanalyse und Philosophie. Heidelberg; Asanger, pp. 110-118.

Kurthen, M. (1993b): Dissolution und Absorption des Menschen. Ethica 1: 263-281.

Kurthen, M. (1994): Hermeneutische Kognitionswissenschaft. Bonn; Djre Verlag.

Lischka, C. (1987): Über die Blindheit des Wissensingenieurs, die Geworfenheit kognitiver Systeme und anderes... KI 4/1987: 15-19.

Lischka, C. (1989): Apophansis und Kognition. In: Retti, J., Leidlmair, K. (Hrsgg.): Proceedings der 5. Österreichischen AI-Tagung. Berlin; Springer.

McGinn, C. (1989): Mental content. Oxford; Basil Blackwell.

Millikan, R.G. (1984): Language, thought, and other biological categories. Cambridge; MIT Press.

Millikan, R.G. (1993): White queen psychology and other essays for Alice. Cambridge; MIT Press.

Newell, A. (1980): Physical symbol systems. Cognitive Science 4: 135-183.

Pylyshyn, Z.W. (1984): Computation and cognition. Cambridge; MIT Press.

Roitblat, H.L. (1982): The meaning of representation in animal memory. Behavioral and Brain Sciences 5: 352-372.

Sellars, W. (1974): Meaning as functional classification. Synthese 27: 417-437.

Smolensky, P. (1988): On the proper treatment of connectionism. Behavioral and Brain Sciences 11: 1-23.

Winograd, T., Flores, F. (1986): Understanding computers and cognition. Norwood; Ablex.